U0640820

安全生产
综合监督管理研究

王桂欣◎著

ᏦC 吉林科学技术出版社

图书在版编目（CIP）数据

安全生产综合监督管理研究 / 王桂欣著. -- 长春 ：
吉林科学技术出版社，2024. 6. -- ISBN 978-7-5744
-1558-4

Ⅰ．X93

中国国家版本馆 CIP 数据核字第 20246BQ735 号

安全生产综合监督管理研究

著	王桂欣
出 版 人	宛 霞
责任编辑	潘竞翔
封面设计	南昌德昭文化传媒有限公司
制 版	南昌德昭文化传媒有限公司
幅面尺寸	185mm×260mm
开 本	16
字 数	315 千字
印 张	14.75
印 数	1~1500 册
版 次	2024年6月第1版
印 次	2024年12月第1次印刷

出 版	吉林科学技术出版社
发 行	吉林科学技术出版社
地 址	长春市福祉大路5788号出版大厦A座
邮 编	130118
发行部电话/传真	0431-81629529 81629530 81629531
	81629532 81629533 81629534
储运部电话	0431-86059116
编辑部电话	0431-81629510
印 刷	三河市嵩川印刷有限公司

书 号	ISBN 978-7-5744-1558-4
定 价	98.00元

前　言

安全是一切工作的基础。搞好安全生产工作对于巩固社会安定，为国家经济建设提供重要的稳定政治环境具有现实意义；对于保护劳动生产力，均衡发展各部门、各行业的经济劳动力资源具有重要作用；对于增加社会财富、减少经济损失具有实在的经济意义；对于生产员工的生命安全与健康，家庭的幸福和生活的质量有直接影响。安全生产关系到企业生存与发展，如果安全生产搞不好，发生伤亡事故和职业病，劳动者的安全健康受到危害，生产就会遭受巨大损失。由此可见，要发展社会主义市场经济，必须做好安全生产、劳动保护工作。

党和国家历来重视安全生产工作，从加强安全生产法制建设，健全安全生产监管体制，深化安全生产专项整治，建立安全生产问责制，强调落实企业安全生产主体责任等多方面，进一步健全了安全生产理论体系和安全生产管理体制建设。从近年我国生产安全事故造成的人员伤亡和财产损失持续递减情况来看，全社会对安全生产工作的高度关注确实收到了实效。但是，现阶段我国安全生产形势依然还十分严峻。

为了尽快提高我国安全管理干部和有关人员的素质与管理水平，贯彻我国"安全第一，预防为主"的指导方针，更有力地做好劳动保护和安全生产工作，保证我国国民经济的顺利发展和社会稳定，本书以安全生产监督为主线，对安全生产应急管理的基本理论进行了分析，并对工业企业安全生产监督管理工作做了介绍，然后系统介绍了安全生产的责任追究的实践，最后对于安全生产应急预案与应急处置恢复进行探讨，本书将理论性与实践性相互结合，希望能够为阅读本书的广大读者受众带来一定的收获。

在本书写作的过程中，参考了许多参考资料以及其他学者的相关研究成果，在此表示由衷的感谢。鉴于时间较为仓促，水平有限，书中难免出现一些谬误之处，所以恳请广大读者、专家学者能够予以谅解并及时进行指正，以便后续对本书做进一步的修改与完善。

《安全生产综合监督管理研究》
审读委员会

程正献　武江峰　宋苡瑄

陈明丽

目 录

第一章 安全生产应急管理的基本理论

第一节 安全生产应急管理概论

一、安全生产应急管理的内涵

根据风险控制原理，风险大小是由事故发生的可能性及其后果严重程度决定的。事故发生的可能性越大，后果越严重，则该事故的风险就越大。因此，控制事故风险的根本途径有两条：第一条是事故预防，防止事故的发生或降低事故发生的可能性，从而达到降低事故风险的目的。但是，由于受技术发展水平及自然客观条件等因素影响，要将事故发生的可能性降至零，即做到绝对安全，是不现实的。事实上，无论事故发生的频率降至多低，事故发生的可能性依然存在，而且有些事故一旦发生，后果将是灾难性的。那么，如何控制这些发生概率虽小、后果却非常严重的重大事故风险呢？毫无疑问，应急管理成为第二条重要的风险控制路径。安全生产应急管理工作必须首先立足于防范事故的发生。要从安全生产应急管理的角度，着重做好事故预警、加强预防性安全检查、搞好隐患排查整改等工作。

一是要加强风险管理、重大危险源管理和事故隐患的排查整改工作。通过建立预警制度，加强事故灾难预测预警工作，对重大危险源和重点部位定期进行分析和评估，研究可能致使生产安全事故发生的信息，并及时进行预警。

1

二是要坚持"险时搞救援，平时搞防范"的原则，建立应急救援队伍参与事故预防和隐患排查的工作机制，尤其要加强组织矿山、危险化学品和其他救援队伍参与企业的安全检查、隐患排查、事故调查、危险源监控以及应急知识培训等工作。

三是要解决事故发生后迟报、漏报、瞒报等问题。对重特大事故灾难信息、可能导致重特大事故的险情，或其他自然灾害和灾难可能导致重特大安全生产事故灾难的重要信息，要及时掌握、及时上报并密切关注事态的发展，做好应对、防范和处置工作。

四是要强化现场救援工作。发生事故的单位要立即启动应急预案，组织现场抢救，控制险情，减少损失。

五是要做好善后处置和评估工作。通过评估，及时总结经验，吸取教训，改进工作，以提高应急管理和应急救援工作水平。

二、安全生产应急管理的特点

与自然灾害、公共卫生事件和社会安全事件相比，安全生产应急管理更显示其复杂性、长期性和艰巨性等特点，是一项长期而艰巨的工作。首先，安全生产应急管理本身是一个复杂的系统工程。从时间序列角度，安全生产应急管理在事前、事发、事中及事后四个过程中都有明确的目标和内涵，贯穿于预防、准备、响应和恢复的各个过程；从涉及的部门角度，关于应急、消防、卫生、交通、发改、市政、财政等政府的各个部门，以及诸多社会团体或机构，如新闻媒体、志愿者组织、生产经营单位等；从应急管理涉及的领域角度，涉及工业、交通、通信、信息、管理、心理、行为、法律等；从应急对象角度，涉及各种类型的事故灾难；从管理体系构成角度，涉及应急法制、体制、机制到保障系统；从层次上角度，则可划分为国家、省、市、县及生产经营单位应急管理。

其次，重大事故发生所表现出的偶然性和不确定性，很大程度上给安全生产应急管理工作带来消极的影响：一是侥幸心理，主观认为或寄希望于这样的安全生产事故不会发生，对应急管理工作淡漠，而应急管理工作在事故灾难发生前又不能带来看得见、摸得着的实际效益，这也使得安全生产应急管理工作难以得到应有的重视；二是麻痹心理，经过长时间的应急准备，而重大事故却一直没有发生，易滋生麻痹心理而放松应急管理工作要求和警惕性，如果此时突然发生重大事故，则往往导致应急管理工作前功尽弃。重大安全生产事故的偶然性和不确定性，要求安全生产应急管理常备不懈。

三、安全生产应急管理的意义

事故灾难是突发事件的重要方面，安全生产应急管理是安全生产工作的重要组成部分。全面做好安全生产应急管理工作，提高事故防范和应急处置能力，尽可能避免和减少事故造成的伤亡和损失，是坚持"以人为本、生命至上"理念的必然要求，也是维护广大人民群众的根本利益、构建和谐社会的具体体现。目前山东省安全生产形势呈现了总体趋于好转的态势，但是生产安全事故总量大、安全生产基层基础薄弱、安全生产投入不足，安全生产形势依然严峻。目前，我省是改革开放的先行者，科学发展的试验区，工业化的加速发展，社会生产活动和经济规模的迅速扩大与安全生产基础薄弱的矛盾愈加突出，加强安全生产应急管理尤为重要和迫切。我省安全生产应急管理工作尽管取得了一定成绩，但在体制、法制秩序、安全生产保障能力和应急救援队伍及应急能力建设等方面，还存在许多不适应的问题，必须引起高度重视，采取切实措施，认真加以解决。

（1）加强安全生产应急管理，是加强安全生产工作的重要举措。随着安全生产应急管理各项工作的逐步落实，安全生产工作势必得到进一步的加强。

（2）工业化进程中存在的重大事故灾难风险迫切需要加强安全生产应急管理。面对依然严峻的安全生产形势和重特大事故多发的现实，迫切需要加强安全生产应急管理工作，有效防范事故灾难，最大限度地减小事故给人民群众生命财产造成的损失。

（3）加强安全生产应急管理，提高防范、应对重特大事故的能力，是坚持"以人为本、生命至上"理念的重要体现，也是全面履行政府职能，进一步提高行政能力的重要方面。

总之，加强安全生产应急管理，是加强安全生产、促进安全生产形势进一步稳定好转的得力举措，既是当前一项紧迫的工作，也是一项需要付出长期努力的艰巨任务。

四、安全生产应急管理的目标和任务

安全生产应急管理的核心任务是：应急管理体制、机制、法制和预案体系建设，应急管理队伍、装备、物资等保障体系建设，应急管理信息化建设、应急管理宣教培训等。

安全生产应急管理目标任务是：通过各级政府、企业和全社会的共同努力，建立起覆盖各地区、各部门、各生产经营单位"横向到边、纵向到底"的预案体系；打造起国家、省（区、市）、市（地）三级安全生产应急管理机构及区域、骨干、专业应急救援队伍体系；建立安全生产应急管理的法律法规和标准体系；建立起安全生产应急信息系统和应急救援支撑保障体系；形成统一协调指挥、结构完整、功能齐全、反应灵敏、运转高效、资源共享、保障有力、符合国情的安全生产应急管理体系和运行机制。可以有效防范和应对各类安全生产事故灾难，并为应对其他灾害提供有力的支持。

安全生产应急管理的主要任务包含如下8项：

（1）完善安全生产应急预案体系；

（2）健全和完善安全生产应急管理体制和机制；

（3）加强安全生产应急管理队伍和能力建设；

（4）建立健全安全生产应急管理法律法规及标准体系；

（5）坚持预防为主、防救结合，做好事故防范工作；

（6）做好安全生产事故救援工作；

（7）加强安全生产应急管理培训和宣传教育工作；

（8）加强安全生产应急管理支撑保障体系建设。

第二节　安全生产应急体系

应急体系是指应对突发安全生产事故所需的组织、人力、财力、物力、智力等各种要素及其相互关系的总和。通常所说的"一案三制"（应急预案和应急体制、机制、法制），构成应急体系的基本框架，而应急队伍、应急物资、应急平台、应急通信、紧急运输、科技支撑等构成应急体系的能力基础。应急体系的建立和完善是一项系统工程，没有固定的模式，需以各级政府及有关部门为主，以各地情况和行业情况为依据，以科学发展观为指导，以专项公共资源的配置、整合为手段，以社会力量为依托，以提高应急处置的能力和效率为目标，坚持常抓不懈、稳步推进。安全生产应急体系与公共卫生、自然灾害、社会安全应急体系共同构成我国突发安全生产事故应急体系，是我国应急管理的重要支撑和组成部分。

事故灾难是突发安全生产事故的重要方面，安全生产应急管理是安全生产工作的重要组成部分。同时要求"建立生产安全应急体系，加快我国生产安全应急体系建设，尽快建立国家生产安全应急救援指挥中心，充分利用现有的应急救援资源，建设具有快速反应能力的专业化救援队伍，提高救援装备水平，增强生产安全事故的抢险救援能力。加强区域性生产安全应急救援基地建设"；"加强国家、省（区、市）、市（地）、县（市）四级重大危险源监控工作，构建应急救援预案和生产安全预警机制"。

建立健全的安全生产应急体系，主要通过各级政府、企业和全社会的共同努力，构建起一个统一协调指挥、结构完整、功能齐全、反应灵敏、运转高效、资源共享、保障有力、符合国情的安全生产应急管理体系，重点建立和完善应急指挥体系、应急预案体系、应急资源体系、应急体系和紧急状态下的法律体系，并与公共卫生、自然灾害、社会安全事件应急体系进行有机衔接，可以有效应对各类安全生产事故灾难，并为应对其他突发公共事件提供有力的支持。

一、安全生产应急体系建设原则

安全生产应急管理体系建设应当遵循以下原则：

（一）统一领导，分级管理

国务院安委会统一领导全国安全生产应急管理和事故灾难应急救援协调指挥工作，地方各级人民政府统一领导本行政区域内的安全生产应急管理和事故灾难应急救援协调指挥工作。国家安全生产应急救援中心，负责全国安全生产应急管理工作和事故灾难应急救援协调指挥的具体工作，国务院有关部门所属各级应急救援指挥机构、地方各级安全生产应急管理指挥机构分别负责职责范围内的安全生产应急管理工作和事故灾难应急救援协调指挥的具体工作。

（二）条块结合、以块为主

安全生产应急救援坚持属地为主的原则，重大事件的应急救援在当地政府的领导下进行。各地结合实际建立完善的生产安全事故应急体系，确保应急救援工作的需要。政府依托一些行业、地方和企业的骨干救援力量在一些危险性大的特殊行业或领域建立专业应急体系，对专业性较强、地方难以有效应对的特别重大事故（事件）应急救援提供支持和增援。

（三）统筹规划、合理布局

根据产业分布、危险源分布和有关交通地理条件，对应急救援的指挥机构、队伍和应急救援的培训演练、物资储备等保障系统的布局、规模和功能等进行统筹规划，使各地、各领域以及我国生产安全应急体系的布局能够适应经济社会发展的要求。在一些危险性大、事故发生频率高的地区建立重点区域救援队伍。

（四）依托现有、整合资源

深入调查研究，摸清各级政府、部门和企事业单位现有的各种应急救援队伍、装备等资源状况。在盘活、整合现有资源的基础上补充和完善，建立有效的机制，做到资源共享，避免浪费资源、重复建设。

（五）一专多能、平战结合

要尽可能以现有的专业救援队伍为基础补充装备、扩展技能，打造一专多能的应急救援队伍；加强对企业的专职和兼职救援力量的培训，使其在紧急状态下能够及时有效地施救，做到平战结合。

（六）功能实用、技术先进

以可以及时、快速、高效地开展应急救援为出发点和落脚点，根据应急救援工作的现实和发展的需要设定应急救援信息网络系统的功能，运用国内外成熟的先进技术和特种装备，保证生产安全应急体系的先进性和适用性。

（七）整体设计、分步实施

根据规划和布局对生产安全应急体系的指挥机构、主要救援队伍、主要保障系统一次性总体设计，按轻重缓急排定建设顺序，有计划地分步实施，突出重点、注重实效。

二、安全生产应急组织体系

组织体系是应急体系的基础之一。根据我国《全国安全生产应急救援体系总体规划方案》的要求，通过建立和完善应急救援的领导决策层、管理与协调指挥系统以及应急救援队伍，形成完整的安全生产应急救援组织体系。

安全生产应急组织体系应设计为动态联动组织，以政府应急管理法律法规为基础，各级应急指挥中心为核心，通过紧密的纵向与横向联系形成强大的应急组织网络。网络式的组织结构的物质基础计算机网络化，以事故的类型和级别作为任务的结合点，常态下各联动单位根据自己本单位的职责对突发事故进行预测预控，非常态下快速响应。

依据我国的机构设置的情况，应急组织管理体系的构建除应遵循"分级负责，属地管理"的基本原则外，更应该注重从组织体系的完备性，以及从本地区、外组织的协调两方面的考虑。从而形成"纵向一条线，横向一个面"的组织格局，即从纵横两个角度分别构建应急管理组织体系的等级协调机制和无等级协调机制运作模式。前者主要是指以明确的上下级关系为核心，以行政机构为特点的命令方式解决方式；后者主要是指以信息沟通为核心的解决办法，部门平等相待，无确定的上下级关系。

（一）领导机构

按照统一领导、分级管理的原则，我国安全生产应急救援领导决策层由国务院安全生产委员会及其办公室、国务院有关部门、地方各级人民政府构成。

1. 国务院安全生产委员会

国务院安全生产委员会统一领导我国安全生产应急救援工作。负责研究部署、指导协调我国安全生产应急救援工作；研究提出我国安全生产应急救援工作的重大方针政策；负责应急救援重大事项的决策，对涉及多个部门或领域、跨多个地区的影响特别恶劣事故灾难的应急救援实施协调指挥；必要时协调总参谋部和武警总部调集部队参加安全生产事故应急救援；建立与协调同自然灾害、公共卫生和社会安全突发安全生产事故应急救援机构之间的联系，并相互配合。

2. 国务院安全生产委员会办公室

国务院安全生产委员会办公室承办国务院安全生产委员会（以下简称"安委会"）的具体事务。负责研究提出安全生产应急管理和应急救援工作的重大方针政策和措施；负责我国安全生产应急管理工作，统一规划我国安全生产应急体系建设，监督检查、指导协调国务院有关部门和各省（区、市）人民政府安全生产应急管理和应急救援工作，协调指挥安全生产事故灾难应急救援；督促、检查安委会决定事项的贯彻落实情况。

3. 国务院有关部门

国务院有关部门在各自的职责范围内领导有关行业或领域的安全生产应急管理与应急救援工作，监督检查、指导协调有关行业或领域的安全生产应急救援工作，负责本部门所属的安全生产应急救援协调指挥机构、队伍的行政和业务管理，协调指挥本行业或领域应急救援队伍和资源参加重特大安全生产事故应急救援。

4. 地方各级人民政府

地方各级人民政府统一领导本地区安全生产应急救援工作，按照分级管理的原则统一指挥本地区安全生产事故应急救援。

（二）管理部门

我国安全生产应急管理与协调指挥系统由国家安全生产应急救援中心、有关专业安全生产应急管理与协调指挥机构以及地方各级安全生产应急管理与协调指挥机构组成。

依据中央机构编制委员会的有关文件规定，国家安全生产应急救援中心，为国务院安全生产委员会办公室领导，应急管理部的事业单位，履行我国安全生产应急救援综合监督管理的行政职能，按照《国家安全生产事故灾难应急预案》的规定，协调、指挥安全生产事故灾难应急救援工作。其主要职责是：

（1）参与拟订、修订我国安全生产应急救援方面的法律法规和规章，制定国家安全生产应急救援管理制度和有关规定并负责组织实施。

（2）负责我国安全生产应急体系建设，指导、协调地方及有关部门安全生产应急救援工作。

（3）组织编制和综合管理我国安全生产应急救援预案，对地方及有关部门安全生产应急预案的实施进行综合监督管理。

（4）负责我国安全生产应急救援资源的综合监督管理和信息统计工作，建立我国安全生产应急救援信息数据库，统一规划我国安全生产应急救援通信信息网络。

（5）负责我国安全生产应急救援重大信息的接收、处理和上报工作。负责分析重大危险源监控信息并预测特别重大事故风险，及时提出预警信息。

（6）指导、协调特别重大安全生产事故灾难的应急救援工作；根据地方或部门应急救援指挥机构的要求，调集有关应急救援力量和资源参加事故抢救；依据法律法规的规定或国务院授权组织指挥应急救援工作。

（7）组织、指导我国安全生产应急救援培训工作。组织、指导安全生产应急救援训练、演练。协调指导有关部门依法对安全生产应急救援队伍实施资质管理和救援能力评估工作。

（8）负责安全生产应急救援科技创新、成果推广工作，参加安全生产应急救援国际合作与交流。

（9）负责国家投资形成的安全生产应急救援资产的监督管理，组织对安全生产应急救援项目投入资产的清理和核定工作。

（10）完成国务院安全生产委员会办公室交办的其他事项。

另外，根据中央机构编制委员会的文件规定，国家安全生产应急救援中心经授权履行安全生产应急救援综合监督管理和应急救援协调指挥职责。

我国32个省（区、市）建立安全生产应急救援指挥中心，在本省（区、市）人民政府及其安全生产委员会领导下负责本地安全生产应急管理和事故灾难应急救援协调指挥工作。

各省（区、市）根据本地实际情况和安全生产应急救援工作的需要，建立有关专业安全生产应急管理与协调指挥机构，或者依托国务院有关部门设立在本地的区域性专业应急管理与协调指挥机构，负责本地相关行业或领域的安全生产应急管理与协调指挥工作。

在我国各市（地）规划建立市（地）级安全生产应急管理与协调指挥机构，在当地政府的领导下负责本地安全生产应急救援工作，并且与省级专业应急救援指挥机构和区域级专业应急救援指挥机构相协调，组织指挥本地安全生产事故的应急救援。

市（地）级专业安全生产应急管理与协调指挥机构的设立，以及县级地方政府安全生产应急管理与协调指挥机构的设立，由各地根据实际情况确定。

（三）职能部门

省安委会是全省生产安全事故应急领导机构，负责领导、组织、协调全省安全生产应急管理和生产安全事故应急救援工作，必要时，协调省军区、省武警总队调集所属部队参加应急救援工作。省安委会办公室（以下简称省安委办）设在省安全监管局，负责日常工作。办公室主任由省安全监管局局长兼任。办公室主要职责：贯彻省安委会指示和部署，组织、协调特别重大、重大生产安全事故应急处置工作；组织、协调生产安全事故应急预案编制、修订工作，综合监督、指导各地级以上市、省直管县（市、区）和各专业应急救援机构安全生产应急管理工作；组织、指导全省安全生产应急救援演练；承担省安委会交办的其他工作。

各成员单位依据应急响应级别，按照省安委会的统一部署和各自职责，配合做好生产安全事故的应急处置工作。

（四）救援队伍

目前，我国安全生产应急救援队伍体系主要包括四个方面：

一是国家级区域应急救援基地。依托国务院有关部门和有关大中型企业现有的专业应急救援队伍进行重点加强和完善，建立国家安全生产应急救援中心管理指挥的国家级综合性区域应急救援基地、国家级专业应急救援指挥中心管理指挥的专业区域应急救援基地，保证特别重大安全生产事故灾难应急救援和实施跨省（区、市）应急救援的需要。

二是骨干专业应急救援队伍。根据有关行业或领域安全生产应急救援需要，依托有关企业现有的专业应急救援队伍进行加强、补充、提高，形成骨干救援队伍，保证本行业或领域重特大事故应急救援和跨地区实施救援的需要。

三是企业应急救援队伍。新安全生产法等相关法律法规明确要求：各类企业必须建立专业应急救援队伍，或与有关专业救援队伍签订救援服务协议，确保拥有企业自救能力，企业应急救援队伍要扩展专业领域，向周边企业和社会提供救援服务。企业应急救援队伍是安全生产应急救援队伍体系的基础。

四是社会救援力量。引导、鼓励、扶持社区建立由居民组成的应急救援组织和志愿者队伍，事故发生后能够立即开展自救、互救，协助专业救援队伍开展救援；鼓励各种社会组织建立应急救援队伍，按市场运作的方式参加安全生产应急救援，作为安全生产应急救援队伍的补充。

矿山、危化、电力、特种设备等行业或领域的事故灾难，应充分发挥本行业（领域）的专家作用，依靠相关专业救援队伍、企业救援队伍和社会力量开展应急救援。通过事故所属专业安全生产应急管理与协调指挥机构同相关安全生产应急管理与协调指挥机构建立的业务和通信信息网络联系，调集相关专业队伍实施救援。

各级各类应急救援队伍承担所属企业（单位）以及有关管理部门划定区域内的安全生产事故灾难应急救援工作，并接受当地政府和上级安全生产应急管理与协调指挥机构的协调指挥。

三、安全生产应急体系运行机制

根据国家应急管理体系建设的指导思想，救援体系主要包含应急预案、法制基础、应急体制和运行机制（简称"一案三制"）。其中，运行机制始终贯穿于应急准备、初级反应、扩大应急和应急恢复等应急活动中，包括日常管理机制，预警机制，应急响应机制，信息发布机制以及经费保障机制。

（一）日常管理机制

1. 行政管理

国家安全生产应急救援指挥中心在国务院安委会及国务院安委会办公室的领导下，负责综合监督管理我国安全生产应急救援工作。各地安全生产应急管理与协调指挥机构在当地政府的领导下负责综合监督管理本地安全生产应急救援工作。各专业安全生产应急管理与协调指挥机构在所属部门领导下负责监督管理本行业或领域的安全生产应急救援工作。各级、各专业安全生产应急管理与协调指挥机构的应急准备、预案制定、培训和演练等救援工作接受上级应急管理与协调指挥机构的监督检查和指导，应急救援时服从上级应急管理与协调指挥机构的协调指挥。

各地、各专业安全生产应急管理与协调指挥机构、队伍的行政隶属关系及资产关系不变，由其设立部门（单位）负责管理。

2. 信息管理

为实现资源共享和及时有效的监督管理，国家安全生产应急救援中心构建我国安全生产应急救援通信、信息网络，统一信息标准和数据平台，各级安全生产应急管理与协调指挥机构以及安全生产应急救援队伍以规范的信息格式、内容、时间、渠道进行信息传递。

应急救援队伍的有关应急救援资源信息（人员、装备、预案、危险源监控情况以及地理信息等）要及时上报所属安全生产应急管理与协调指挥机构，发生变化要及时更新；下级安全生产应急管理与协调指挥机构掌握的有关应急救援资源信息要报上一级安全生产应急管理与协调指挥机构；国务院有关部门的专业安全生产应急救援指挥中心和各省（区、市）安全生产应急救援指挥中心掌握的有关应急救援资源信息要报国家安全生产应急救援中心；国家安全生产应急救援中心、国务院有关部门的专业安全生产应急救援指挥中心和地方各级安全生产应急管理与协调指挥机构之间必须保证信息畅通，并保证各自所掌握的应急救援队伍、装备、物资、预案、专家、技术等信息可以互相调阅，实现信息共享，为应急救援、监督检查和科学决策创造条件。

3. 预案管理

生产经营单位应当结合实际制定本单位的安全生产应急预案，各级人民政府及有关部门应针对本地、本部门的实际编制安全生产应急预案。生产经营单位的安全生产应急预案报当地的安全生产应急管理与协调指挥机构备案；各级政府所属部门制定的安全生产应急预案报同级政府安全生产应急管理与协调指挥机构，同时报上一级专业安全生产应急管理与协调指挥机构备案；各级地方政府的安全生产应急预案报上一级政府安全生产应急管理与协调指挥机构备案。各级、各专业安全生产应急管理与协调指挥机构对备案的安全生产应急预案进行审查，对预案的实施条件、可操作性、与相关预案的衔接、执行情况、维护和更新等情况进行监督检查。建立应急预案数据库，上级安全生产应急管理与协调指挥机构能够通过通信信息系统查阅。

各级安全生产应急管理与协调指挥机构负责按照有关应急预案组织实施应急救援。

4. 队伍管理

国家安全生产应急救援中心和国务院有关部门的专业安全生产应急救援指挥中心制定行业或领域各类企业安全生产应急救援队伍配备标准，对危险行业或领域的专业应急救援队伍实行资质管理，确保应急救援安全有效地进行。有关企业应当依法按照标准建立应急救援队伍，按标准配备装备，并负责所属应急队伍的行政、业务管理，接受当地政府安全生产应急管理与协调指挥机构的检查和指导。省级安全生产应急救援骨干队伍接受省级政府安全生产应急管理与协调指挥机构的检查和指导。国家级区域安全生产应急救援基地接受国家安全生产应急救援中心及国务院有关部门的专业安全生产应急管理与协调指挥机构的检查和指导。

各级、各专业安全生产应急管理与协调指挥机构平时有计划地组织所属应急救援队伍在所负责的区域进行预防性检查和针对性训练，保证应急救援队伍熟悉所负责的区域的安全生产环境和条件，既体现预防为主又为事故发生时及时救援做好准备，提高应急救援队伍的战斗力，保证应急救援顺利有效进行。加强对企业的兼职救援队伍的培训，平时从事生产活动，在紧急状态下能够及时有效地施救，做到平战结合。

国家安全生产应急救援中心、国家级专业安全生产应急救援指挥中心和省级安全生产应急救援指挥中心根据应急准备检查和应急救援演习的情况对各级、各类应急救援队伍的能力进行评估。

（二）预警机制

所谓预警机制是指根据有关事故的预测信息和风险评估结果，根据事故可能造成的危害程度、紧急程度和发展态势，确定相应预警级别，标示预警颜色，并向社会发布相关信息的机制。预警机制是在突发安全生产事故实际发生之前对事件的预报、预测及提供预先处理操作的重要机制，主要包括以下内容：①对预警范围的确定。需要严格规定监控的时间范围、空间范围以及监控对象范围。②预警级别的设定及表达方法的规定。按照突发事件发生的紧急程度、发展态势和可能造成的危害程度分为：一级、二级、三级、四级，分别用红色、橙色、黄色、蓝色标示，一级为最高级别。③紧急通报的次序、范围和方式。一旦发生了突发安全生产事故，第一时间以及之后应该按顺序通知哪些机构、人，以何种方式通知。④突发安全生产事故范畴与领域预判。对突发安全生产事故涉及的范畴和领域进行预判，初步对突发安全生产事故给出一个类别和级别，以匹配应对预案。

各类突发安全生产事故都应该建立健全预警制度，但应当建立划分预警级别的突发安全生产事故是自然灾害、事故灾难、公共卫生事件。考虑到社会安全事件的特殊性，如比较敏感，紧急程度、发展态势和可能造成的危害程度不易预测的特点，未要求社会安全事件必须划分预警级别。在国际上，预警一般分为五级的较多，如依次用红色、橙色、黄色、蓝色和绿色标示。我国预警级别分为四级，分别用红色、橙色、黄色和蓝色标示，一级为最高级别。预警级别的确定往往是预测性的，一般是突发安全生产事故还处于未然状态；而突发安全生产事故的分级则是确定的，是基于突发安全生产事故已然状态的划分。预警级别和实际发生的突发安全生产事故的应急响应级别分级标准不一定一致，需要负责统一领导或者处置的人民政府根据实际情况及时调整和确定。同时，确定预警级别的要素主要是突发安全生产事故的紧急程度、发展态势和可能造成的危害程度，而突发安全生产事故的分级主要是根据社会危害程度、影响范围来划分。

1. 信息监测

加强监测制度建设，建立健全监测网络和体系，是提高政府信息收集能力，及时做好突发安全生产事故预警工作，有效预防、减少事故的发生，控制、减轻、消除突发安全生产事故引发的严重社会危害的基础。

（1）依据事故的种类和特点，建立健全基础信息库。所谓突发安全生产事故基础信息库，是指应对突发安全生产事故所必备的有关危险源、风险隐患、应急资源（物资储备、设备及应急队伍）、应急避难场所（分布、疏散路线和容纳能量等）、应急专家咨询、应急预案、突发安全生产事故案例等基础信息的数据库。建立完备、可共享的基础信息库是应急管理、监控和辅助决策的必不可少的支柱。目前，我国突发安全生产事故的基础信息调查还比较薄弱，信息不完整、家底不清现象还普遍存在，信息分割现象还比较严重。建立健全基础信息库，要求各级政府开展各类风险隐患、风险源、应急资源分布情况的调查并登记建档，为各类突发安全生产事故的监测预警和隐患治理提供基础信息。要统一数据库建设标准，实现基础信息的整合和资源共享，提高信息的使用效率。

（2）完善监测网络，划出监测区域，确定监测点，明确监测项目，提供必要的设备、设施，配备专职或者兼职人员，对可能发生的突发安全生产事故进行检测。这是对监测网络系统建设的规定。建立危险源、危险区域的实时监控系统和危险品跨区域流动动态监控系统，加大监测设施、设备建设，配备专职或者兼职的监测人员。

2. 信息发布

全面、准确地收集、传递、处理和发布突发安全生产事故预警信息，一方面有利于应急处置机构对事态发展进行科学分析和最终做出准确判断，从而采取有效措施将危机消灭在萌芽状态，或者为突发安全生产事故发生后具体应急工作的展开赢得宝贵的准备时间；另一方面有利于社会公众知晓突发安全生产事故的发展态势，便于及时采取有效防护措施避免损失，并做好有关自救、他救准备。

突发安全生产事故预警信息的发布、报告和通报工作，是建立健全突发安全生产事故预警机制的关键性环节。通常来讲，建立完整的突发安全生产事故预警信息制度，主要包括以下几个方面的内容：

一是建立完善的信息监控制度。有关政府要针对各种可能发生的突发安全生产事故，不断完善监控方法和程序，建立完善事故隐患和危机源监控制度，并及时维护更新，确保监控质量。

二是建立健全信息报告制度。一方面要加强地方各级政府与上级政府、当地驻军、相邻地区政府的信息报告、通报工作，使危机信息能够在有效时间内传递到行政组织内部的相应层级，有效发挥应急预警的作用；另一方面要拓宽信息报告渠道，建立社会公众信息报告和举报制度，鼓励任何单位和个人向政府及其有关部门报告危机事件隐患。同时要不断尝试新的社会公众信息反应渠道，如在网络和手机普及的情况下，开通网上论坛，设立专门的接待日、民情热线、直通有关领导的紧急事件专线连接等。

三是建立严格的信息发布制度。一方面要完善预警信息发布标准，对可能发生和可以预警的突发安全生产事故要进行预警，规范预警标识，制定相应的发布标准，同时明确规定相关政府、主要负责单位、协作单位应当履行的职责和义务；另一方面要通畅广泛的预警信息发布渠道，充分利用广播、电视、报纸、电话、手机短信、街区显示屏和互联网等多种形式发布预警信息，确保广大人民群众第一时间内掌握预警信息，使他们有机会采取有效防范措施，达到减少人员伤亡和财产损失的目的。同时还要确定预警信息的发布主体，信息的发布要有权威性和连续性，这是由危机事件发展的动态性特点决定的。作为预警信息发布主体的有关政府要及时发布、更新有关危机事件的新信息，让公众随时了解事态的发展变化，以便主动参与和配合政府的应急管理。所以，可以预警的突发安全生产事故即将发生或者发生的可能性增大时，有关政府应当依法发布相应级别的警报，决定并宣布有关地区进入预警期，同时向上一级政府、当地驻军和可能受到危害的毗邻或者相关地区的政府工作报告或通报。

3. 三、四级预警措施

发布三、四级预警级别后，预警工作的作用主要是及时、全面地收集、交流有关突发安全生产事故的信息，并在组织综合评估和分析判断的基础上，对突发安全生产事故可能出现的趋势和问题，由政府及其有关部门发布警报，决定和宣布进入预警期，并及时采取相应的预警措施，有效消除产生突发安全生产事故的各种因素，尽量避免突发安全生产事故的发生。

发布三、四级警报后，政府采取的主要是一些预防、警示、劝导性措施，目的在于尽可能避免突发安全生产事故的发生，或者是提前做好充分准备，将损失减至最小。三、四级预警期间政府可以采取的预防、警示和劝导性措施主要包括：

①立即启动应急预案。所有事"预则立，不预则废"，各国应急法制都比较重视应急预案制度的建立，即在平常时期就进行应急制度设计，规定一旦发生危机状态，政府和全社会如何共同协作，共同应对危险局势。完善的应急管理预案及其他各项预备、预警准备工作，有利于政府依法采取各项应对措施，从而最大限度地减少各类危机状态所造成的损失。

②要求政府有关部门、专业机构和负有特定职责的人员注意随时收集、报告有关信息，加强对突发安全生产事故发生、发展情况的监测和预报工作。信息的收集、监测和预报工作有利于有关机构和人员根据突发安全生产事故发生、发展的情况，制定监测计划，科学分析、综合评价监测数据，并对早期发现的潜在隐患，以及突发安全生产事故可能发生的时间、危害程度、发展态势，按照规定的程序和时限及时上报，为应急处置工作提供依据。

③组织有关业务主管部门和专业机构工作人员、有关专家学者，随时对获取的有关信息进行分析、评估，预测突发安全生产事故发生可能性的大小、影响范围和强度。对即将发生的突发安全生产事故的信息进行分析和评估，有利于有关部门和应急处理技术机构准确掌握危机事件的客观规律，并为突发安全生产事故的分级和应急处理工作方案提供可靠依据。

④定时向社会发布有关突发安全生产事故发展情况的信息和政府的分析评估结果，并加强对相关信息报道的管理。发布预报和预警信息是一种权力，也是政府的一项重要责任。一方面，基于突发安全生产事故的紧迫性和对人民生命财产的重大影响性，及时、准确的灾害预报、预警信息往往能成为挽救人民生命财产的有效保障，这也是满足公民知情权的需要。另一方面，我国目前已经初步建立了预报、预警信息发布机制和体系，但是缺乏明确的问责规定，不能充分遏制有关机构和人员在灾害预报、预警工作中不依法及时发布预报、预警信息的现象，因此还应当加强对相关信息报道的管理。

⑤及时向社会发布可能受到突发安全生产事故危害的警告，宣传应急和防止、减轻危害的常识。突发安全生产事故的来临和可能造成的危害一般都有一定的可预见性，因此充分向社会发布相关警告，宣传应急和防止、减轻危害的常识，有利于社会各方面做好预备工作，正确处理危机，稳定社会秩序，尽可能降低损失。

4.一、二级预警措施

发布一、二级预警级别后，政府的应对措施主要是对即将面临的灾害、威胁、风险等做好早期应急准备，并实施具体的防范性、保护性措施，如预案实施、紧急防护、工程治理、搬迁撤离，以及调用物资、设备、人员和占用场地等。一、二级预警相对于三、四级预警而言级别更高，突发安全生产事故即将发生的时间更为紧迫，事件已经一触即发，人民生命财产安全即将面临威胁。因此，有关政府除了继续采取三、四级预警期间的措施外，还应当及时采取有关先期应急处置措施，努力做好应急准备，避免或减少人员伤亡和财产损失，尽量减少突发安全生产事故所造成的不利影响，并防止其演变为重大事件。发布一、二级预警后，政府采取的主要是一些防范、部署、保护性的措施，目的在于选择、确定切实有效的对策，做出有针对性的部署安排，采取必要的前期措施，及时应对即将到来的危机，并保障有关人员、财产、场所的安全。采取的应对措施有：

①要求有关应急救援队伍、负有特定职责的人员进入待命状态，动员后备人员做好参加应急救援工作的准备工作。

②调集应急所需物资、设备、设施、工具，准备应急所需场所，并检查其是否处于良好状况、能否投入正常使用；采取必要措施，加强对核心机关、要害部门、重要基础设施、生命线工程等的安全防护。

③向其他地方人民政府预先发出提供支援的请求。

④根据可能发生的突发安全生产事故的性质、严重程度、影响大小等因素，制定具体的应急方案。

⑤及时关闭有关场所，转移有关人员、财产，尽量减少损失；及时向社会发布采取特定措施防止、避免或者减轻损害的建议、劝告或者指示等。

5. 预警的调整和解除

突发安全生产事故具有不可预测性，当紧急情势发生转变时，行政机关的应对行为应该适时做出调整并让公众知晓，这不仅是应对突发安全生产事故的需要，也是降低危机管理成本、保护行政相对人权益的措施之一。任何突发安全生产事故的应对，不能只考虑行政机关控制和消除紧急危险的应对需求和应对能力，更重要的着眼点还在于如何避免行政紧急权力对现存国家体制、法律制度和公民权利的消极影响和改变。行政紧急权力的设计和使用应当受到有效性和正当性两方面的制约，离开具体应急情形的改变而一成不变地采取应急措施，既不能有效地应对危机，还会增大滥用行政紧急权力的可能性。所以，有关应对机关应当根据危机状态的发展态势分别规定相应的应对措施，并根据事件的发展变化情况进行适时调整。

总的来说，在应急预警阶段，预警级别的确定、警报的宣布和解除、预警期的开始和终止、有关措施的采取和解除，都要与紧急危险等级及相应的紧急危险阶段保持一致。即使是具有极其严重社会危害的最高级别突发安全生产事故，也有不同的发展阶段，并不需要在每一个阶段都采取同样严厉的应对措施。因而，一旦突发安全生产事故的事态发展出现了变化，以及有事实证明不可能发生突发安全生产事故或者危险已经解除的，发布突发安全生产事故警报的人民政府应当适时调整预警级别并重新发布，并立即宣布解除相应的预警警报或者终止预警期，解除已经采取的有关措施。这既是有效应对突发安全生产事故、提高行政机关应对能力的要求，也是维护应急法治原则和公民权利的需要。国家应急制度建设的重点，就是寻找和确定在应急环境下实行依法行政原则的基本平衡点，使行政机关的应对行为既能够有效地控制和消除突发安全生产事故导致的紧急危机，又能够防止行政紧急权力的滥用，保障公民的基本权利。

（三）应急响应机制

根据安全生产事故灾难的可控性、严重程度和影响范围，实行分级响应。

1. 报警与接警

重大以上安全生产事故发生后，企业首先要组织实施救援，并按照分级响应的原则报企业上级单位、企业主管部门、当地政府有关部门以及当地安全生产应急救援指挥中心。企业上级单位接到事故报警后，应利用企业内部应急资源开展应急救援工作，同时向企业主管部门、政府部门报告事故情况。

当地（市、区、县）政府有关部门接到报警后，应立即组织当地应急救援队伍展开事故救援工作，并立即向省级政府部门报告。省级政府部门接到特大安全生产事故的险情报告后，立即组织救援并上报国务院安委会办公室。

当地安全生产应急救援指挥中心（应急管理与协调指挥机构）接到报警后，应立即组织应急救援队伍开展事故救援工作，并立即向省级安全生产应急救援指挥中心报告。省级安全生产应急救援指挥中心接到特大安全生产事故的险情报告后，立即组织救援并上报国家安全生产应急救援中心和有关国家级专业应急救援指挥中心。国家安全生产应急救援中心和国家级专业应急救援指挥中心接到事故险情报告后通过智能接警系统立即响应，根据事故的性质、地点和规模，按照相关预案，通知相关的国家级专业应急救援指挥中心、相关专家和区域救援基地进入应急待命状态，开通信息网络系统，随时响应省级应急中心发出的支援请求，建立并开通与事故现场的通信联络与图像实时传送。在报警与接警过程中，各级政府部门与各级安全生产应急救援指挥中心之间要及时进行沟通联系，共同参与事故应急救援活动，保证能够快速、高效、有序地控制事态，减少事故损失。

事故险情和支援请求的报告原则上按照分级响应的原则逐级上报，若有必要，在逐级上报的同时可以越级上报。

2. 协调与指挥

应急救援指挥坚持条块结合、属地为主的原则，由地方政府负责，根据事故灾难的可控性、严重程度和影响范围按照预案由相应的地方政府组成现场应急救援指挥部，由地方政府负责人担任总指挥，统一指挥应急救援行动。

某一地区或某一专业领域可以独立完成的应急救援任务，地方或专业应急救援指挥机构负责组织；发生专业性较强的事故，由国家级专业应急救援指挥中心协同地方政府指挥，国家安全生产应急救援中心跟踪事故的发展，协调有关资源配合救援；发生跨地区、跨领域的事故，国家安全生产应急救援中心协调调度相关专业和地方应急管理与协调指挥机构调集相关专业应急救援队伍增援，现场的救援指挥仍由地方政府负责，由有关专业应急救援指挥中心配合。

各级地方政府安全生产应急管理与协调指挥机构根据抢险救灾的需要有权调动辖区内的各类应急救援队伍实施救援，各类应急救援队伍必须服从指挥。需要调动辖区以外的应急救援队伍报请上级安全生产应急管理与协调指挥机构协调。依照分级响应的原则，省级安全生产应急救援指挥中心响应后，调集、指挥辖区内各类相关应急救援队伍和资源开展救援工作，同时报告国家安全生产应急救援中心并随时报告事态发展情况；

专业安全生产应急救援指挥中心响应后，调集、指挥本专业安全生产应急救援队伍和资源开展救援工作，同时报告国家安全生产应急救援中心并随时报告事态发展情况；国家安全生产应急救援中心接到报告后进入戒备状态，跟踪事态发展，通知其他有关专业、地方安全生产应急救援指挥中心进入戒备状态，随时准备响应。根据应急救援的需要和请求国家安全生产应急救援中心协调指挥专业或地方安全生产应急救援指挥中心调集、指挥有关专业和有关地方的安全生产应急救援队伍和资源进行增援。

涉及范围广、影响特别大的事故灾难的应急救援，经国务院授权由国家安全生产应急救援中心协调指挥，必要时，由国务院安委会领导组织协调指挥。需要部队支援时，通过国务院安委会协调解放军总参作战部和武警总部调集部队参与应急救援。

（四）信息发布机制

信息发布是指政府向社会公众传播公共信息的行为。突发安全生产事故的信息发布就是指由法定的行政机关依照法定程序将其在行使应急管理职能的过程中所获得或拥有的突发安全生产事故信息，以方便知晓的形式主动向社会公众公开的活动。信息发布的主体是法定行政机关，具体指由有关信息发布的法律、法规所规定的行政部门；信息发布的客体是广大的社会公众；信息发布的内容是有关突发安全生产事故的信息，主要指公共信息，涉及国家秘密、商业秘密和个人隐私的政府信息不在发布的内容之列；信息发布的形式是行政机关主动地向社会公众公开，而且以便于公众知晓的方式主动公开。

根据突发公共事件演进的顺序，应急管理由减缓、准备、响应和恢复等四个阶段组成。社会公众在不同阶段有不同的信息需求，信息发布应贯穿应急管理的全程：在减缓和准备阶段，信息发布的内容包括与突发公共事件相关的法律、法规、政府规章、突发公共事件应急预案、预测预警信息等。这些信息发布的目的是：首先，让公众了解突发公共事件的相关法律、法规，明确自身在应急管理中的权利与义务；其次，让公众了解应急预案，知晓周围环境中的危险源、风险度、预防措施及自身在处置中的角色；最后，让社会公众接受预测预警信息，敦促其采取相应的措施，以避免或减轻突发安全生产事故可能造成的损失。

在响应阶段，信息发布的内容包括：突发安全生产事故的性质、程度和范围，初步判明的原因，已经和正在采取的应对措施，事态发展趋势，受影响的群体及其行为建议等。这些信息发布的目的是：传递权威信息，避免流言、谣言引起社会恐慌；使社会公众掌握突发安全生产事故的情况，并采取一定的措施，避免出现更大的损失；让社会公众了解、监督政府在突发安全生产事故处置过程中的行为；有利于应急管理社会动员的实施。在恢复阶段，信息发布的内容包括：突发公共事件处置的经验和教训，相关责任的调查处理，恢复重建的政策规划及执行情况，灾区损失的补偿政策与措施，防灾、减灾新举措等。这些信息发布的目的是：与社会公众一道，反思突发安全生产事故的教训，总结应急管理的经验，进而加强全社会的公共安全意识；接受社会公众监督，实现救灾款物分配、发放的透明化，并强化突发安全生产事故责任追究制度；吸纳社会公众，使其参与到灾后恢复重建活动之中。

突发安全生产事故信息发布的流程包括以下四个关键性的环节：

第一，收集、整理与分析、核实突发安全生产事故的相关信息，确保信息的客观、准确与全面。

第二，根据舆情监控，确定信息发布的目的、内容与重点、时机。其中，有关行政机关要对拟发布信息进行保密审查，删除涉及国家秘密、商业秘密和个人隐私的内容或做一定的技术处理。

第三，确定信息发布的方式，并以适当的方式适时向社会公众发布。

第四，根据信息发布后的舆情，进行突发安全生产事故信息的后续发布或补充发布。现代社会是信息社会，行政机关可以通过多种手段发布突发安全生产事故的信息，也可以根据需要选择一种或几种手段来完成信息发布的任务。在选择信息发布手段的过程中，行政机关应综合考虑突发安全生产事故的性质、程度、范围等情况，以及传播媒体的特点、目标受众的范围与接受心理等，以确保信息发布的有效性。突发安全生产事故信息发布的常用方式包含：

（1）发布政府公报。行政机关可以政府公报的形式，向社会公众正式发布有关突发安全生产事故应急管理的预案、通知及办法等。

（2）举行新闻发布会。新闻发布会一般指政府或部门发言人举行的定期、不定期或临时的新闻发布活动。行政机关可以定期或不定期召开新闻发布会，通过新闻发言人向媒体发布突发安全生产事故与应急管理的相关信息，回答媒体的提问，解答社会公众所关心的热点问题。

（3）拟写新闻通稿。行政机关拟定关于突发公共事件的新闻稿件，并且通过具有一定权威性的广播、电视、报纸等媒体进行发布。

（4）政府网站发布。行政机关利用受众广泛、传播迅速的政府网站发布信息，并与受众进行信息交流。

（5）发送宣传单，发送手机短信等。

（五）经费保障机制

安全生产应急救援工作是重要的社会管理职能，属于公益性事业，关系到国家财产和人民生命安全，有关应急救援的经费按事权划分应由中央政府、地方政府、企业和社会保险共同承担。各级财政部门要按照现行事权、财权划分原则，分级负担预防与处置突发生产安全事件中需由政府负担的经费，并纳入本级财政年度预算，完善应急资金拨付制度，对规划布局内的重大建设项目给予重点支持，建立健全国家、地方、企业、社会相结合的应急保障资金投入机制，适应应急队伍、装备、交通、通信、物资储备等方面建设与更新维护资金的要求。

国家安全生产应急救援中心和矿山、危险化学品、消防、民航、铁路、核工业、水上搜救、电力、特种设备、旅游、医疗救护等专业应急管理与协调指挥机构、事业单位的建设投资从国家正常基建或国债投资中解决，运行维护经费由中央财政负担，列入国家财政预算。

地方各级政府安全生产应急管理与协调指挥机构、事业单位的建设投资按照地方为主、国家适当补助的原则解决，其运行维护经费由地方财政负担，列入地方财政预算。

建立企业安全生产的长效投入机制，企业依法设立的应急救援机构和队伍，其建设投资和运行维护经费原则上由企业自行解决；还承担省内应急救援任务队伍的建设投资和运行经费由省政府给予补助；同时承担跨省任务的区域应急救援队伍的建设投资和运行经费由中央财政给予补助。

积极探索应急救援社会化、市场化的途径，逐步建立和完善与应急救援经费相关的法律法规，制定相关政策，鼓励企业应急救援队伍向社会提供有偿服务，鼓励社会力量通过市场化运作建立应急救援队伍，为应急救援服务，建立运行的长效机制。逐步探索和建立安全生产应急体系在应急救援过程中，各级应急管理与协调指挥机构调动应急救援队伍和物资必须依法给予补偿，资金来源首先由事故责任单位承担，参加保险的由保险机构依照有关规定承担；按照以上方法无法解决的，由当地政府财政部门视具体情况给予一定的补助。政府采取强制性行为（如强制搬迁等）造成的损害，政府应给予补偿，政府征用个人或集体财物（如交通工具、救援装备等），政府应予以补偿。无过错的危险事故造成的损害，按照国家有关规定予以适当补偿。

四、安全生产应急体系支持保障系统

安全生产应急体系的支持保障系统主要包含通信信息系统、技术支持保障系统、物资与装备保障系统、培训演练系统等。

（一）通信信息系统

国家安全生产应急救援通信信息系统是国家安全生产应急体系的组成部分，是国家安全生产应急管理和应急救援指挥系统运行的基础平台。

依托国家安全生产信息系统网络和电信公网资源，建立安全生产应急救援通信信息系统，国家安全生产应急救援通信信息网络系统是一个覆盖我国的通信信息系统，实现国家安全生产应急救援中心与国务院、国务院安委会成员单位、各专业应急管理与协调指挥机构、地方各级政府安全生产应急管理与协调指挥机构及区域应急救援基地之间的信息传输和信息共享；实现端到端的数据通信；实现救援现场移动用户接入国家安全生产应急救援信息网。

国家安全生产应急救援通信信息系统主要包含国家安全生产应急救援通信系统、国家安全生产应急救援信息系统、省级安全生产应急救援通信系统、省级安全生产应急平台等。

1. 国家安全生产应急救援通信系统

国家安全生产应急救援通信系统将国务院、国务院安委会各成员单位、国家安全生产应急救援中心、专业安全生产应急管理与协调指挥机构、省级安全生产应急管理与协调指挥机构和救援指挥现场的移动终端有机地连接起来，实现信息传输和信息共享，并能为各有关部门、企业及公众提供多种联网方式和服务。实现国家安全生产应急救援中心与各级、各专业安全生产应急管理与协调指挥机构、企业以及事故现场进行数据（包括文字、声音和图像资料等）实时交换的功能，在与不同层次用户进行数据交换时，实现分层管理，以保证数据的安全性和有效性。

2. 国家安全生产应急救援信息系统

国家安全生产应急救援信息系统是与国家安全生产信息系统资源共享的专业信息系统，依托国家安全生产信息系统，架构安全生产应急救援信息系统，具备如下基本功能：

（1）信息共享功能：建立统一数据交换平台的应急救援信息网络，实现国务院安委会各成员单位、国家安全生产应急救援中心、各专业安全生产应急管理与协调指挥机构、省级安全生产应急管理与协调指挥机构及事故现场之间的信息资源共享。

（2）资源信息管理功能：对指挥机构及队伍的人员、设施、装备、物资以及专家等资源进行有效管理，并能随时掌握、调阅、检查这些资源的地点、数量、特征、性能、状态等信息和有关人员、队伍的培训、演练情况。针对应急预案、重大危险源的信息、危险物品的理化性质、事故情况记录、办公文件等信息进行动态管理。

（3）信息传输和处理功能：自动接收事故报警信息，按照有关规定、程序自动向有关方面传输，实现视频、音频传输。

（4）实时交流功能：进行图像和声音实时传输，以便国务院安委会成员单位、国家安全生产应急救援指挥中心、专业安全生产应急管理与协调指挥机构、地方各级安全生产应急管理与协调指挥机构及事故现场之间及时、真实、直观地进行信息交流。

（5）决策支持功能：针对事故地点、类型和特点及时收集整理提供相关的预案、队伍、装备、物资、专家、技术等信息，输出备选处理方案，对事故现场有关数据进行模拟分析，为指挥决策提供快捷、有效的支持。

（6）安全保密功能：由于应急救援工作的特殊性，上述功能必须满足安全、保密的要求，保证数据运行不间断、不丢失、自动备份、病毒不侵入，信号不失真，信息不泄露，以及防止信息被干扰、阻塞及非法截取。

3. 省级安全生产应急救援通信系统

省级安全生产应急救援通信系统是一个集公网/专网、有线/无线、话音/数据/视频等多种通信手段的体系，要求通信不受地形、距离等条件的限制，能够及时了解突发现场的主要情况，现场分析仪器、设备采集到的数据，保证安全生产应急指挥中心与现场指挥部领导进行视频会议，实现远程指挥调度现场人员与物资，并看到调整后的效果，还要能够实现现场图像的转发和专家会商。

省级安全生产应急救援通信系统对计算机网络的要求是：可以满足同时处置两起特别重大安全生产事故的需求，满足与省内各应急平台的互联互通、信息共享、数据交换，以省安全生产应急救援指挥中心为核心，以地市和各行业部门安全生产应急平台为节点，互联互通、信息共享的专用计算机网络，以满足应急处置所需要的数据共享与交换、指挥调度和监控等数据传输的任务。

4. 省级安全生产应急平台

省安全生产应急救援指挥中心通过安全生产应急平台向应急管理部（国家安全生产应急救援中心）报安全生产应急救援信息；协调指挥省相关部门应急救援机构的安全生产应急救援工作；指挥调度地市应急管理局安全生产应急救援（地市安全生产应急救援指挥中心）；指挥调度矿山安全生产应急救援队伍、危化品安全生产应急救援队伍、烟花爆竹应急救援队伍以及海上搜救等救援力量；发生安全生产事故时，及时进行数据、音视频连接，提升应急救援指挥水平。

（二）技术支持保障系统

安全生产应急救援工作是一项非常专业化的工作，涉及的专业领域面宽，无论是应急准备、现场救援决策、监测与后果评估以及现场恢复等各个方面都可能需要专家提供咨询和技术支持。因此，建立技术支持保障系统是应急体系一个必不可少的组成部分。

国家安全生产应急救援中心建立安全生产应急救援专家组，各级地方负有安全生产监督管理部门、煤矿安全监察机构以及各级、各专业安全生产应急管理与协调指挥机构设立相应的安全生产应急救援专家组，为事故灾难应急救援提供技术咨询和决策支持。企业应根据自身应急救援工作需要，建立应急救援专家组。

同时，以国家安全生产技术支持保障体系和矿山、化学、消防、交通、民航、铁路、核工业等行业或领域以及部队的有关科研院所、高校等为依托，建立各专业安全生产应急救援技术支持系统。针对安全生产应急救援工作具体需求，开展对应急救援重大装备和关键技术的研究与开发，重点针对矿井瓦斯、突水、危险化学品泄漏、爆炸、重大火灾等突发性灾害，开展事故灾难应急抢险、应急响应、应急信息共享与集成、人员定位和搜救、应急决策支持、社会救助与专业处置技术等应急救援技术与装备研究开发，增强应急救援能力，并在相关领域和地方开展应急救援技术推广示范。

（三）物资与装备保障系统

各企业按照有关规定和标准针对本企业可能发生的事故特点在本企业内储备一定数量的应急物资，各级地方政府针对辖区内易发生重特大事故的类型和分布，在指定的物资储备单位或物资生产、流通、使用企业和单位储备相应的应急物资，形成分层次、覆盖本区域各领域各类事故的应急救援物资保障系统，保证应急救援需要。

应急救援队伍根据专业和服务范围按照有关规定和标准配备装备、器材；各地在指定应急救援基地、队伍或培训演练基地内储备必要的特种装备，保障本地应急救援特殊需要。

国家在国家安全生产应急救援培训演练基地、各专业安全生产应急救援培训演练中心和国家级区域救援基地中储备一定数量特种装备，在特殊情况下对地方和企业提供支援。建立特种应急救援物资与装备储备数据库，各级、各专业安全生产应急管理与协调指挥机构可在业务范围内调用应急救援物资和特种装备实施支援。在特殊情况下，根据有关法律、规定及时动员和征用社会相关物资。

同时，依托各级安全生产应急平台，统计构建安全生产信息资源数据库，按照条块结合、属地为主、充分集成的原则，根据"自建＋集成"的建设指导思想，通过以下四个途径进行建设：

（1）围绕"安全生产应急救援指挥"主题，针对直接指挥业务内容，结合平台应用功能需求，通过合理规划、设计，重点依靠自身力量建设应急专用数据库。

（2）依托各级安全生产信息管理系统建设项目的安全生产监督和管理信息库建设，充分利用现有安全生产行政管理业务数据，设计统一数据交换接口，实现跨平台数据互联、互通。

（3）集成各级政府应急平台和各地市应急基础信息资源，建立与政府其他部门纵向数据交换机制，构建应急基础数据库。

（4）制定企业安全生产应急救援信息上传下达统一标准，动态集成各个企业的安全生产应急管理相关信息。

首先，收集、存储和管理管辖范围内与安全生产应急救援有关的信息和静态、动态数据，建设满足应急救援与管理要求的安全生产综合共用基础数据库和安全生产应急救援指挥应用系统的专用数据库。建设要遵循组织合理、结构清晰、冗余度低、便于操作、易于维护、安全可靠、扩充性好的原则。

其次，要建立纵向、横向与各级、各有关部门和各个安全生产应急管理与协调指挥机构之间的数据共享机制，充分考虑到数据互联互通和信息资源整合的需要。纵向设计统一数据交换接口，与应急管理部、省应急管理厅、地市局、区县局及监控企业互联，横向与其他专项指挥部门或机构连接，形成纵横交织的应急指挥信息资源网，充分发挥资源最大效应。国家安全生产应急救援中心和省政府应急平台通过数据共享与交换系统与本应急平台进行数据交换；本应急平台根据权限从省政府应急平台获取共享数据，通过数据共享与交换机制获取其他职能管理部门、机构和其他专业应急救援指挥系统的数据。

同时，以资源整合、平战结合、信息共享为指导思想，利用可视化技术、地理信息系统技术（GIS）、全球定位系统技术（GPS）、遥感技术（RS）、航测技术（Air Photogrammetry）、虚拟现实技术（VR）、网络技术以及决策支持和专家系统等技术，建立安全生产应急救援可视化系统，将检测、预警、报警、处警等应急信息集成在统一的平台之上，发挥安全生产应急体系更大的作用。

（四）培训演练系统

培训演练系统主要包含：国家安全生产应急救援培训演练基地、专业安全生产应急救援培训演练机构和地方安全生产应急救援培训演练机构。

1. 国家安全生产应急救援培训演练基地

主要负责对省级安全生产应急管理与协调指挥机构和有关部门的专业安全生产应急管理与协调指挥机构的管理人员以及地市级安全生产应急管理与协调指挥机构负责人员的业务培训；负责为安全生产区域应急救援基地训练业务骨干；承担我国的跨专业安全

生产应急救援演习和特种装备储备职能。

对应急救援队伍业务骨干的训练可运用组队训练方式，从我国安全生产应急救援基地和骨干队伍中抽调不同专业的业务骨干组成机动的特种应急救援队伍，采取服役制训练一段时间，培训、训练和实战相结合，熟悉特种装备的应用，特殊情况下加入抢险救援。

2. 专业安全生产应急救援培训演练机构

（1）国家级矿山救援技术培训中心，负责我国矿山救护中队以上指挥员的培训。

（2）国家级区域矿山救援基地，承担区域内矿山应急救援骨干队伍的培训。

（3）国家级危险化学品应急救援培训中心和一、二级安全生产培训机构及国家级危险化学品应急救援基地，负责危险化学品应急救援演练和培训。

同时，加强和完善现有国家消防培训、铁路救援、民航应急救护、海上搜救和医疗救护等专业培训演练机构，负责相应专业的培训演练。

3. 地方安全生产应急救援培训演练机构

地方安全生产应急救援培训演练机构的设置由各省（区、市）依据实际情况确定，可由设在当地的安全生产培训机构和应急救援基地承担。

第二章 生产经营单位安全基础管理

第一节 安全生产条件

安全生产条件是生产经营单位确保正常生产经营活动的必备条件。生产经营单位不仅要具备法定安全生产条件才能开办，而且在其整个生产经营活动中始终都要具备安全生产条件。

一、生产经营单位基本条件

（一）生产经营单位基本条件相关规定

（1）《安全生产法》规定："生产经营单位应该具备本法和有关法律、行政法规和国家标准或者行业标准规定的安全生产条件；不具备安全生产条件的，不得从事生产经营活动。"

（2）《特种设备安全监察条例》对从事特种设备的生产（含设计、制造、安装、改造、维修）、使用、检验检测活动规定了具体条件。

（二）以上法律法规包含的内容

（1）确定生产经营单位在安全生产中的主体地位。能否保障安全生产，第一位的、决定性的因素是生产经营单位的安全生产条件和安全管理状况。

（2）规定了依法进行安全生产管理是生产经营单位的行为准则和必需条件。依法从事生产经营是法律为生产经营单位设定的义务，必须坚决履行。

（3）强调了加强管理、建章立制、改善条件，是生产经营单位确保安全生产的必要措施。

（4）确定了确保安全生产是建立、健全安全生产责任制的根本目的。

二、安全生产管理制度及安全生产操作规程

安全生产各项规章制度是根据国家有关安全生产法律、法规的要求，结合企业实际而制定的，它是法律法规的延伸，是在生产经营单位贯彻执行的具体体现。

实践证明，在生产经营过程中，事故的发生绝大部分的原因是人为因素。因此，在企业安全的实际管理中，我们必须花大力气来控制和约束人的不安全行为，其直接的途径就是建立健全相关的企业安全规章制度。

（一）安全生产管理制度

生产经营单位安全生产管理制度种类比较多，大体可以分为以下几类：

（1）各级人员及部门的安全生产责任制。如生产经营单位主要负责人的安全生产责任制，安全生产管理人员（包括专职人员和兼职人员、其他管理人员）的安全生产责任制，其他从业人员的安全生产责任制。

（2）综合安全管理制度。如安全生产教育，安全生产检查，伤亡事故管理，"三同时"，安全工作"五同时"，安全值班，安全奖惩，承包安全管理等制度。

（3）安全技术管理制度。比如特种作业管理，危险作业审批，特种设备安全管理，危险场所安全管理，易燃易爆有毒有害物品安全管理，厂区交通运输安全管理，消防管理等制度。

（4）职业卫生管理制度。如职业卫生管理、有毒有害物质监测、职业病、职业中毒管理、员工身体检查等制度。

（5）其他有关管理制度。如女工保护制度、休息休假制度、劳动保护用品与保健食品发放等制度。

（二）安全生产操作规程

安全生产操作规程，是指在生产活动中，为了消除能导致人身伤亡或者造成设备、财产损失以及危害环境而制定的，对工艺、操作、安装、鉴定、安全、管理等具体技术要求和实施程序的统一规定。安全操作规程中主要内容是规定安全设施和人们在生产活动中必须遵守的安全要求。安全操作规程是保障企业员工人身安全和企业财产安全的工作程序和规定。

企业对每个工种和岗位都要根据该工种和岗位的安全操作要求认真制定和执行每个工种和岗位的安全操作规程。

三、安全生产管理机构

安全生产管理工作必须由管理机构和人员组织才能得到开展。生产经营单位应按照《安全生产法》的规定设置安全生产管理机构和配备安全生产管理人员。

（一）安全生产管理机构的作用

安全生产管理机构指的是生产经营单位中专门负责安全生产监督管理的内设机构。安全生产管理机构的作用是落实国家有关安全生产的法律法规，组织生产经营单位内部各种安全检查活动，负责日常安全检查，及时整改各种事故隐患，监督安全生产责任制的落实等等。

安全生产管理机构是生产经营单位安全生产的重要组织保证。

（二）安全生产管理机构设置和人员配备

（1）高危从业单位。矿山、金属冶炼、建筑施工、运输单位和危险物品的生产、经营、储存、装卸单位，应当设置安全生产管理机构或配备专职安全生产管理人员（是否设置机构或者配备多少专职管理人员，根据危险性和规模的大小等因素确定）。

（2）其他生产经营单位。从业人员超过一百人的，应当设置安全生产管理机构或者配备专职安全生产管理人员（是设置安全管理机构，还是配备专职管理人员，根据危险性和规模的大小等因素确定）；从业人员在一百人以下的，应当配备专职或者兼职的安全生产管理人员，或者委托具有国家规定的相关专业技术资格的安全生产中介服务机构或工程技术人员提供安全生产管理服务（但保证安全生产的责任仍旧由本单位负责）。

四、人员培训与资质

从业人员的安全素质如何，直接关系到生产经营单位的安全生产水平。作为必须具备的法定安全资质条件，生产经营单位应该对从业人员进行安全教育和培训。

（一）对从业人员进行全员安全教育和培训

生产经营单位必须按照有关规定对新招收录用、重新上岗、转岗的从业人员进行安全教育和培训，学习必要的安全生产知识。包括学习有关安全生产法律、法规，了解和掌握有关法律规定，依法从事生产经营作业；学习有关生产经营作业过程中的安全知识；学习有关事故应急救援和撤离的知识；熟悉有关安全生产规章制度和安全操作规程；掌握本岗位安全操作技能。从业人员不但要进行安全教育和培训，而且还要经过考试合格才能确认具备上岗作业的资格。企业采用新工艺、新技术、新材料和新设备时，也要对从业人员进行专门的安全教育和培训。

（二）对特种作业人员的培训考核

鉴于特种作业人员所从事的岗位存在较大的危险性，特种作业人员安全素质的好坏，直接关系到生产经营单位的安全生产。对特种作业人员的培训内容、培训时间和安全素质应有更高、更严格的要求，必须对他们进行专门的安全培训并且取得相应资格，不能等同于一般的从业人员。因而生产经营单位的特种作业人员必须按照国家有关规定参加专门的特种安全教育培训，取得特种作业操作资格证书，方可上岗作业。特种作业人员的范围较广，应参照有关国家标准和国务院有关部门对特种作业人员的有关规定。

（三）对主要负责人和安全生产管理人员的培训考核

生产经营单位的主要负责人和安全生产管理人员必须具备与本单位所从事的生产经营活动相应的安全生产知识和管理能力。企业负责人和安全管理人员必须通过培训取得安全合格证书，持证上岗。

五、安全资金投入

安全资金投入是保障安全生产的重要条件。《安全生产法》从三个方面对安全资金投入作出了严格的规定。

（一）生产经营单位安全投入的标准

由于各行各业生产经营单位的安全生产条件千差万别，其安全投入标准也不尽相同。为了使安全投入的标准更符合实际，更具有操作性，《安全生产法》关于"生产经营单位应当具备的安全生产条件所必需的资金投入"的规定，明确了生产经营单位具备法定安全生产条件所必需的资金投入标准，应以安全生产法律、行政法规和国家标准或者行业标准规定的生产经营单位应当具备的安全生产条件为基础进行计算。具有法定安全生产条件所需要的安全资金数额，就是生产经营单位应投入的资金标准。若投入的资金不能保障生产经营单位符合法定安全生产条件，就是资金投入不足，应对其后果承担责任。

（二）安全投入的决策和保障

有了符合安全生产条件所需资金投入的标准，还要通过决策予以保障。《安全生产法》第十八条根据不同生产经营单位安全投入的决策主体的不同，分别规定：

（1）按照公司法成立的公司制生产经营单位，由其决策机构董事会决定安全投入的资金。

（2）非公司制生产经营单位，由其主要负责人决定安全投入的资金。

（3）个人投资并由他人管理的生产经营单位，由其投资人即股东决定安全投入的资金。

（三）安全投入不足的法律责任

进行必要的安全生产资金投入，是生产经营单位的法定义务。由于安全生产所需资金不足导致的后果，以及有安全生产违法行为或者发生生产安全事故的，安全投入的决策主体将要承担相应的法律责任。构成犯罪的，依据刑法有关规定追究刑事责任；尚不够刑事处罚的，对生产经营单位的主要负责人给予撤职处分，对个人经营的投资人处 2 万元以上 20 万元以下的罚款。

第二节　人员安全管理

一、人员的安全素质

人员安全素质是安全生理素质、安全心理素质、安全知识及技能要求的总和。其内涵非常丰富，主要包括：安全意识、法制观念、安全技能知识、文化知识结构、心理应变能力、心理承受适应能力和道德行为约束能力。

（一）安全生理素质

安全生理素质指人员的身体健康状况、感觉功能、耐力等。

（二）安全心理素质

安全心理素质指个人行为、情感、紧急情况下的反应能力，事故状态的个人承受能力等。人的心理素质取决于人的心理特征。心理素质标准一般包含气质、性格、情绪与情感、意志和能力等。

（三）安全知识与技能要求

从业人员不仅要掌握生产技术知识，还应了解安全生产有关的知识。

（1）生产技术知识。内容包括生产经营单位基本生产概况、生产技术过程、作业方法或工艺流程，专业安全技术操作规程，各种机具设备的性能以及产品的构造、性能、质量和规格等。

（2）安全技术知识。内容包括生产经营单位内危险区域和设备设施的基本知识及注意事项，安全防护基本知识和注意事项，机械、电气和危险作业的安全知识，防火、防爆、防尘、防毒安全知识，个人防护用品使用，以及事故的报告处理等安全知识。

二、人员的安全行为

人员安全行为是安全素质的外在表现，安全素质决定着安全行为。影响、调节、激励、控制人员安全行为的因素和方式很多。

（一）影响人员安全行为的因素

影响人员安全行为的因素有情绪、气质、性格、社会知觉、价值观、角色、社会舆论、风俗与时尚、环境与物的状况等。

（二）人员安全行为调节

1. 心理调节

不安全心理状态都极易诱发事故，成年人的心理状态可以按照心理特征划分为活泼型、冷静型、急躁型、轻浮型、迟钝型等多种类型。根据事故统计分析，活泼型和冷静型人员的事故发生率较低，可以称为安全型；后三种特别是轻浮型，其事故发生率较高，称为非安全型。因此应加强心理调节，对不同的人、不同的心理状态，应采用不同的具体调节方法。

2. 情绪调节

情绪的调节，其实质是变减力性情绪为增力性情绪。情绪的调节要以情绪的控制为手段，而控制的目的在于使情绪朝着有利于工作的方向转化。调节及控制自己的情绪可以从语言调解、注意力转移、精神宣泄、角色转换、辩证思考等多种途径着手。

3. 性格调节

性格是在人的生理素质基础上，在社会实践活动中逐渐形成、发展和变化的。人的性格与安全生产有着极为密切的关系，无论技术多好的操作人员，如果性格不好，马马虎虎，也会常常发生事故。研究表明，性格孤僻、固执己见、同事关系不好、情绪不稳定、易于冲动、精神过度紧张（忧郁、恐怖不安）者往往容易出事故。

4. 物质调节

根据马斯洛的需要层次理论，生理需要是人最基本的需要，所以物质激励通常具有很大的驱动力。物质激励的方法比较具体，最终都与金钱有关系。具体方式有安全奖金法、安全结构工资法、安全押金法等。

5. 精神奖励调节

精神激励是重要的激励手段，它通过满足职工的精神需要，在较高的层次上调动职工的安全生产积极性，其激励深度大，维持时间长。主要有：目标激励、形象激励、荣誉激励、兴趣激励、参与激励、榜样激励等。

（三）人员安全行为激励

根据安全行为激励的原理，激励的方法分为以下三种：

1. 外部激励

外部激励就是通过外部力量来激发人的安全行为的积极性和主动性，常用的激励手段包括物质奖励、提高福利和待遇、表扬、晋升以及开展各种安全竞赛等来刺激人的安全行为。

2. 内部激励

内部激励的方式很多，如更新安全知识、培训安全技能、强化安全观念、确立安全目标等。内部激励是通过增强安全意识、素质、能力、信心和抱负等来发挥作用，以实现提高人们的安全生产和劳动保护自觉性的目标。

3. 内外部激励

外部激励和内部激励都能激发人的安全行为，但内部激励更具有持久性和推动力。要在外部刺激条件下，使人的安全行为建立在自觉、自愿的基础上，能对自己的安全行为进行自我指导和自我实现。两种方法结合起来更有效。

（四）人员安全行为控制

通过管理手段控制人的不安全行为，使不安全行为受"压"于管而"就范"。根据管理控制作用不同，可选用以下管理控制方法来控制人的不安全行为。

1. 政策与规则控制

政策与规则是实施控制的重要方式，具有强制性、规范性、稳定性、可预测性的特征。许多安全生产活动都采用这种方式进行控制，这种控制方式有助于限定部门或个人的主观判断以及所要采取的活动。政策是一种活动的指导，它往往是一般性的，而规则是对一种行为过程的说明，它表明可做什么，不应做什么。

2. 安全生产控制

安全生产控制是依靠安全生产机构的权威，采用命令、规定、指示、条例等手段，直接对管理对象执行控制管理。安全生产控制内容包括：建立权力机构、信息桥梁以及合适的控制跨度，关键是需建立完善的安全生产管理体系，并合理规定不同层次安全生产管理职位的权力和责任。

3. 团队影响力控制

团队影响力的存在，可以促进团队思想一致，行动一致，使团队发挥整体作用，这有利于安全生产目标的完成，有利于改变人的不安全行为，使人的行为趋于安全生产对安全行为的期望，这种期望的作用往往大于规章制度和领导者的个人期望。

4. 群体控制

群体控制是基于非正式组织成员之间的不成文的价值观念和行为准则进行的控制，非正式群体对于安全生产有自己的一套行为规范，通过营造一种安全氛围，要求大家树立正确的安全价值观，自觉遵守安全操作规程，使安全要求转化为大家的行为准则。

5. 实施评价控制

实施评价控制是安全生产中为了防止并更正不安全行为的一种有效的控制手段。这种手段的有效性有较大的变化幅度，这是因为人的经验、阅历、价值观以及感知能力不同，同样的手段对于不同的人效果不同。在安全生产中，一系列奖励和惩罚往往都来自于实施评价，奖励与惩罚是实施评价的结果。

6. 纪律控制

纪律控制即纪律惩处，可采用累进纪律惩罚制度，它是采用循序渐进的惩处步骤来规范职工行为。在最终采取开除措施之前，累进纪律措施常依次采用口头告诫、书面警告、留职察看和降职降薪等处罚。累进纪律措施随着不良行为的持续发生，矫正不良行为的措施也将变得更加严厉。

三、一般作业安全管理

作业是指人员为实现某种既定的生产目的而按照一定顺序连续进行的一系列活动，是生产劳动过程中的具体方式。作业离不开各作业要素和相互配合。作业要素包括人、物、环境、作业时间、作业岗位、作业过程、作业方法等，每一种要素都是影响生产和安全目标任务完成的重要因素，它们之间的配置即劳动要素的组织是否合理更为重要。

（一）作业时间

作业时间安排得是否合理与科学，不仅是完成生产任务的重要保证，而且是保护劳动者身体健康，防止事故发生的重要保证，也是劳动者享受休息权利的保障。

（二）作业岗位

作业岗位素质的原则是使作业者的特点与工作性质、岗位特点相适应。满足适宜的标准是实现人机系统运行的最大效率和最安全化。

为避免或减少作业过程中单调和工作节奏不恰当现象，可运用充实操作内容、建立中间目标、定期轮换岗位等措施，创造新鲜感。

（三）作业方法

要运用系统分析的方法，研究作业过程，把作业中不合理、浪费、混乱的因素排除，寻找最经济、最合理、最有效、最安全的工作程序和操作方法。改善作业方法往往有多种方案，应本着安全、高效的原则综合评价，择优选定。

（四）作业动作

作业动作虽有千万种，但细加分析，不外乎十几种基本动作。可以把作业动作分为17种基本要素，第一类为必要动素，对它们适当组合和变化能改进工作；第二类为辅助动素；第三类从提高工效角度来看是无益的要素，但从安全的角度来看，则应适当选择其中的休息要素。根据动作经济性原理可以分析动作的合理性，设计出迅速、轻松、安全的动作。除适当考虑休息动素外应尽量消除第三类动素。要尽量减少和改进第二类动素。对第一类动素也应力求减少其消耗的时间和发生的次数。要以安全作业为基本手段，大力推行作业的标准化。

（五）作业组织

作业组织即对劳动要素的组织。它涉及人、物、环境、时间、作业性质、作业过程等多方面的因素，作业组织除了能保证生产任务的完成外，还应当使组织中的人处于安全、舒适的状态。

1. 作业人员组织的合理化

作业组织构成要素中，人是最关键的因素。在作业过程中，组织中的每个人都与其他人发生联系，共同协作完成任务。因此，作业人员组织应合理。

2. 作业人员组织目标

一个组织必须有明确的目标，否则协作无从发生。作业组织不但应有明确的生产目标，而且还应有明确的安全目标。目标必须为组织的成员所理解和接受，在进行作业组织人员配置的同时，还应向组织的成员灌输应达到的生产和安全目标，统一对组织目标的理解。

3. 有协作的意愿

协作意愿是指组织成员对组织目标作出贡献的意愿。某人有协作意愿，意味着实行自我克制，交出个人行为的控制权，让组织进行控制。若无协作意愿，组织目标将无法达到。

4. 有良好的沟通

良好的沟通是组织存在和发展的因素。组织的共同目标和个人协作意愿只有通过意见交流将两者联系和统一起来才具有意义和效果。

（六）违章作业

违章作业是人员作业过程中违章蛮干的不安全行为的集中表现。主要种类可划分为：

1. 不知型

由于教育培训不到位或相关规章制度、操作规程不完善，实施违章行为的当事人不知道其行为是违章。这部分人员主要是青年职工、新职工、农民工、临时工或者转岗人员。

2. 不知所以型

虽然规章制度、操作规程有规定要求执行，但实施"违章"行为的当事人不清楚如果不按规章制度、操作规程执行可能带来的后果，不懂违章的严重性。这些人主要是新上岗的员工和整体素质较低的员工。

3. 明知故犯型（习惯型）

知道正在进行的行为是违章行为，但过去一直这么操作，也没发生事故，存在侥幸心理，对自己控制危险的能力估计过高，或者与按章操作相比，实施"违章"行为带来的时间上、物质上、体力上的得益大于前者，仍旧冒险实施"违章"行为。

4. 失误型

因为生理、心理、环境等因素的影响，在无主观意识的情况下，判断失误、疏忽、遗漏等造成的"违章"，虽然在整个"违章"行为中只占很小的比例，但在特定情况下发生的失误往往会带来严重的后果，这在进行改建设备操作和重要工艺参数的调整过程中以及在事故应急处理的情况下易出现。

四、特种作业及人员安全管理

（一）特种作业及人员范围

根据《安全生产法》及安全生产监督部门有关文件规定，特种作业是指易发生人员伤亡事故，对操作者本身、他人及周围设施的安全可能造成重大危害的作业。直接从事特种作业的人员称为特种作业人员。特种作业范围包含电工作业；金属焊接、切割作业；起重机械（含电梯）作业；企业内机动车辆驾驶；登高架设作业；锅炉作业（含水质化验）；压力容器作业；制冷作业等。

依据国务院《特种设备安全监察条例》及质量技术监督部门有关文件的规定，凡从事特种设备生产、改造、安装、维修、使用的作业人员为特种设备作业人员，特种设备是指涉及生命安全、危险性较大的锅炉、压力容器、压力管道、电梯、起重机械、客运索道、大型游乐设施、厂内机动车辆等设备。

为叙述方便，以下内容将特种作业人员和特种设备作业人员统称为特种作业人员。

（二）特种作业人员培训

特种作业人员必须接受与本工种相适应的、专门的安全技术培训。经安全技术理论考核和实际操作技能考核合格，取得特种作业操作证后，方可上岗作业，未经培训，或者培训考核不合格者，不得上岗作业。已经取得职业高中、技工学校及中专以上学历的毕业生从事与其所学专业相应的特种作业，持学历证明经考核发证机关同意，可以不用参加相关专业的培训。

特种作业人员安全技术考核分为安全技术理论和实际操作考核。具体考核内容按照国家有关部门制定的特种作业人员安全技术培训考核标准执行。特种作业人员培训考核实行教考分离制度。国家有关部门负责组织制定特种作业人员培训大纲及考核标准，推荐使用教材。

培训机构按照国家有关部门制定的培训大纲和推荐使用教材组织开展培训。

（三）特种作业操作证复审

特种作业操作证每3年复审1次，特种作业人员在特种作业操作证有效期内，连续从事本工种10年以上，严格遵守有关安全生产法律法规的，经原考核发证机关或者从业所在地考核发证机关同意，特种作业操作证的复审时间可以延长至每6年1次。

复审内容包括：健康检查，违章作业记录检查，安全生产新知识和事故案例教育，本工种安全技术知识考试。

经复审合格的，由复审单位签章、登记，予以确认；复审不合格的，可向原复审单位申请再复审一次；再复审仍不合格或者未按期复审的，特种作业操作证失效。跨地区从事或地区流动施工单位的特种作业人员，可向从业或施工所在地的考核发证单位申请复审。对于健康体检不合格的；违章操作造成严重后果或者有2次以上违章行为，并经查证确实的；有安全生产违法行为，并给予行政处罚的；拒绝、阻碍安全生产监管监察部门监督检查的；未按规定参加安全培训，或者考试不合格的；考核发证机关应当撤销、注销特种作业操作证相关规定情形的，复审或者延期复审不予通过。

（四）特种作业人员考核发证

应急管理部依法组织、指导并监督全国特种作业人员安全技术培训、考核、发证工作。各省（自治区、直辖市）应急管理部门依法组织实施本地区特种作业人员安全技术培训、考核和发证工作。依据工作需要，应急管理部可以委托有关部门或机构审查认可特种作业人员培训单位和考核单位的资格，签发特种作业操作证。锅炉压力容器等特种设备作业人员的考核发证由国务院特种设备安全监督管理部门负责。

（五）特种作业人员的管理

申报特种作业人员必须具备以下基本条件：年满 18 周岁，无妨碍从事相关工种作业的疾病和生理缺陷，初中（含初中）以上文化程度且具备相应工种的安全技术知识，参加国家规定的安全技术理论和实际操作考核并成绩合格，符合相应工种作业特点需要的其他条件。

培训、考核及用人单位应加强特种作业人员的管理，建立特种作业人员档案，做好申报、培训、考核、复审的组织工作和日常检查工作。用人单位应加强对特种作业人员的身体检查与健康监护工作。跨地区从业或跨地区流动施工单位的特种作业人员，必须接受当地应急管理部门的监督管理。

（六）有毒有害作业安全管理

为防止患有有害作业禁忌证（可诱发职业病的）的人员进入有害工作岗位，以保护作业者的健康和安全，必须对有害作业点范围作业人员进行体检。

检查诊断单位必须是职业病防治医院、防疫站以及卫生部门认可的允许进行职业病体检的职工医院。对高温作业人员和急性职业中毒人员，允许在有条件的企业医疗单位体检和诊断。有害作业人员体检必须是特异性检查，如接尘工人必须拍胸片、噪声源操作者必须经电测听等检查。禁忌证范围主要有：粉尘职业禁忌证、苯职业禁忌证、铅职业禁忌证（如明显贫血、神经系统器质性疾病等）、锰职业禁忌证、氟职业禁忌证、高温作业禁忌证（如高血压、心脏疾病等）、噪声职业禁忌证等。

确诊为职业病者，必须按卫生部门发布的《职业病范围和职业病患者处理办法》的规定，两个月内调离工作岗位，特殊情况（技术骨干）不得超过半年。对观察对象（可疑病人）或职业禁忌症者应及时进行医学观察、治疗、减轻工作或调离有害作业岗位。

五、人员安全培训

安全生产教育培训是提高员工安全意识和安全素质，防止产生不安全行为，减少人为失误的重要途径。安全生产教育，首先要提高经营单位管理者及员工安全生产的责任感和自觉性，认真学习有关安全生产的法律、法规和安全生产基本知识；其次是普及和提高员工的安全技术知识，增强安全操作技能，保护自己和他人的安全与健康。

（一）安全教育培训的原则

（1）依法进行的原则。安全教育培训是《安全生产法》规定的重要内容之一，其中对生产经营单位的负责人、安全管理人员、特种作业人员等都作了明确的规定，在进行安全教育培训时应依照有关的规定实施。

（2）全员参与的原则。安全生产工作的性质决定了全员必须参加教育培训，全员参与还应针对不同的对象进行，这也是安全教育的本质要求，是做好安全生产工作的基础和前提。

（3）理论联系实际的原则。理论联系实际就是要结合本单位、本部门、本岗位的实际情况进行安全教育培训，还要结合具体事故案例进行分析、讲解，以期达到最佳效果。

（4）规范性原则。安全教育培训很大部分内容就是规章制度、操作规程的培训。安全规章制度必须符合法律法规要求，符合科学要求；操作规程必须规范，程序必须清晰明确。教育培训还应统一规划好，且分级实施。

（5）灵活性原则。安全教育培训不能只是说教式的，而应针对对象不同采取灵活多样的方式进行。如利用图片、电化教学、演示、演练、知识竞赛、演讲、现场教学等。语言应简练、易懂、通俗、直观。

（6）巩固性与反复性原则。一方面，随着社会、生活和工作方式的发展，安全知识需要进一步更新。另一方面，安全知识的应用随着时间的推移，情况的变化而逐渐被淡忘。这就需要"警钟长鸣"，不断巩固安全观念，强化安全意识，也就是要反复抓，抓反复。

（二）安全教育的内容与方式

1. 决策层的安全教育内容与方式

决策层的安全教育内容包括国家有关安全生产方面的方针、政策、法律和法规及有关行业的规程、规范和标准，安全生产管理的基础知识、方法，安全生产技术，有关行业安全生产管理专业知识，重大事故防范、应急救援措施及调查处理办法，重大危险源管理与应急救援编制原则，国内外先进的安全生产管理经验，典型事故案例分析等。

按照有关规定，决策层必须每年进行一次再培训教育，其教育的内容与安全管理人员再培训的内容相同。对企业决策层的安全教育可以运用定期安全培训，经考核合格，取得安全资格证书，持证上岗。

企业决策层安全教育的途径主要是岗位资格的安全培训认证制度，这是一种非常有效的安全教育方式。

2. 管理层的安全教育内容与方式

中层管理干部的安全教育内容包括安全管理技术知识，国家的安全生产法规、规章制度体系，重大危险源管理与应急救援预案编制方法，国内、国外先进的安全生产管理经验，典型事故案例等。

班组长的安全教育内容有安全技术和技能知识，班组的工作性质、工艺流程，岗位安全生产责任制、安全操作规程，生产设备、安全装置的性能及正确使用方法，防护用品的性能和正确使用方法，事故案例等。

管理层中管理干部的安全教育采用岗位资格认证安全教育、定期的安全再教育等形式进行。安全教育使用统一教材，统一时间，分散自学与集中教授相结合，集中辅导考试；除了抓好干部的任职资格安全教育外，还必须进行一年一度的再培训教育；对基层管理人员主要采用授课法、谈话法、参观法等形式进行安全教育，企业每年必须对班组长进行一次系统的安全培训，由企业人事、教育、安全等部门负责组织、实施授课、考试、建档工作。

3. 安全生产管理人员的安全教育内容与方式

安全生产管理人员的安全教育内容包括国家有关安全生产的法律、法规、政策及有关行业安全生产的规章、规程、规范和标准，安全生产管理知识、安全生产技术、劳动卫生知识和安全文化知识；有关行业安全生产管理专业知识，工伤保险的法律、法规、政策，伤亡事故和职业病统计、报告及调查处理方法，事故现场勘查技术以及应急处理措施，重大危险源管理与应急预案编制方法，国内外先进的安全生产管理经验，典型事故案例等。

按照有关规定的要求，安全生产管理人员每年要进行再培训，再培训的主要内容是新知识、新技能和新本领。针对企业安全管理人员的安全教育，必须按照法规的要求，进行资格认证教育和再培训教育。由国家认可的部门或中介机构进行专门的培训教育，以保证培训的质量和效果。

4. 员工安全教育的内容与方式

主要有三种类型：

①三级安全教育。是指厂级、车间级、班组级安全教育。厂级安全教育的主要内容是安全生产基础知识；车间级安全教育的主要内容是本车间的生产性质、主要的工艺流程、安全生产状况及规章制度；班组级安全教育的主要内容是班组工作的性质、操作步骤及防护用品的性能及正确使用方法等；

②转岗、变换工种和"四新"安全教育。跟随岗位、工种的改变，转岗、变换工种后和"四新"出现时均需进行相应的安全教育。"四新"是指新工艺、新产品、新设备、新材料；

③经常性安全教育。主要是安全生产新知识、新技术，安全生产法律、法规，作业现场和工作岗位存在的危险因素、防范措施及事故应急措施，事故案例等。

（三）安全教育培训方法

安全教育培训方法与一般教学方法一样，多种多样，各有特点。

在实际应用中，要根据培训内容和培训对象灵活选择。安全教育可使用讲授法、实际操作演练法、案例研讨法、读书指导法、宣传娱乐法等。

经常性安全培训教育的方式有：每天的班前会、班后会上说明安全注意事项，安全活动日，安全生产会议，各类安全生产业务培训班，事故现场会，张贴安全生产招贴画、宣传标语及标志，安全文化知识竞赛等。

第三节 作业现场安全管理

一、作业现场"6S"管理

生产过程是不断变化的，作业现场原辅材料及半成品、成品进进出出，加之生产过程中还形成了许多副产品和废料、边角料，使作业现场环境紊乱，容易引发事故。因此，掌握作业现场的管理方法，对于保持作业环境的整洁，预防事故的发生非常重要。

（一）作业现场"6S"管理法的含义

作业现场"6S"管理即整理、整顿、清扫、清洁、素养、安全，它是基于如何提升效率，减少不增值活动而产生的，以全体职工的行为养成为目标，通过对每个人、每件事、每一天、每一处行为的规范，实行全员控制、生产过程控制和重点人员控制。

1. 整理

区分用与不用的物品，要用的物品留下来，不用的清理掉。通过对作业场所的整理，可以改善和增加作业面积，减少磕碰的机会，保障作业安全；同时，由于现场无杂物，通道畅通，可提高工作效率，也可提高操作人员的工作积极性。整理是改善作业环境的第一步，进行整理时应遵循以下原则：

（1）对作业场所内各种物品进行分类，区分什么是现场需要的，什么是现场不需要的。把永远不可能用到的物品清理掉，把长期不用但有潜在使用可能性的物品放置在指定地点，把经常使用的物品放在容易取到的地方。

（2）把现场不需要的物品坚决处理掉，比如将剩余的材料、多余的半成品、切下的料头、切屑、垃圾、废品、报废的设备等清理掉。

（3）彻底搜寻和清理班组的各个角落，包括工位和设备的前后、通道左右以及工具箱内外，使作业现场无不用之物。

2. 整顿

把工作场所内需用的物品按照规定定位、定量摆放整齐，并进行明确标记。可使作业人员在操作中忙而不乱，要用的物品随手可得。整顿时应注意以下几点：

（1）物品摆放要有固定的地点和区域，以便于寻找，消除因乱放而造成的差错。

（2）物品摆放的地点要科学合理，经常使用的东西应放得近些，偶尔使用或不经常使用的东西则应放得远些（如集中放在班组某处），危险物品应在特定的场所内保管。

（3）物品摆放目视化，使定量装载的物品做到过目知数，摆放不同物品的区域应采用不同的色彩和标志加以区别。

3. 清扫

清除工作场所的脏污，并防止脏污的产生，保持工作场所干净明亮。清扫时应该注意以下几点：

（1）建立清扫责任区，明确责任人。一般情况下，自己使用的物品，如机器、设备、工具等应自己清扫，不设专门的清扫人员。

（2）在对设备清扫时，应注重对它们的维护保养，即把设备清扫同设备的点检结合起来，并同时做好设备的润滑、保养工作。

（3）在清扫过程中，注意调查和发现污染源，以便从源头上加以杜绝。通过改造生产设备，修理损坏部分，以及改进生产工艺，省略产生脏污的工序等，对源流部分进行管理。在无法杜绝污染产生的情况下，应将产生的污染物及时、有效地收集和处理。

4. 清洁

将整理、整顿、清扫的做法制度化、规范化注重维持。清洁过程中应注意以下问题：

（1）工作环境不但要整齐，而且要清洁卫生，应消除工作环境的有害因素（如有毒气体、粉尘、噪声和污染源等），保证员工身体健康、心情舒畅。

（2）不仅物品要清洁，作业人员自身也要保持清洁，如工作服要清洁、仪表要整洁等。

（3）作业人员在保持形体整洁的同时，还要保持良好的精神面貌，投入激昂的工作热情，讲礼貌，尊重他人。

（4）将整理、整顿、清扫的做法制度化、规范化，注重维持。清洁的标准应包括：地面、墙面清洁；物料架清洁，物料上无积尘；通风良好，空气干净清爽；设备、工作台台面、办公桌桌面清洁；光线充足，亮度适宜。

5. 素养

人人养成好习惯，以规定行事，培养积极进取的精神。提高素养的目的在于培养具有良好习惯、遵守规则的员工，营造团队精神。可以统一制定服装、肩章、工作帽等识别标准，制定共同遵守的有关规则、规定教育训练和推动各种精神提升活动等途径来实行。

6. 安全

消除一切不安全因素，采取系统的措施保证员工的人身安全和生产正常进行。

安全就是要在生产经营活动中，强调"安全第一、预防为主、综合治理"的安全生产方针，要消除各种不安全因素，改善不安全状态，克服不安全行为，创造安全、舒适、健康的作业环境。

以上所述6个"S"并不是各自独立、互不相关的，它们之间是一种相辅相成、缺一不可的关系。整理是整顿的基础，整顿又是整理的巩固，清扫能显现整理、整顿的效果，而通过清洁和素养，能使企业规范化，安全则是以上5个"S"的根本保证。

（二）"6S"管理法的实施

1. 现场物品清理

在生产现场，对机器、工具、物料等各种生产资料实施清理过程中，对"要"与"不要"的物品必须制定相应的判别标准，便于在清理活动中进行操作。哪些物品"需要"，哪些物品"不需要"，对现场的一切无用之物坚决消除掉，这样才可以解决因现场物品乱堆乱放，占据空间而影响生产安全问题。而且，对于物品的使用以及放置也可以做专门规定，使生产现场运转有条不紊。

2. 全员大扫除

全员大扫除是实施"6S"清理阶段的重要一环，也是清理内涵的展开。各个组员依据"6S"活动平面图，在各自的责任区内进行扫除，并填写不要物品清理清单，汇总后上报审核。通过全员大扫除，使全体成员体会到活动带来的成就感。

3. 组织监督检查

"6S"的评比和考核是"6S"活动中必不可少的一项工作，这项工作进行得好，将会对活动起到推波助澜的作用，使"6S"活动由形式化向行事化、习惯化方面转化。检查评比的目的是通过监督检查，帮助员工认清还有哪些工作没有做好，督促人人做好"6S"，并且最终形成个人的行事习惯。

4. 制定现场指导书

根据以上大致要求，可制定以下生产现场作业指导，主要是对存放于生产现场的各项物品进行条理安排：①清洁用具的摆放方法。②通道画线方法。③物品放置位置画线方法。④消防器材、配电箱柜画线方法。⑤标识规格和颜色使用规定。⑥工具保管方法。⑦电动、机械工具摆放方法。⑧设备安全操作规程。⑨员工着装规定。⑩废弃物处理管理规定等。

通过对这些生产现场工具及人员的具体管理，能够使现场人员更安全，使生产更有效率。

5. 开展提升活动

提升活动能实现员工的自主管理，促进员工能关注身边的问题并提出改善方案，从而提升全体员工的整体素质。譬如，为了使检查对象的状态视觉化、透明化、定量化和色彩化，可以推行目视管理，把现场潜在的问题显现出来，对症下药，使各项工作一目了然、工作变得更加顺畅；为了使每位员工分享"6S"活动带来的成就感，可以举办征文活动等。

（三）推行"6S"管理时的注意事项

①"6S"决不能流于搞形式，在推行中，要实事求是，找对方法、循序渐进并持之以恒。

②"6S"推行不是个人或者一个部门的事，事关全体员工的日常行为规范，"6S"要求全员参与、全员改进，逐步养成规范、有序、细心的良好习惯。

③ "6S" 工作不是阶段性的专项工作，不是一阵风的突击，而需要持续有效地深入推进，使得 "6S" 的宣贯、执行、检查、纠正、改进循环成为日常工作。

④在 "6S" 的过程中，所有员工要相互提醒，互为镜子，帮助他人也规范自己。

⑤ "6S" 在推行中，相关人员要不断总结、不断改进，最终形成一种企业的文化氛围。

推行 "6S" 不断改善生产环境、提高产品品质，大大提高现场作业安全性，更重要的是通过推行 "6S" 能改善全体成员的精神面貌，增强全体成员的归属感，形成自觉按要求生产作业，按规定使用、保养工、器具的良好习惯。

二、作业现场定置管理

（一）定置管理的内涵、目的

定置管理是对生产现场中的人、物、场所三者进行科学分析研究，通过 "6S" 活动，以完整的信息系统为媒介，使之达到最佳结合状态的科学管理方法。

定置管理的目的是通过对生产现场的整理、整顿，把生产中不需要的物品清除掉，而需要的物品则按照定置管理的要求，放在随手可得的位置，以便消除人的无效劳动，防止和避免生产过程中的不安全因素，进而达到高效生产和安全生产的目的。

（二）定置管理现场布置的基本原则

①采用单一的流向和看得见的搬运路线。

②最大限度地利用空间。

③最大的操作方便和最小的不愉快。

④最短的运输距离和最少的装卸次数。

⑤切实的安全防护保障。

⑥最少的改进费用和统一标准。

⑦最大的灵活性和协调性。

（三）定置管理的步骤

定置管理的步骤包含五个方面：

①分析现状。根据生产工艺，利用工程学原理分析系统中的人、物、场所的状态和它们在生产过程中如何做到最省力、最安全，且效率最高。

②优化配置。根据现状分析的结果，规划现场中的人、物、场所的最佳组合，使人（管理者、作业人员）、机（设备、设施、检测计量仪器）、料（原材料、在制品、半成品、能源等）、法（安全操作规程、信息传递、各项规章制度）、环（作业环境）等因素有机协调。

③实施运行。根据优化配置规划，运行实施，进一步改善，达到人、物、场所的最佳配置。

④规范定置。根据最佳配置画出定置图，按照定置图，在现场放置各种信息铭牌，指定相应的管理规定（检查规定、考核标准、奖惩制度等内容），使定置规范化、标准

化、制度化。

⑤定置管理检查和考核。根据制定的定置管理检查规定，定期或者不定期地进行定置实施情况的检查，对于实施得好的，要给予奖励，反之，要根据责任制进行惩罚。只有这样，才能巩固定置管理的成果，使定置管理持之以恒。

（四）定置管理的现场要求

（1）各种物料堆放，设备安装，工、器具严格按照工艺和管理要求摆放规范、整齐且符合安全卫生要求。

（2）电线、电缆架设符合国家和行业标准、规范。

（3）现场安全通道畅通；消防器材齐全有效，责任到人。

（4）现场各种安全标志符合国家标准，悬挂地点位置适当。各种安全标志、标语规范、醒目、协调、准确；重大危险源有明确标志，生产工作场所各种坑、井、沟、池、轮、轴、台等设有防护措施和警示标志。

（5）各种机械、电气设备上的安全防护装置、信号装置、警报装置、保险装置、限位装置等齐全可靠。

（6）现场通风设施完善，运转良好，尘毒浓度合格率达到规定要求，噪声控制在规定的范围内。

（7）各种设备、管道、阀门应根据国家标准和行业标准实行色彩管理，清洁完好，无冒、滴、漏现象；厂区内道路应有明显的交通标志，进出车辆实行限速行驶。

（五）定置管理实施标准

有图并有物，有物必有区，有区必挂牌，有牌必分类；按图定置，按类存放，账物一致。

具体实施包括3个步骤：

（1）清除与生产无关的物品。所有与生产无关的物，都要清除干净。

（2）按定置图实施定置。按定置图要求，将生产现场、器具等物品进行分类、调整与定位。定置的物要与图相符，位置要正确，摆放要整齐，可引起伤害的物要有防护，贮存要有器具。可移动物，如手推车、电动车等定置到适当位置。

（3）放置标准信息铭牌。牌、物、图相符，不得随意挪动；必须以醒目和不妨碍生产为原则。

（六）定置管理的检查与考核

必须建立定置管理的检查制度、考核制度和奖惩制度，维持定置管理的长期化、制度化和标准化。

第四节 设施设备安全管理

一、设备的安全选购与使用管理

（一）设备选购过程的安全管理

在选购过程中，控制机器设备的质量是防止设备因设计缺陷而造成事故的首要方法。设备选购除了要满足技术方案要求外，还应当满足设备本质安全要求。

设备选购主要由设备技术部门负责、安全部门主要负责人对设备的安全性能进行审查与把关。从设备安全管理的角度，应重点审查的内容包括以下几点：

1. 设备具有完备的安全卫生技术措施

（1）设备及其零部件，必须有足够的强度、刚度、稳定性和可靠性。在制造、运输、贮存、安装和使用时，不得对人员造成危险。

（2）设备在正常生产和使用过程中，都应满足安全、卫生要求不应向工作场所、大气排放超过国家标准规定的有害物质和超过国家标准规定的噪声、振动、辐射和其他污染。对可能产生的有害因素，必须在设计上采取有效措施加以防护，并有符合产品标准要求的可靠性指标。

（3）设备应具有可靠的安全、卫生防护设施和技术措施。

2. 设备使用材料具有良好的安全卫士性能

禁止使用能与工作介质发生反应而造成危害（爆炸或生成有害物质等）的材料。处理可燃气体、易燃和可燃液体的设备，其基础和本体应使用非燃烧材料制造。

3. 设备具有良好的稳定性

设备若通过形体设计和自身的质量分布不能满足或不能完全满足稳定性要求时，则必须设有安全技术措施，以保证其具有可靠的稳定性。如果要求的稳定性必须在安装或使用地点采取特别措施或特定的使用方法才能达到时，则应在设备上标出，并在使用说明书中有详细说明。

4. 设备的操纵器、信号和显示器应满足安全要求并符合人机工程学原则

对于设备关键部位的操纵器，通常应设电气或机械联锁装置。

5. 安全防护装置

设备的可动零部件应有相应的安全防护装置，凡人员易触及的可动零部件，必须配置必要的安全防护装置。对于运行过程中可能超过极限位置的生产设备或零部件，应配

置可靠的限位装置。若可动零部件（含其载荷）所具有的动能或势能可能引起危险时，则必须配置限速、防坠落或防逆转装置。以操作人员的操作位置所在平面为基础标准，凡高度在2m之内的所有传动带、转轴、传动链、联轴节、带轮、齿轮、飞轮、链轮、电锯等外露危险零部件及危险部位，都必须设置安全防护罩。

（二）设备使用中的安全管理

1.设施、设备布局标准要求

应符合表2-1、表2-2的相关要求。

表2-1　加工车间通道尺寸

运输方式	通道宽度/m				
	焊接	冷加工	铸造	锻造	热处理
人工运输	≥1	1.5	2～3	1.5～2.5	2～3
电瓶车单向行驶	1.8	2			
电瓶车对开	3		3～5	3～4	3～5
叉车或汽车行驶	3.5	3.5			
手工造型人行道	—	0.8～1.5			
机器造型人行道	—	1.5～2	—	—	—

注：铁路进厂房入口道路宽度为5.5米。

表2-2　机床布置的安全距离

项目／安全距离 m	小型机床	中型机床	大型机床	特大型机床
机床操作面间	1.1	1.3	1.5	1.8
机床后面、侧面离墙柱	0.8	1.0	1.0	1.0
机床操作面离墙柱	1.3	1.5	1.8	2.0

注：1.从机床活动机件达到的极限位置算起。

2.机床与墙柱间的距离第一要考虑对基础的影响。

2.设备操作人员的要求

设备操作人员必须要求做到"三好""四会""四项基本要求""五项纪律""润滑五定"。

（1）"三好"

①管好。操作者对设备负有保管责任。设备的附件、仪器、仪表、工具、安全防护装置必须保持完整无损。及时、如实地上报事故情况。

②用好。严格执行操作规程，精心爱护设备，不准设备带病运转，禁止超负荷使用设备。

③养好。操作者必须依照保养规定，进行清洁、润滑、调整、紧固，保持设备性能良好。

（2）"四会"

①会使用。操作者要熟悉设备结构、性能、传动原理、功能范围，坚决执行安全操作规程，操作熟练，动作正确、规范。

②会维护。操作者要能准确、及时、正确地做好维修保养工作做到定时、定点、定质、定量润滑，保证油路畅通。

③会检查。操作者必须熟知设备开动前和使用中的检查项目内容，正确进行检查操作。通过看、听、摸、嗅的感觉和机装仪表判断设备运转状态，分析并查明异常产生的原因。会使用检查工具和仪器检查、检测设备。

④会排除故障。操作者能正确分析判断一般常见故障，并可承担排除故障工作，排除不了的疑难故障，应该及时报检、报修。

（3）对设备及其周围工作场地的"四项基本要求"

①整齐。工具、工件放置整齐，安全防护装置齐全，线路管道完整。

②清洁。设备清洁，环境干净，各滑动面无油污、无碰伤。

③润滑。按时加油换油，油质符合要求，油壶、油枪、油杯齐全，油毡、油线、油标清洁，油路畅通。

④安全。合理使用，精心维护保养，及时排除故障及一切危险因素，防止事故。

（4）"五项纪律"

①凭操作证使用设备，遵守安全操作规程。

②保持设备整洁，润滑良好。

③严格执行交接班制度。

④随机附件、工具、文件齐全。

⑤发生故障，立即排除或报告。

（5）"润滑五定"

①定点。按规定的加油站加油。

②定时。按规定的时间加油。

③定质。按规定的牌号加油。

④定量。按规定的油量加油。

⑤定人。由操作者或设备检修保养者加油。

3. 设备安全运行操作规程

设备安全运行操作规程规定了操作过程该干什么，不该干什么或者设备应该处于什么样的状态，是操作人员正确操作设备的依据，是保证设备安全运行的规范。

（1）安全运行操作规程编制的原则和依据

安全运行操作规程的制定要贯彻"安全第一、预防为主、综合治理"的方针，其依据是国家、行业有关法律、法规、规程、标准。其内容要结合设备实际运行情况，突出重点，文字力求简练、易懂、易记，条目的先后顺序力求与操作程序一致。

（2）设备运行安全操作规程的内容

①设备安全运行管理规程

管理规程主要是对设备使用过程的维修保养、安全检查、安全检测、档案管理等的规定。

②设备安全运行技术要求；

安全技术要求是对设备应处于什么样的技术状态所作的规定。

③设备运行操作过程规程

运行操作过程规程是对操作程序、过程安全要求的规定，是岗位安全运行操作规程的核心。

（3）设备安全运行操作规程的通用要求

①开动设备、接通电源以前，应当清理好工作现场，仔细检查各种手柄位置是否正确、灵活，安全装置是否齐全可靠；

②开动设备前首先检查油池、油箱中的油量是否充足，油路是否畅通，并按润滑图表卡片进行润滑工作；

③变速时，各变速手柄必须转换到指定位置；

④工件必须装卡牢固，以免松动甩出，造成事故；

⑤已卡紧的工件，不得再进行敲打校正，以免损伤设备精度；

⑥要经常保持润滑工具及润滑系统的清洁，以免超越行程造成事故；

⑦开动设备时必须盖好电器箱盖，不允许有污物、水、油进入电机或电器装置内；

⑧设备外露基准面或滑动面上不准堆放工具、产品等，以免碰伤影响设备精度；

⑨严禁超性能、超负荷使用设备；

⑩运行自动控制时，首先要调整好限位装置，以免超越行程造成事故；

⑪设备运转时操作者不得离开工作岗位，并应经常注意各部位有无异常（异音、异味、发热、振动等），发现故障应立即停止操作及时排除。凡属操作者不能排除的故障，应及时通知维修工人排除；

⑫操作者离开设备时，或对设备进行调整、清洗或润滑时，都应停止设备且切断电源；

⑬不得随意拆除设备上的安全防护装置；

⑭调整或者维修设备时，要正确使用拆卸工具，严禁乱动乱拆；

⑮人员思想要集中，穿戴要符合安全要求，站立位置要安全；

⑯特殊危险场所的安全要求等。

二、设施设备的维护安全管理

（一）设备维护安全生产责任制管理标准

1. 安全教育

（1）认真学习安全操作规程。

（2）积极参加安全教育活动。

（3）有学习体会和活动记录。

（4）没有经过三级安全教育的人员不能上岗。

2. 安全要求

（1）上岗前穿戴好防护用品。

（2）不带火种进入工作现场。

（3）不吸烟。

（4）上岗前不喝酒。

（5）不在现场打闹。

3. 操作要求

（1）牢记生产中的每一个不安全部位和因素，并且有防范措施。

（2）严格按规程操作。

4. 检修要求

（1）设备检修前要与系统隔离。

（2）动火分析合格后取得动火证方可动火。

（3）检修点要有一名操作工配合。

（4）检修中不可往检修系统中排放任何物料。

（5）检修后验收合格。

5. 器材要求

（1）消防器材数量符合要求。

（2）消防器材完备。

（3）灭火器在规定的使用范围内。

6. 巡回检查要求

（1）听泄漏声音。

（2）闻泄漏气味。

（3）看泄漏部位。

（4）记检查情况。

（5）及时消除隐患。

（二）岗位设备维护保养管理标准

1. 主要任务

加强岗位设备维护保养，提高设备运行率，确保生产安全、稳定、优质、高产、低耗。

2. 对操作人员的要求

（1）爱护设备，正确使用设备，精心维护设备。

（2）必须经过培训学习，并经考试合格后方能上岗。

（3）必须做到"四懂三会"，即懂结构、懂原理、懂性能、懂用途；会使用、会维护保养、会排除故障。

3. 实行承包

（1）将设备及管线按岗位和人头分工，做到台台设备均落实到位。

（2）定期检查维护，保持清洁、无尘、无腐蚀。

（3）配合维修工检修好设备。

4. 操作要求

严格按照安全操作规程进行正常操作和事故处理。

三、设备点检

（一）设备点检法及其特点

（1）设备点检中的"点"是指设备的关键部位，通过检查这些点，就能及时、准确地获取设备技术信息和安全状态信息。

（2）设备点检法特点：设备点检法是一种动态的检查方法，通过对设备关键部位的点检，及时发现和解决设备故障和问题，动态了解设备技术状态和安全状况，提高设备的可靠性。点检法从维护、维修设备角度出发，直接针对设备的关键点进行处理。它通过制订严格的点检路线和查证方法来确保每次检查和维护的质量，使突发事故降到最低甚至消灭事故，减少事故后抢修工作量，有助于提高生产效率，降低维修费。

（二）日常点检项目的确定

（1）点检就是对机器设备以及场所进行的定期和不定期的检查、加油、维护等工作。

（2）设备的点检通常可分为开机前点检、运行中点检、周期性点检等三种情况。

①开机前点检，是要确认设备是否具备开机的条件；

②运行中点检，是确认设备运行的状态、参数是否良好；

③周期性点检，是指停机后定期对设备进行的检查和维护工作。

（3）确定点检项目就是要确定设备在开机前、运行中和停机后周期性需要检查与维护的具体项目。

（三）点检表格的制定

（1）点检表格是对设备进行点检作业的原始记录，通常包括这些内容：点检项目、点检方法、判定基准、点检周期、点检实施记录、异常情况记录等。

（2）应当尽量在现场对"点检表"进行确认，以监督点检作业的实施。

第五节　安全生产台账建设

安全生产台账是反映生产经营单位安全生产管理工作整体情况的资料记录，是安全生产基础工作的一个重要组成部分。建立健全安全台账资料是相关法律法规赋予生产经营单位的一项义务，也是安全生产管理工作一项重要的内容。

一、建立安全生产台账的意义

（1）建立安全生产台账是安全生产工作开展情况再现的手段。安全生产所有工作是一个动态过程，做过的工作一晃即逝，只有将安全生产工作的活动过程通过台账的文字图片来进行详细反映，从而得以再现安全生产工作中各项管理活动的具体情况。可以说安全生产管理工作的各项具体活动、采取的各项措施以及产生的成效，仅仅靠现场是不能够完整地反映出来的，只能由台账和现场相结合来反映。

（2）建立安全生产台账是法律法规赋予的一项义务。设立安全生产管理机构、配备安全生产管理人员，建立、健全安全生产责任制，制定安全生产规章制度和操作规程，维护、保养、检测安全设备，对从业人员进行安全生产教育和培训等相应的安全管理活动，都是法律法规规定生产经营单位必须要尽的职责和义务，并且明确要求建立相关档案台账资料来反映这些职责和义务的履行情况。

（3）制定安全生产台账是积累安全生产工作经验的需要。安全生产是一门科学，涉及方方面面的内容，知识面非常广泛。比如危险化学品生产企业的安全管理，需要掌握的知识面非常大，而且是不断更新的，需要不断学习掌握，许多经验需要积累和完善。做好安全台账就能满足这方面的需要。安全台账资料的记录、整理过程，不但是对过去安全工作的反映过程，同时也是安全生产知识和经验的积累过程。

（4）建立安全生产台账是企业规范管理的需要。随着社会经济的发展和安全生产工作力度的不断加大，对生产经营单位的安全生产条件的要求也越来越高。安全生产作为规范化管理一项重要内容贯穿于企业的生产经营活动之中。安全台账，能将安全生产工作的各类资料有序的归纳，为安全生产工作持续开展提供基础。

（5）建立安全生产台账是事故调查分析的需要。虽然事故是可以预防和避免的，但任何人也不能保证不出事故，安全生产工作的目的是预防事故和尽量减少事故损失。一旦发生事故，调查的手段之一就是查阅安全台账从而了解安全管理、安全设施等相关情况，为事故原因分析提供数据资料。

二、建立安全生产台账方式

（一）做好台账的基本要求

首先企业负责人要真正从思想上重视。建立安全生产台账看上去很简单，真正想做好也很不容易，需要投入一定的人力和物力。其次，负责台账的工作人员要有恒心和毅力，坚持注重点滴积累，积少成多，保证台账内容的充实。再次，安全管理人员要经常性地深入到一线，对安全信息要及时收集整理，不能拖延，对排查出的隐患，不论大小都要重视，都要及时处理和登记。

（二）做好台账的基本原则

首先是真实，对台账中收集的信息、数据必须是真实的，如果做假，那么就失去了建立台账的意义了。其次是及时，坚持按时记录与安全生产相关的数据、措施，时间要准确，尤其是一些化工生产企业在时间的要求上一定要严格。再次是规范，台账资料的记载要规范和分类，该记载什么内容的就记载什么内容，而不能乱记，否则既不便于查找，也不利于归纳和总结。

（三）台账的基本内容

安全生产台账的内容一般包含以下几个方面，生产经营单位一般可根据自身的行业特点和企业管理规模以及当地安监部门的有关要求针对不同的内容单独或合并制定台账：

（1）建立安全生产管理机构的文件（以文件形式公布的安全领导小组、安全管理组织等）。

（2）安全生产责任制、安全责任状、岗位职责（以文件公布的各级岗位的责任制、岗位职责和各层各级签订的安全生产责任状）。

（3）安全生产管理制度（检查制度、教育培训制度、隐患排查和事故处理制度、各个岗位操作规程等）。

（4）上级部门制订及下发的各类文件、通知、通报等。

（5）安全宣传教育培训、学习、活动资料、新工人（含农民工和临时工）三级安全教育。

（6）安全生产检查记录。

（7）安全生产会议记录。

（8）特种设施设备，特种作业人员相关资料。

（9）安全设施设备检测检验相关的资料。

（10）安全评价报告及各类行政许可资料。

（11）危险源点危险物品登记、监控措施等相关资料。

（12）安全费用提取和资金投入相关资料。

（13）事故应急预案及演练资料、事故记录和报告资料，安全事故处理材料。

（14）劳保用品购买、发放登记相关资料。

（15）其他有关资料。

三、安全台账的分类管理

安全生产台账的分类是按照安全台账所应具备的内容而定，因为不同行业和不同企业的生产经营状况不同，因而其分类管理的侧重点也不同。为促进企业安全生产管理台账的标准化、规范化建设，进一步强化安全生产管理基础工作，企业一般应建立13本安全生产管理台账、6本档案和一本安全活动记录。

（一）13本安全生产管理台账

（1）安全生产会议台账。内容包括：安全生产相关文件的传达、学习和贯彻情况。具体记载会议名称、内容、时间、地点、参加人员、主持人、会议具体事项及处理结果等。

（2）安全生产组织网络台账。包括：企业安全生产领导小组、本单位专（兼）职安全生产管理人员和从上到下的管理网络及具体人员。

（3）安全生产宣传教育和培训台账。内容包含：安全生产教育记录、安全生产宣传记录、安全生产培训记录。具体记录企业负责人、安全管理人员、企业安全生产全员培训、新进厂职工、特种作业人员安全教育及培训考核情况（安全教育培训时间、地点、培训人、被培训人、教育培训内容、考试时间、考试成绩等，考核试卷要存档。经过安全教育的人员要有本人签名）。

（4）安全生产检查台账。内容包括：日常安全生产检查记录、专项整治检查记录。具体记录企业安全生产检查情况（每月一次大检查，每周一次常规检查，除此之外还要按照专业特点、根据季节变化、节假日安排以及特殊作业要求，开展专项检查；检查时间、检查内容、检查人、检查出的问题、整改措施、完成时间等）。

（5）安全生产隐患排查治理台账。内容包括：安全生产隐患排查记录及整改记录情况（要按照定人员、定时间、定责任、定标准、定措施的"五定"原则进行）。

（6）安全生产事故管理台账。内容包括：各类事故资料情况。具体记录所发生的各类事故，包括火灾、爆炸、设备、生产、交通、人身和其他事故；并按照"四不放过"原则，进行事故原因及责任分析，详细填写应吸取的教训、采取的防范措施和处理意见等，人身事故要将当事人姓名、性别、年龄、工种、工龄及事故概况等记入台账。

（7）安全生产工作考核与奖惩台账。内容包括：安全工作考核情况及奖惩情况。具体记录各部门、各岗位安全生产责任制的考核情况，要有各级安全工作和安全生产考核细则，对事故发生个人及"三违"人员进行处罚的情况，对防止和避免事故发生的有功人员的奖励情况，对在安全管理中作出贡献的个人表彰和奖励情况。

（8）消防安全管理台账。内容包括：消防安全组织网络、消防演练情况、消防设施台账、消防工作会议，记录禁火区动火审批情况。

（9）职业安全卫生台账。内容包括：记录职业病防范工作，记录定期对员工体检时间、人数、姓名、性别等，记录尘、毒、噪声、射线分布情况和定期检测数据。

（10）安全防护用品台账。内容包括：记录防护用品采购、发放；日常防护用品使用检查情况。

（11）事故预案台账。内容包括：制订事故应急预案，并记录事故应急预案演练情况。

（12）关键装置重点部位台账。内容包括：记录关键装置重点部位责任人员情况，巡检情况，危险点分布平面图。

（13）安全设备安技装备台账。内容包括：安全设备维护保养检测记录，建立安全阀、联锁、阻火器、呼吸阀、可燃气体报警器，有毒、有害气体报警器、烟雾报警器、自动喷淋装置等，记录安技设施完好情况。

（二）6本安全生产管理档案

（1）安全生产责任制档案。内容包括：每年年初对各车间、班组、重点岗位人员、职工签订安全生产责任书。

（2）安全生产管理制度档案。内容包括：建立各项安全管理制度。

（3）安全操作规程档案。内容包括：建立各个工种的安全操作规程。

（4）特种设备特殊工种人员档案。内容包括：特种设备目录，记录特殊工种人员姓名、工种、年龄、本岗位工龄、性别、取证时间、参加培训情况及要复审的时间情况等。

（5）安全评价档案。内容包括：依照行业安全要求或安全标准化内容，企业内部每半年开展的一次动态安全评价，并有安全评价意见。

（6）安全学习资料档案。内容包括：上级下发的安全文件和企业内下发的各种文件、安全材料及安全学习试卷、安全通报等资料。

（三）1本安全生产活动记录

安全活动记录要内容齐全，填写参加人数、参加领导、活动内容、发言情况、领导签字等。安全活动内容包括：学习安全文件、通报、安全规章制度；学习安全技术知识、劳动卫生知识；结合事故案例，讨论分析典型事故，总结吸取事故教训；开展事故预防和岗位练兵，组织各种安全技术表演；检查安全规章制度执行情况和消除事故隐患。有条件的企业建立班组安全活动记录要将本班组的安全会议、安全教育、安全检查、安全活动等内容记录清楚，并与车间内容相对应。

第六节 安全生产检查

安全生产检查是一项综合性的安全管理措施，可以对企事业单位的安全生产工作进行全面的检查，也可以针对人的不安全行为或者设备、环境等物的不安全状态以及安全管理上的缺陷进行专项安全检查。

通过安全生产检查，能够发现生产经营单位生产过程中的有害、危险因素和事故隐患，以便有计划地制定纠正措施，保证生产的安全。无数事实证实，有效的安全检查是建立良好的安全生产环境、秩序和做好安全生产工作的重要手段之一，也是企业防止事故、减少职业病的有效方法。

一、安全生产检查的内容

（1）查思想。以党和国家的安全生产方针、政策、法规及有关文件为依据，对照检查各级领导和职工群众是否重视安全工作。使党和国家的安全生产方针、政策法规在单位和实际安全生产管理中得到落实。具体讲，就是要查认识的高度，重视的程度，抓的深度和广度。

（2）查领导。检查各级领导是否把安全生产工作摆上重要议事日程，是否真正执行安全生产"五同时"，是否认真解决安全技术措施经费和安全生产上的重大难题，做到奖惩分明，支持安技部门人员的工作，尽到自己应承担的安全生产职责。

（3）查制度。首先检查安全生产的规章制度是否建立、健全、深入人心、严格执行，违章指挥、违章作业的行为是否能及时得到纠正、处理。尤其要重点检查各级领导和职能部门是否认真执行安全生产责任制，能否达到齐抓共管的要求。

（4）查措施。查是否年年编制安全技术措施计划，是否每个工程项目都编制了施工组织设计或施工方案，其中安全技术措施是否有针对性，是否认真进行安全技术措施交底，工地是否认真按措施执行。

安全技术措施计划和安全技术措施项目是否随生产施工任务下达、按时完成，劳动条件和安全设施是否得到改善。

（5）查隐患。深入生产车间、施工现场检查劳动条件、安全设施、安全装置、安全用具是否符合安全生产法规、标准的要求。安全通道是否畅通，材料、构件、产品堆放是否整齐，电气设备及其线路、压力容器、化学危险品的使用管理是否按规定、条例要求。垂直运输设备和起重设备的安全装置是否齐全、灵敏可靠，有无带病运行情况。脚手架、吊篮是否按规程和设施要求搭设。职工是否按规定正确使用防护用品、用具。

（6）查事故处理。检查有无隐瞒事故的行为，发生事故是否及时报告、认真调查、严肃处理，是否制定了防范措施，是否项项落实。

凡检查中发现未按"四不放过"的原则处理的事故，要重新严肃处理，预防同类事故再次发生。

（7）查组织。企业的安全生产委员会是否成立和经常进行活动，各大保证体系是否形成和发挥作用，安全机构是否设立，安技干部是否按规定配备，素质条件是否能胜任工作并相对稳定，班组安全是否建立，是否发挥作用，是否达到专管成线，群管成网。

（8）查教育培训。新入厂的工人是否经过三级安全教育，从事特种作业的工人是否都经过特种安全培训、考核、持证操作。各级领导干部、安技人员是否经过专门安全培训、考核并取得资格证书，全体工人是否都学习过本工种的安全操作规程，能否达到懂知识、有技能、好态度的水平。

以上八个方面要根据各单位实际情况，哪方面问题突出，就确定哪方面为检查的重点，灵活掌握运用。

二、安全生产检查的方法

（一）常规检查法

常规检查是常见的一种检查方法。一般是由安全管理人员作为检查工作的主体，到作业现场，通过感观或辅助一定的简单工具、仪表等，对作业人员的行为、作业场所的环境条件、生产设备设施等进行的定性检查。安全检查人员通过这一手段，及时发现现场存在的安全隐患并采取措施予以消除，纠正施工人员的不安全行为。

常规检查完全依靠安全检查人员的经验和能力，检查的结果直接受安全检查人员个人素质的影响，对安全检查人员个人素质的要求很高。

（二）安全检查表法

1. 安全检查表法的定义

（1）安全检查表是事先把系统加以剖析，列出各层次的不安全因素，确定检查项目并把检查项目按系统的组成顺序编制成表，以便进行检查或评审，这种表就叫做安全检查表。安全检查表是进行安全检查，发现和查明各种危险和隐患，监督各项安全规章制度的实施，及时发现事故隐患并制止违章行为的一个有力工具。为使检查工作更加规范，将个人的行为对检查结果的影响减少到最小，常使用安全检查表法。

（2）安全检查表应列举需查明的所有可能会导致事故的不安全因素。每个检查表均需注明检查时间、检查者、直接负责人等，便于分清责任。安全检查表的设计应做到系统、全面，检查项目应明确。以下（表2-3）是生产经营单位消防器材安全检查表，企业制订时根据本单位实际可参考使用。

表2-3　消防器材安全检查表

序号	检查内容	检查标准	检查方法	检查结果
1	泡沫灭火器	筒体无凸出，无漏液，整体完好。喷嘴无堵塞，换药时间在有效期内。	外观检查	
2	干粉灭火器	喷嘴无白色粉末，压力表指针在绿区，筒内干粉无结块，摇动筒体无声响。筒体完好，铅封完好。	逐只检查	
3	二氧化碳灭火器	附件配置完整，筒体完好，灭火器重量减少在规定范围内，铅封完好。	灭火器称重	
4	1211灭火器	筒体完好，启动压力表绿区，铅封完好。	外观检查	

2. 安全检查表法的优点

（1）能够事先编制，有充分的时间组织有经验的员工来编写，做到系统化、完整化，不至于漏掉能导致危险的关键因素。

（2）可以根据规定的标准、规范和法规，检查遵守的情况，提出准确的评价。

（3）表的应用方式是有问有答，给人的印象深刻，能发挥安全教育的作用。表内还可注明改进措施的要求，隔一段时间后重新检查改进情况。

（4）简明易懂，容易掌握。

3. 安全检查表的编制

编制安全检查表的主要依据是：

（1）有关标准、规程、规范及规定。

（2）国内外事故案例及本单位在安全管理及生产中的有关经验。

（3）通过系统分析，确定的危险部位及防范措施都是安全检查表的内容。

（4）新知识、新成果、新方法、新技术、新法规和新标准。我国许多行业都编制并实施了适合行业特点的安全检查标准，如火电、机械行业都制订了适用于本行业的安全检查表。企业在实施安全检查工作时，依据行业颁布的安全检查标准，可以结合本单位情况制订更加具有可操作性的检查表。

（三）仪器检查法

机器、设备内部的缺陷及作业环境条件的真实信息或定量数据只能通过仪器检查法来进行定量化的检验与测量，才能发现安全隐患，进而为后续整改提供信息。因此，必要时需要实施仪器检查。由于被检查的对象不同，检查所用的仪器和手段也不同。

三、安全生产检查的工作流程

安全检查工作一般包括以下工作流程：

（一）安全检查准备

①确定检查的对象、目的、任务。

②查阅、掌握有关法规、标准、规程的要求。

③了解检查对象的工艺流程、生产情况、可能出现危险、危害的情况。

④制定检查计划，安排检查内容、方法、步骤。

⑤编写安全检查表或检查提纲。

⑥准备必要的检测工具、仪器、书写表格或记录本。

⑦挑选和训练检查人员并进行必要的分工等。

（二）实施安全检查

实施安全检查就是通过访谈、查阅文件和记录、现场观察、仪器测量的方式获取信息的过程。

①访谈。通过与有关人员谈话来查安全意识、查规章制度执行情况等。

②查阅文件和记录。检查设计文件、作业规程、安全措施、责任制度、操作规程等是否齐全，是否有效；查阅相关记录，判断上述文件是否被执行。

③进行观察，寻找不安全因素、事故隐患、事故征兆等。

④仪器测量。利用一定的检测检验仪器设备，对在用的设施、设备、器材状况及作业环境条件等进行测量，及时发现隐患。

（三）通过分析作出判断

掌握情况（获得信息）之后，要进行分析、判断和验证。能凭借经验、技能进行分析，作出判断，必要时需要对所作判断进行验证，以保证得出正确结论。

（四）及时作出决定进行处理

作出判断后，应针对存在的问题作出采取措施的决定，即提出隐患整改意见和要求，包括要求进行信息的反馈。

（五）落实整改

存在隐患的单位必须按照检查组（人员）提出的隐患整改意见和要求落实整改。检查组（人员）对整改落实情况进行复查，获得整改效果的信息，以实现安全检查工作的闭环。

第七节　安全生产标准化建设

一、安全生产标准化的基本内容

安全生产质量标准化的基本内容就是生产经营单位在各个生产岗位、生产环节的安全质量工作要求应形成规范，必须符合法律、法规、规章、规程的规定，以文件的形式固定下来，作为企业行为的准则，用以规范和指导企业员工的行为。标准在制定出来以后，必须要严格按标准付诸实施，使生产经营单位的生产始终处于良好的安全运行状态。所以，安全生产质量标准化实质上就是要从根本上建立企业安全生产的长效机制。

二、生产经营单位安全生产标准化创建实施

生产经营单位安全生产质量标准化创建工作流程，大体上要经历这样几个步骤：

（1）初始状态评审。初始状态评审就是了解企业过去发生的事故、事件；了解企业与相关的安全生产法律法规及其他要求之间的符合状况；摸清企业现有的安全生产管理制度，以及安全生产管理现有资源的效率及有效性等情况。

（2）策划及风险分析。这一阶段主要对企业人员进行标准化的意识培训、风险分析培训；工作内容包括：

①建立安全标准化实施队伍，确定各层次人员的安全标准化职责；

②编制风险分析作业指导书，确定评价准则，选择合适的评价方法，识别危害，评估风险，确定预防和控制措施；

③编制规章制度，进行安全生产相关法律法规的识别，把相关条款落实到具体部门和岗位；

④核实各部门、各单位的危害识别和风险评估结果，确保整个风险评估的系统性和一致性；制定安全生产方针；确定安全目标。

（3）安全标准化管理制度的修订、完善与编制。这一阶段主要是根据企业现行的安全生产管理制度，结合相应标准要求，修订、完善、编制安全生产管理制度。

（4）安全标准化运行。在开始实施标准化之前，要对有关人员进行培训，并由这些受训人员对各部门进行推广培训，以提高企业从业人员的安全标准化意识，保障安全标准化体系在实际生产经营过程中能有效运行。培训内容包含企业安全标准化主要内容、存在的主要风险、安全生产方针及目标、个人责任和义务、紧急应变要求等。

（5）自评。安全标准化运行后，企业需要进行自评，以确保安全标准化活动的符合性、有效性，并形成自评报告，为申请复评时考核评级作准备。

三、开展安全生产量标准化活动对企业的作用

（1）企业的安全生产主体责任得到细化和落实。不少企业的安全生产责任制只到车间和安保部门一级，基层班组、员工及横向职能部门的安全职责不明确。按安全生产质量标准化的要求，把安全职责按照分级、分线细化到基层的各级人员和各个部门，使人人有专责，安全工作不再是安保科、安全员的事，各级人员、各部门都相互配合，形成了齐抓共管的好局面。

（2）提高了各级领导对安全工作的重视程度。一些企业领导把安全和生产看成是一对矛盾，对安全工作有顾虑、怕影响生产，畏难情绪大。通过创建工作，能认识到开展安全生产标准化活动，是企业的一种战略投资，投入的是企业的安全建设费用，产出的是降低了企业的经营风险，尤其能避免企业在发展过程中可能发生的灾难性后果，并且还能从减少事故损失、提高管埋效率和增强现场管理中直接受益。开展安全生产标准化活动还是践行科学发展观，为职工办实事、办好事，不仅与生产不产生矛盾，还能与日常经营、体系建设和风险管理等各项工作有机结合，相互促进，使企业和职工达到双赢。

（3）强化了企业职工的安全意识和行为。安全生产标准化活动就是一次在全体职工中普遍开展安全教育的活动，广大干部职工通过亲身参与，安全意识有了很大提高。过去是"要我安全"，安全工作靠上级要求下级，干部要求职工，一些职工不服管，经常与安全管理人员发生矛盾。现在是"我要安全""我懂安全""我会安全"，职工安

全意识普遍提高了，对安全工作形成了反向监督。

（4）安全工作形成了常态化、自律式和全覆盖管理。过去，很多企业对上级的要求，运用的是"以文件贯彻文件，以会议贯彻会议，以突击检查落实上级要求"的形式化、运动式管理。通过安全生产标准化活动，各项安全工作都明确责任单位、工作流程和质量要求，完善了监督机制，不管上级是否要求和检查，都能按部就班、有条不紊地按计划进行，形成了"自我发现、持续改进"的常态机制。就像一些临时线、配电箱柜、手持电动工具、工业梯台、炊事机械等，过去属于低值易耗品，一直无人管或被长期疏忽的设备设施都纳入安全管理的范围，安全工作覆盖了全体人员、全部设备设施和部位、场所。

（5）促进了安全生产的有效投入和本质安全建设。不少企业的安全工作主要对人的行为进行控制，设备设施的安全状态长期没有大的改善。安全生产标准化要求对各种设备设施、工具、物料和环境进行了逐台、逐套评价与改造，加装防护装置，提高了"本质安全"程度。

（6）改善了作业环境，职工是最大受益者。安全生产标准化的整改工作实践了"以人为本"的科学发展，都是从职工的身边做起，从现场、现物和现时入手，改善作业环境、解决职业危害，因此职工是最大的受益者。

（7）完善了安全机构，充实了安全管理人员，培养了专业队伍。通过安全生产标准化，企业认识到安全管理部门是多学科、多专业的综合技术部门，除了管理工作外，更重要的是发挥好监督职能。安全管理人员要求是具有多学科、多专业的复合型技术人才。通过创建活动，能培养自己的专家队伍，积累丰富的人才资源。

（8）建立了安全生产的长效机制。企业形成了"自我约束、持续改进"的工作态势，巩固已有的活动成果，并对遗留未解决的不符合要求的项目继续跟踪解决和达标升级。

第三章 工业企业安全生产监督管理工作

第一节 日常监督管理

一、职业病危害项目申报管理

开展职业病危害项目申报是用人单位落实职业病防治主体责任的重要环节，有利于引导用人单位掌握本单位的职业病危害状况，是必须履行的法定义务，也是卫生行政部门履行职业健康监管职责的重要内容。用人单位应该充分认识到做好职业病危害项目申报工作的重要性，及时、如实向所在卫生行政部门进行职业病危害项目申报，严格依照要求加强职业卫生管理，切实保障广大劳动者的职业健康权益。

（一）职业病危害项目申报的内容和方式

用人单位申报职业病危害项目时，应当提交职业病危害项目申报表和下列文件、资料：①用人单位的基本情况；②工作场所职业病危害因素种类、分布情况以及接触人数；③法律、法规和规章规定的其他文件、资料。

职业病危害项目申报同时选取电子数据（网上申报）和纸质文本两种方式。

（二）职业病危害项目申报程序

用人单位应通过该申报系统进行申报，申报工作流程为：

①登录申报系统注册；

②在线填写和提交申报表；

③职业卫生监督管理部门审查备案；

④打印审查备案的申报表并签字盖章，按规定报送地方职业卫生监督管理部门。

职业卫生监督管理部门收到用人单位报送的纸质申报表后，应在 5 天内为用人单位开具职业病危害项目申报回执，同时将申报表归入职业卫生管理档案。

职业病危害项目申报不得收取任何费用。

（三）职业病危害项目申报变更

职业病危害项目申报分初次申报、变更申报和 年度更新，完成初次申报后每年需更新一次内容，还要注意 变更申报的情况。

①进行新建、改建、扩建、技术改造或者技术引进建设项目的，自验收之日起 30 日内进行申报；

②因技术、工艺、设备或者材料等发生变化导致原申报的职业病危害因素及其相关内容发生重大变化的，自发生变化之日起 15 日内进行申报；

③用人单位工作场所、名称、法定代表人或者主要负责人发生变化的，自发生变化之日起 15 日内进行申报；

④经过职业病危害因素检测、评价，发现原申报内容发生变化的，自收到有关检测、评价结果之日起 15 日内进行申报。

二、现场检查类别及内容

（一）安全生产监督检查

安全生产检查的内容包含：软件系统和硬件系统。软件系统主要是查思想、查意识、查制度、查管理、查事故处理、查隐患、查整改。硬件系统主要是查生产设备、查辅助设施、查安全设施、查作业环境。安全生产检查具体内容应本着突出重点的原则进行确定。对危险性大、毒性高、易发事故、事故危害大的生产系统、部位、装置、设备等应加强检查。一般应重点检查：易造成重大损失的易燃易爆危险物品、剧毒品、锅炉、压力容器、起重设备、运输设备、冶炼设备、电气设备、冲压机械、高处作业、散发粉尘和有毒气体场所和本企业易发生工伤、火灾、爆炸等事故的设备、工种、场所及其作业人员；易造成职业中毒或职业病的尘毒产生点及其岗位作业人员；直接管理的重要危险点和有害点的部门及其负责人。

1.监督检查的内容

（1）查思想

①检查企业领导对安全生产工作是否有正确认识，是否真正关心职工安全、健康，是否认真贯彻执行安全生产方针与各项劳动保护政策法令；

②检查职工"安全第一"的思想是否建立。

（2）查管理、查制度

①检查企业安全生产各级组织机构和个人的安全生产责任制度是否落实；

②规章制度是否健全和落实；

③安全组织机构和职工安全员网是否建立和发挥应有的作用；

④"三同时"以及"管理生产必须管理安全"的原则是否得到执行。

（3）查现场、查隐患

①深入生产现场，检查劳动条件、生产设备，操作情况等是否符合有关安全要求及操作规程；

②检查生产装置和生产工艺是否存在事故隐患等。

（4）查纪律

检查员工是否违反了安全生产纪律。

（5）查整改

主要检查对以前提出问题的整改情况。

（6）查教育

①检查对企业负责人、安全管理人员的安全法规教育和安全生产管理资格（持证）是否达到要求；

②检查员工的安全生产思想教育、安全生产知识教育，以及特种作业人员的安全技术知识教育是否达到要求。

2. 监督检查的方式及方法

安全生产督查检查工作应深入基层一线，能采取现场检查、问卷调查、查阅资料、听取汇报、交流座谈、约谈督导、反馈意见等方式。

安全生产现场检查以突击检查、随机抽查为主，注重采取"四不两直"（不发通知、不打招呼、不听汇报、不搞接待，直奔基层、直奔现场）的方法开展督查检查。

在专业技术性强、工艺、设备、设施复杂的行业领域、部位和场所，应聘请专家或专业技术服务机构参与安全督查检查，充分发挥专家和专业技术服务机构的专业技术优势，重点排查生产经营单位存在的事故隐患，推动重大事故隐患排查整治。

对涉及多个行业领域的安全生产问题，安全生产督查检查牵头或组织单位应联合其他部门开展督查检查，进一步加大督查检查合力，提高督查检查效率，保证涉及多部门的事故隐患及时整改到位。

3. 其他工作要求

（1）安全生产督查检查牵头或组织单位应结合地区和行业实际，制定督查检查工作方案，明确安全生产督查检查的内容、范围、对象、方法、要求和实施部门。建立督查检查工作台账，记录督查检查时间、地点、被检查单位、隐患和问题的整改落实情况等。

（2）督查检查组工作职责和组成。安全生产督查检查组应坚持实事求是、注重实效的原则，了解各级政府、部门和生产经营单位安全生产情况，及时发现和督促解决存在的问题、安全生产非法违法行为和事故隐患，进一步改进安全生产工作。督查检查组人员必须工作热情高、责任心强、熟悉业务，对专业技术性强、生产工艺、设备设施复杂的行业领域和生产经营单位的督查检查，邀请相关行业领域专业人员或专家参加。

（3）安全生产督查检查人员应该加强学习，掌握督查检查的要求、内容、方法和所涉及的业务知识，忠于职守，坚持原则，清正廉洁，秉公执法。履行督查检查职责时，应当出示有效证件，履行告知义务，遵守法定程序，保守受检单位的技术和业务秘密。

（4）各级政府及部门要结合实际，建立健全本地区、本部门安全生产督查检查制度，推动安全生产督查检查制度化、规范化、常态化，加强对安全生产督查检查工作的考核和监督，将安全生产督查检查纳入各地年度安全生产责任制考核内容，并严格实施考核。各级政府及部门要为安全生产督查检查工作提供必要的人力、物力、经费等方面的保障。

（5）各级政府及部门建立健全安全生产诚信缺失制度，将隐患排查治理不力、拒不整改事故隐患、安全生产违法行为屡教不改、存在重大事故隐患而导致事故的单位及从业人员列入诚信缺失名单，会同国土、税务、市场监管、银保监等相关部门制定相应的配套惩处办法，在税收、信贷、企业保险费率等方面实施不同的激励约束政策。

（6）各级政府及部门要建立健全信息公开制度，及时通过媒体公布重大事故隐患信息和安全生产诚信缺失名单，健全完善安全生产举报奖励制度，鼓励从业人员和广大人民群众及时举报安全生产非法违法行为，畅通社会监督渠道。

（二）安全生产现场检查的类别

安全检查的目的在于及时发现生产设备、作业场所环境中存在的危险和有害因素，并予以消除；及时发现操作者的违章操作，并及时制止、纠正；防止事故和职业病的发生。安全生产检查还可以通过了解整体安全状况，找出安全管理制度、方法的缺陷，改善安全管理，从根源控制人的不安全行为和消除物的不安全状态，确保生产经营单位安全生产。安全生产现场检查可分为综合督查、专项检查、日常检查三大类，另外还有差异化检查。

1. 综合督查

综合督查是对本地区安全生产工作情况进行的督促检查，由各级政府、安委会直接组织实施或由各级安委办提请政府组织实施，各级负有安全监管职责的部门参与。对下级政府重点督查贯彻落实上级政府及有关部门安全生产重大决策部署、方针政策和法律法规规章及其他规范性文件的情况；对部门重点抽查贯彻落实上级政府和部门安全生产工作部署，执行"管行业必须管安全、管业务必须管安全、管生产经营必须管安全"的情况。对生产经营单位重点抽查贯彻落实政府及有关部门安全生产工作部署、获得安全生产行政许可后的活动情况、安全生产标准化建设、事故隐患排查与治理、安全投入、安全宣传教育培训、应急管理、重大危险源监控、工作场所职业危害防控、劳动防护用品发放与使用、事故预防和值班值守等情况。对有关社会组织重点督查承接政府转移的安全生产相关职能的履行情况。

综合督查以检查各级政府及部门为主，抽查生产经营单位为辅，重点检查各级政府、各部门安全检查工作是否部署和贯彻落实到位、企业是否组织开展安全生产检查及开展情况如何，对存在的问题和隐患是否整改落实到位，防范事故措施是否落实等。

根据地区安全生产特点、形势或上级政府工作安排适时开展，每年不少于 1 次。

2. 专项检查

对本地区某个或多个行业领域安全生产工作进行的检查，由负有安全生产监管职责的各部门根据职责分工组织实施或牵头联合其他相关部门实施，必要时各级政府或安委会可根据安全生产需要直接组织。对下级政府或部门重点检查贯彻落实上级政府或部门有关安全生产工作部署、开展行政许可、安全生产督查检查、安全专项整治、打非治违、重大危险源监控、重大事故隐患治理、安全生产应急管理工作等情况；对生产经营单位重点检查贯彻政府及有关部门安全生产工作部署、贯彻执行安全生产法律、法规、规章及规程和标准，实施事故隐患排查和治理、打非治违、安全生产标准化建设、安全宣传教育培训、应急管理、重大危险源监控、工作场所职业危害防控、劳动防护用品发放与使用等情况。

专项检查要结合行业、领域安全生产特点，重点对照检查贯彻落实上级部署情况，突出治理重点行业领域的重大突出问题，强化隐患整改和事故防范。

依据行业领域安全生产特点适时开展，重点行业领域每年不少于 2 次，其他行业领域每年不少于 1 次。

3. 日常检查

日常直接对生产经营单位安全生产条件进行的定期、不定期安全检查，包括日常监督检查和举报投诉核查，由负有安全生产监管职责的各部门根据安全监管职责组织实施。日常监督检查、重点检查生产经营单位贯彻执行国家有关安全生产法律、法规和标准规定情况，安全生产规章制度建立和执行、安全生产隐患排查和治理、应急预案、安全投入、安全宣传教育培训、重大危险源监控、工作场所职业危害防控、劳动防护用品发放与使用、建设项目安全设施与职业卫生设施"三同时"执行、事故报告和处理、对承包单位和承租单位的安全生产管理、应急救援队伍及装备配备、应急预案及演练等情况。举报投诉核查主要是对群众举报投诉、媒体曝光、上级交办、部门移（送）交线索等的核查。

日常检查要重点检查生产经营单位贯彻执行国家有关安全生产法律、法规和标准规定的情况，检查生产经营单位安全生产台账、文件、资料、记录和证照等，抽查设备、设施、工艺、场所和岗位，注重推动生产经营单位开展隐患自查自纠，落实安全生产主体责任。

根据年度检查计划确定的频次和安全生产举报投诉情况开展日常检查。负有安全监管职责的各部门应该合理编制本单位年度检查计划，编制检查计划应结合本地区、本行业安全生产特点和实际，综合考虑安全监管职责、检查人员数量、负责监管的生产经营单位数量、分布、安全生产分类分级情况，明确本单位检查工作日、内容及年度检查生产经营单位的数量和频次。

安全生产现场检查牵头或组织单位结合地区和行业安全生产特点、形势、工作部署等因素，可从以上重点内容中选择确定检查内容。

4. 差异化检查

负有安全监管职责的各部门依据生产经营单位性质、规模、危险程度和安全生产管理等内容，可对生产经营单位进行分类分级管理，实施差异化的安全生产督查检查，确定不同安全生产级别生产经营单位的督查检查频次，对安全生产状况评级较好、安全生产标准化一、二级达标的生产经营单位以自我管理为主、随机抽查为辅；对安全生产状况评级较差的生产经营单位实施重点监督检查。

（三）职业卫生监督管理部门日常职业卫生监督检查内容

职业卫生监督管理部门应当依法对用人单位执行有关职业病防治的法律、法规、规章与国家职业卫生标准的情况进行监督检查，重点监督检查下列内容：

①设置或者指定职业卫生管理机构或者组织，配备专职或者兼职的职业卫生管理人员情况；②职业卫生管理制度和操作规程的建立、落实及公布情况；③主要负责人、职业卫生管理人员和职业病危害严重的工作岗位的劳动者职业卫生培训情况；④建设项目职业卫生"三同时"制度落实情况；⑤工作场所职业病危害项目申报情况；⑥工作场所职业病危害因素监测、检测、评价及结果报告和公布情况；⑦职业病防护设施、应急救援设施的配置、维护、保养情况，以及职业病防护用品的发放、管理及劳动者佩戴使用情况；⑧职业病危害因素及危害后果警示、告知情况；⑨劳动者职业健康监护、放射工作人员个人剂量监测情况；⑩职业病危害事故报告情况；⑪提供劳动者健康损害与职业史、职业病危害接触关系等相关资料的情况；⑫依法应当监督检查的其他情况。

三、检查工作流程

安全生产执法检查属于行政执法，所以执法过程必须符合行政执法程序的要求。

（一）执法检查前的准备

执法检查前的准备非常重要，准备得充分与否直接关系到执法检查的效果，尤其对于经验较少的执法检查人员，准备工作是经验不足的最好补充，因为不明确的问题、可能遇到的障碍等均可以提前发现并解决。

第一，要了解被检查对象。检查前对被检查单位了解得越详细，检查的效果就越好。一般应该提前了解被查单位的如下情况：主要产品、采用的工艺流程、生产过程或者储存过程的危险性、生产设备及其安全性能、该单位的有关报表或者报告。

第二，确定和培训执法检查人员。参加执法检查的人员应按照被检查对象进行选择。一般行业的，执法检查人员就能胜任，如检查特殊行业或者涉及较深专业内容，需要邀请该行业（或者专业）的专家事先对执法检查人员进行培训，也可以邀请专家共同参加。

第三，查阅有关法律法规和标准。依据被检查对象，选择有关的法律法规和标准，对相应条款进行熟悉，必要时，可以携带至现场作为处罚依据提供给当事人。

第四，准备检查提纲和检查表。依据执法检查目的和内容，制定检查提纲。在检查提纲中明确检查的内容和被检查对象负责人以及相关事项。检查提纲应包括：讯问提纲、现场检查提纲、负责人的相关情况等。检查中使用的检查表可以从已有的检查表中选择，如果已有检查表不能满足要求，需要根据有关法规、标准在原有基础上修改或者重新编制新的检查表。

第五，准备必要的仪器设备和资料。根据对被检查对象情况的了解，携带相应的现场检查仪器设备和资料，一般有如下几种：照相设备、专业检测仪器、笔记本电脑（如果安装有执法检查单位信息管理系统，当场可以核对和输入相关数据）、相关文书、各种检查表。

第六，对执法检查工作进行分工。一般现场执法检查工作包括查阅资料、查看现场、记录相关情况等，需要事先确定检查方式、方法、步骤，并根据检查人员的经验和专长进行分工，每个人的工作有所侧重，这样可以使工作更加有序和有效。

（二）现场执法检查

1. 进入被检查单位

安全生产执法检查人员依法履行执法检查职能，执法检查人员的形象代表执法检查机构的形象、国家的形象，所以不仅要求在程序上合理，还要在行为上规范。

行为规范表现在：按照执法检查机构的要求统一着装，进入现场需要出示有效行政执法证件。同时，做到检查程序要合法。

检查通常不事先通知被检查单位，但在进入被检查单位后需要告知检查事项，以便取得被检查单位的支持和配合。

2. 现场检查

进入被检查单位后，现场检查可以分组进行。依据事先的分工和检查提纲，分别进行以下检查：查看作业现场，查阅资料，询问现场人员，测量、检测相关设施设备，进行现场拍照、记录、取样。

依照《安全生产法》第六十八条的规定："安全生产监督检查人员应当将检查的时间、地点、内容、发现的问题及其处理情况，作出书面记录"，即现场检查记录的填写。

在检查情况中应详细填写以下情况：安全生产违法行为和事故隐患检查情况及处理情况；当场予以纠正或者要求限期改正的安全生产违法行为；责令立即排除检查中发现的事故隐患情况；依法采取强制措施的情况。

书面记录应当由检查人员和被检查单位的负责人签字。被检查单位的负责人拒绝签字的，检查人员应当将情况记录在案，并向所在部门报并向负有安全生产监督管理职责的部门报告。

（三）检查结果的处理

检查结果要根据不同情况分别对待。一般检查结果可分为以下几种情况：

1. 存在安全生产问题或隐患的

检查中，被检查单位安全生产条件和执行法律法规情况符合要求，不存在安全生产问题的，需要填写现场检查记录，并在检查结束后归档备案。

2. 不属于本单位管辖的，需要移交其他机关处理的

办案人员确认案件确需移交其他机关处理的，应立即整理与案件有关的全部材料，并编制关于案件移交的请示。将请示及相关资料，交承办单位负责人审核。承办单位负责人审核同意后报行政机关负责人审批，经批准后填写案件移送书。

办案人员及时向被移送部门了解案件调查处理情况，待结案后，将回函交承办单位存档并通报主管领导。办案人员应复制全套案件材料，正本送达被移送部门，副本由办案单位保存。

3. 发现隐患需要现场整改或限期整改的

发现有安全生产违法行为或者存在事故隐患，可以当场改正或者整改的，应当责成其当场改正或整改；不能当场改正或整改的，与生产经营单位协商，限定整改期限，下达整改指令书，责令限期改正或整改。

生产经营单位完成整改和已到整改限期的，安全生产监督检查人员根据整改期限和生产经营单位上报的"整改报告""复检申请"的内容，及时到生产经营单位进行复检，对整改情况逐项进行检查，根据复检情况填写整改情况复查意见书。对未按要求期限完成整改的依法予以行政处罚。

4. 需要暂时停产、停业整改的或采取强制措施整改的

对符合以下条件，应当责令从危险区域撤出作业人员，责令暂时停产停业或者停止使用：在检查中发现存在重大事故隐患的，重大事故隐患排除前或者过程中无法保障安全的，执法检查人员填写强制措施决定书，交予生产经营单位。强制措施决定书存根由安全生产监督检查人员留存。重大事故隐患排除后，经审查同意，才可恢复生产经营或使用。对有根据认为不符合国家标准或者行业标准的设施、设备、器材应当予以查封或者扣押的，应当在15日内依法作出处理决定。

5. 有违法行为需要进行立案调查的

对生产经营单位及其有关人员在生产经营活动中有违反有关安全生产的法律、法规、部门规章、国家标准、行业标准和规程行为的，要立案查处，实施行政处罚。

四、隐患整改

安全生产事故隐患，是指生产经营单位违反安全生产法律、法规、规章、标准、规程和安全生产管理制度的规定，或者因其他因素在生产经营活动中存在可能导致事故发生的物的危险状态、人的不安全行为和管理上的缺陷。

隐患整改就是指消除或控制隐患的活动或过程。对排查出的事故隐患，应该按照事故隐患的等级进行登记，建立事故隐患信息档案，并按照职责分工实施监控治理。对于一般事故隐患，由于其危害和整改难度较小，发现后应当由生产经营单位负责人或者有关人员立即组织整改。对于重大事故隐患，由生产经营单位主要负责人组织制定并实施事故隐患整改方案。安全检查与隐患整改的目的及重要性如下：

（1）安全检查的目的就是通过安全检查，对生产过程及安全管理中可能存在的隐患、有害与危险因素、缺陷等进行查找，及时发现生产薄弱环节和安全隐患，查找不安全因素，寻求治理和消除隐患的方法、措施，并且真正落到实处，使安全隐患得到有效的治理和控制，保证生产安全。

（2）安全检查的范围和内容涉及每一个层面，从安全生产管理制度及法律法规到实际执行落实，从重点工作和主要问题到潜在危险因素，从生产设备、工艺到安全实施及现场环境，从人员思想意识到人员作业安全所有环节都要做好安全检查与整改。

（3）安全检查是安全管理的重要手段，在安全生产管理中起着举足轻重的作用。没有检查就不会发现和寻找出隐患，当然也就没有整改；不去认真落实整改，让隐患继续存在于我们身边，就会造成事故，产生危害。所以必须充分认识到检查与整改的重要性，认真做好安全检查与整改。

（一）隐患分级管理

1. 一般隐患整改

（1）一般隐患分级

一般隐患是指危害和整改难度较小，发现后能够立即整改排除的隐患。为更好地有针对性地治理在企业生产和管理工作中存在的一般隐患，要对一般隐患进行进一步的细化分级。

事故隐患的分级是以隐患的整改、治理和排除的难度及其影响范围为标准的。根据这个分级标准，在企业中通常将隐患分为班组级、车间级、分厂级直至厂（公司）级，其含义是在相应级别的组织（单位）中能够整改、治理和排除。其中的厂（公司）级隐患中的某些隐患如果属于应当全部或者局部停产停业，并经过一定时间整改治理方能排除的隐患，或者因外部因素影响致使企业自身难以排除的隐患必须列为重大事故隐患。

（2）现场立即整改

有些隐患若明显的违反操作规程和劳动纪律的行为，这属于人的不安全行为式的一般隐患，排查人员一旦发现，应当要求立即整改，并如实记录，以备对此类行为统计分析，确定是否为习惯性或群体性隐患。有些设备设施方面的简单的不安全状态如安全装置没有启用、现场混乱等物的不安全状态等一般隐患，也可以要求现场立即整改。

（3）限期整改

有些隐患难以做到立即整改的，但也属于一般隐患，则应限期整改。限期整改通常由排查人员或排查主管部门对隐患所属单位下达"隐患整改通知"，内容中需要明确列出如隐患情况的排查发现时间和地点、隐患情况的详细描述、隐患发生原因的分析、隐患整改责任的认定、隐患整改负责人、隐患整改的方法和要求、隐患整改完毕的时间要求等。限期整改需要全过程监督管理，除对整改结果进行"闭环"确认外，也要在整改工作实施期间进行监督，以发现和解决可能临时出现的问题，防止拖延。

2. 重大隐患治理

针对重大隐患，就需要"量身定做"，为每个重大隐患制定专门的治理方案。因为重大隐患治理的复杂性和较长的周期性，在没有完成治理前，还要有临时性的措施和应急预案。治理完成后还有书面申请以及接受审查等工作。

（1）制定重大事故隐患治理方案

重大事故隐患，由生产经营单位主要负责人组织制定并实施事故隐患治理方案。重大事故隐患治理方案应当包括以下内容：①治理的目标和任务；②采取的方法和措施；③经费和物资的落实；④负责治理的机构和人员；⑤治理的时限和要求；⑥安全措施和应急预案。

安全监管监察部门对检查过程中发现的重大事故隐患，应当下达整改指令书，并建立信息管理台账。必要时，报告同级人民政府并对重大事故隐患实行挂牌督办"；"安全监管监察部门发现属于其他有关部门职责范围内的重大事故隐患的，应该及时将有关资料移送有管辖权的有关部门，并记录备查"。因而，重大事故隐患治理方案还应考虑安全监管监察部门或其他有关部门所下达的"整改指令书"和政府挂牌督办的有关要求。

（2）重大事故隐患治理过程中的安全防范措施

生产经营单位在事故隐患治理过程中，应当采取相应的安全防范措施，防止事故发生。事故隐患排除前或者排除过程中无法保证安全的，应当从危险区域内撤出作业人员，并疏散可能危及的其他人员，设置警戒标志，暂时停产停业或者停止使用；对暂时难以停产或者停止使用的相关生产储存装置、设施、设备，应当加强维护和保养，防止事故发生。

3. 重大事故隐患的治理过程

《安全生产事故隐患排查治理暂行规定》规定："已经取得安全生产许可证的生产经营单位，在其被挂牌督办的重大事故隐患治理结束前，安全监管监察部门应当加强监督检查。必要时，可以提请原许可证颁发机关依法暂扣其安全生产许可证"；"安全监管监察部门应当会同有关部门把重大事故隐患整改纳入重点行业领域的安全专项整治中加以治理，落实相应责任"。

上述规定要求企业在重大事故隐患治理过程中，随时接受和配合安全监管部门的重点监督检查。若企业的重大事故隐患属于重点行业领域的安全专项整治的范围，就更应落实相应的整改、治理的主体责任。

4. 重大事故隐患治理情况评估

地方人民政府或者安全监管监察部门及有关部门挂牌督办并责令全部或者局部停产停业治理的重大事故隐患，治理工作结束后，有条件的生产经营单位应组织本单位的技术人员和专家对重大事故隐患的治理情况进行评估；其他生产经营单位应当委托具备相应资质的安全评价机构对重大事故隐患的治理情况进行评估。

这种评估主要针对治理结果的效果进行，确认其措施的合理性和有效性，确认对隐患及其可能导致的事故的预防效果。评估需要有一定条件和资质的技术人员和专家或有相应资质的安全评价机构实施，以保证评估本身的权威性和有效性。

5. 重大事故隐患治理后的工作

《安全生产事故隐患排查治理暂行规定》第十八条规定："重大事故隐患治理后并经过评估，符合安全生产条件的，生产经营单位应当向安全监管监察部门和有关部门提出恢复生产的书面申请，经安全监管监察部门和有关部门审查同意后，方可恢复生产经营。申请报告应当包括治理方案的内容、项目和安全评价机构出具的评价报告等"；第二十三条规定："对挂牌督办并采取全部或者局部停产停业治理的重大事故隐患，安全监管监察部门收到生产经营单位恢复生产的申请报告后，应当在10日内进行现场审查。审查合格的，对事故隐患进行核销，同意恢复生产经营；审查不合格的，依法责令改正或者下达停产整改指令。对整改无望或者生产经营单位拒不执行整改指令的，依法实施行政处罚；不具备安全生产条件的，依法提请县级以上人民政府按照国务院规定的权限予以关闭"。

（二）隐患整改措施

隐患整改及其方案的核心都是通过具体的整改措施来实现的，这些措施大体上划分为工程技术措施和管理措施，再加上对重大隐患需要做的临时性防护与应急措施。

1. 整改措施的基本要求

（1）能消除或减弱生产过程中产生的危险、有害因素。

（2）处置危险和有害物，并降低到国家规定的限值内。

（3）预防生产装置失灵和操作失误产生的危险、有害因素。

（4）能有效地预防重大事故和职业危害的发生。

（5）发生意外事故时，能为遇险人员提供自救和互救条件。

隐患整改的方式方法是多种多样的，由于企业必须考虑成本投入，需要最小代价取得最适当（不一定是最好）的结果。当隐患整改很难彻底消除时，就必须在遵守法律法规和标准规范的前提下，将其风险降低到企业可以接受的程度。

2. 工程技术措施

工程技术措施的实施等级顺序是直接安全技术措施、间接安全技术措施、指示性安全技术措施等；根据等级顺序的要求应遵循的具体原则按消除、预防、减弱、隔离、连锁、警告的等级顺序选择安全技术措施；应具有针对性、可操作性和经济合理性并符合国家有关法规、标准和设计规范的规定。

依据安全技术措施等级顺序的要求，应遵循以下具体原则：

①消除：尽可能从根本上消除危险、有害因素；如采用无害化工艺技术，生产中以无害物质代替有害物质、实现自动化作业、遥控技术等。

②预防：当消除危险、有害因素有困难时，可采取预防性技术措施，预防危险、危害的发生；如使用安全阀、安全屏护、漏电保护装置、安全电压、熔断器、防爆膜、事故排放装置等。

③减弱：在无法消除危险、有害因素和难以预防的情况下，可实施减少危险、危害的措施；如局部通风排毒装置、生产中以低毒性物质代替高毒性物质、降温措施、避雷装置、消除静电装置、减振装置、消声装置等。

④隔离：在无法消除、预防、减弱的情况下，应将人员与危险、有害因素隔开和将不能共存的物质分开；如遥控作业、安全罩、防护屏、隔离操作室、安全距离、事故发生时的自救装置（如防护服、各类防毒面具）等。

⑤连锁：当操作者失误或设备运行一旦达到危险状态时，应通过连锁装置终止危险、危害发生。

⑥警告：在易发生故障和危险性较大的地方，配置醒目的安全色、安全标志；必要时设置声、光或声光组合报警装置。

3.闭环管理

"闭环管理"是现代安全生产管理中的基本要求，对任何一个过程的管理最终都要通过"闭环"才能最后结束。隐患治理工作的收尾工作也是"闭环"管理，要求治理措施完成后，企业主管部门和人员对其结果进行验证与效果评估。验证就是检查措施的实现情况，是否按方案和计划的要求一一落实了；效果评估是对完成的措施是否起到了隐患治理和整改的作用，是彻底解决了问题还是部分的、达到某种可接受程度的解决，是否真正能做到"预防为主"。当然不可忽略的还有是否隐患的治理措施会带来或者产生新的风险也需要特别关注。

五、职业病信访案件处理及现场调查

（一）职业病信访案件处理

职业病信访案件包含如下几种情形：

（1）用人单位未来安排岗前、岗中、岗后职业健康检查。

（2）用人单位拒不提供职业病诊断、鉴定所需资料。

（3）用人单位未按照规定承担职业病诊断、鉴定费用和职业病病人的医疗、生活保障费用。

（4）工作场所职业卫生条件不符合职业卫生相关法律法规及技术标准要求。

职业病信访案件应按以下原则进行处理：

①耐心接访、明确诉求。负责有工业场所职业卫生监督、职业病诊断治疗职能的相关部门应当畅通信访渠道，倾听群众意见、建议和要求，为群众提出信访事项提供便利条件。

②依法依规。依照《职业病防治法》相关规定，坚持科学严谨、依法依规、实事求是、注重实效的原则，依照信访调查处理工作规范，增强事故调查处理工作的科学性和规范性。

③及时处理。联合人社、卫生、工会等部门及相关行业主管部门，强化相互协调配合，提高信访案件处理工作效率。依法对信访案件进行调查取证、依法处理，及时向社

会公布信访案件处理情况，主动接受社会监督。

④按时答复。及时与信访当事人及企业沟通联系，并向双方通报调查处理结果。

（二）职业病诊断、鉴定现场调查

1. 职业病诊断、鉴定现场调查工作的重要性

《职业病防治法》颁布实施以来，各级卫生行政部门、劳动保障行政部门依法落实职业卫生监管部门职责，各职业病诊断机构、鉴定办事机构依法开展职业诊断、鉴定工作，劳动者职业健康合法权益得到了有效保障。然而随着职业卫生监管力度的不断加大，劳动者维权意识的逐步增强，职业病诊断、鉴定工作任务越来越重，需要提请职业卫生监督管理部门组织现场调查、依法判定有关资料的情况也越来越多，而各地、各有关部门和机构对现场调查相关法规条文的理解有偏差，执行不规范，部分劳动者的职业健康权益未能得到及时、合法保障。职业病诊断、鉴定工作依法由职业病诊断机构、鉴定办事机构独立开展，其中，现场调查相关工作是职业病诊断、鉴定工作的重要环节，直接关系职业病诊断、鉴定结果的判定，关系广大劳动者的健康权益保障，具有十分重要的意义。

2. 职业病诊断、鉴定现场调查工作的要求

（1）职责分工

根据《职业病防治法》及相关法规的规定，职业卫生监督管理部门应当根据诊断机构和鉴定办事机构提出的申请，依法组织开展现场调查核实等工作。卫生行政部门要指导和监督辖区内诊断机构、鉴定办事机构做好现场调查等职业病诊断鉴定相关工作，同时与职业卫生监管相关部门保持密切沟通协调。诊断机构和鉴定办事机构要积极配合、协助职业卫生监督管理部门做好现场调查相关工作。

（2）需提请现场调查的情形及办理程序

诊断机构在接诊劳动者职业病诊断，以及职业病鉴定办事机构在受理当事人鉴定申请后，应当先行要求用人单位在收到提供资料通知书之日起10日内提供劳动者职业史、职业病危害接触史、劳动者职业健康检查结果、工作场所职业病危害接触史、劳动者职业健康检查结果、工作场所职业病危害因素检测结果等资料。

（3）强化监管，依法查处相关违法违规行为

各地职业卫生监督管理部门要切实履行职责，组织开展职业病诊断、鉴定所需的现场调查工作，督促用人单位提供职业病诊断、鉴定所需资料，依法查处用人单位相关违法违规行为；各地卫生行政部门要将诊断、鉴定办事机构年度考核、检查的重点内容落到实处，以加强对职业病诊断机构、鉴定办事机构的监督管理，依法查处职业病诊断机构、鉴定办事机构相关违法违规行为。

六、群体性职业病危害事件应急处置

群体性职业病危害事件（不含急性工业中毒）是指在本辖区同一行业或企业短期内

（30个自然日内）发现或者报告的疑似职业病、职业病人数较多，或者因职业病危害引发群体性上访事件，造成或者可能造成一定社会影响，需要采取应急处置措施予以应对的职业病危害事件。

（一）应急响应的分级

群体性职业病危害事件的应急响应应当综合考虑事件性质、危害程度、涉及范围、社会影响等因素，应急响应级别分为三级：Ⅰ级（重大）、Ⅱ级（较大）、Ⅲ级（一般）。

1.出现下列情况之一启动Ⅰ级响应

（1）在同一行业或企业短期内发生的职业病危害事件涉及疑似职业病、职业病病人30人以上，或者死亡5人以上，造成或者可能造成一定社会影响的重大群体性职业病危害事件。有关数量的表述中，"以上"含本数，"以下"不含本数。

（2）超出地级以上市应急处置能力的群体性职业病危害事件。

（3）省级认为有必要响应的群体性职业病危害事件。

2.出现下列情况之一启动Ⅱ级响应

（1）在同一行业或企业短期内发生的职业病危害事件涉及疑似职业病、职业病病人10人以上30人以下，或者死亡3人以上5人以下，造成或者可能造成一定社会影响的群体性职业病危害事件。

（2）超出县级应急处置能力的群体性职业病危害事件。

（3）地级以上市认为有必要响应的群体性职业病危害事件。

3.发生或者可能发生一般群体性职业病危害事件时启动Ⅲ级响应

在本县（市、区）同一行业或企业短期内发生的职业病危害事件涉及疑似职业病、职业病病人10人以下，或者死亡3人以下，造成或可能造成一定社会影响的群体性职业病危害事件。

Ⅰ级响应由省政府启动，Ⅱ级响应由地级以上市人民政府启动，Ⅲ级响应由各县（市、区）人民政府启动。

（二）危险性分析

涉及职业病危害的行业广泛，主要集中于非煤矿山、化工、制鞋、箱包制造、电子制造、家具制造、电池制造、陶瓷制造、玻璃制造、水泥生产、石材加工、宝石加工、船舶修造、汽车制造、金属冶炼、印染、电镀等多个行业领域，多数属于规模较小的民营企业，并且存在劳动密集、生产工艺落后、职业病危害因素复杂等特点。

1.风险类型分析

可能引发群体性职业病危害事件风险类型的有由职业性尘肺病及其他呼吸系统疾病、职业性化学中毒、职业性肿瘤、职业性耳鼻喉口腔疾病、物理因素所致职业病、职业性放射性疾病、职业性皮肤病、职业性眼病和职业性传染病等引起的各类职业病危害事件。

2. 风险分析

可能发生群体性职业病危害事件的风险：

（1）职业病病人数量多。存在高危粉尘、高毒化学品危害的用人单位短期内可能出现较多的疑似职业病或职业病病人，因此增大了发生群体性职业病危害事件的风险。

（2）由于部分职业病患者没参加工伤保险或企业法人、负责人逃避责任，导致保障待遇难以落实，患者所在家庭因病致贫，由此导致群体性上访事件。

（3）大多数职业病难以治愈，预后差，治疗周期长，治疗费用高，常常因欠费而导致病人维权上访。

（4）因违法用工而劳动关系不清，企业未能及时、如实提供职业病诊断、鉴定所需资料和费用，或因诊断需求量过大，诊断、鉴定机构无法在短期内满足诊断、鉴定需求，导致劳动者申请职业病诊断、鉴定困难，容易引发上访事件。

（5）群体性职业病危害事件发生后容易被境外媒体利用或炒作，从而造成社会影响。

（三）信息报送与预警

1. 信息报送

群体性职业病危害事件发生后，事件发生单位及各有关部门应当按照相关法律法规要求及时报送相关信息。群体性职业病危害事件发生后，各级政府及相关部门依据有关规定2小时内逐级上报。

事件报告内容主要包括：

（1）事件发生单位概况；

（2）事件发生的时间、地点以及事故现场情况；

（3）事件的简要经过；

（4）事件中疑似职业病病人或职业病病人数；

（5）已经采取的应急措施；

（6）其他应当报告的情况。

2. 预警发布和解除

根据群体性职业病危害事件的发展态势和可能造成的危害程度，其预警信息根据响应级别分别由各级人民政府组织实施。预警信息实行动态管理制度。发布预警信息的单位要根据事态的发展，适时调整预警级别和预警信息。若事件得到妥善处理、涉险事件危险性降低或消除时，依据变化情况适时降低预警级别或宣布解除预警。

（四）应急响应

1. 响应主体

（1）用人单位响应

用人单位必须制定群体性职业病危害事件应急处置预案，出现下列情况之一，应及时启动应急处置预案，采取应急救援行动，并向政府安全监管部门、卫生行政部门、劳动保障行政部门报告事故情况。①在生产过程中发现较多员工出现身体不适情况的；②在职业健康检查过程出现较多疑似职业病的；③疑似职业病、职业病病人及其家属集中反映相关诉求的。

（2）各级人民政府响应

接到群体性职业病危害事件报告后，事发地人民政府根据应急响应分级要求，启动应急响应程序，组织、指挥各有关部门全力以赴组织应急处置。各级政府在事件超出本级应急救援处置能力时，应及时上报，请求启动更高一级应急响应，及时实施处置工作。

2. 响应程序

重大群体性职业病危害事件的响应按照下列程序开展：①接到事件信息报告后，省人民政府或省人民政府卫生行政部门同意启动Ⅰ级应急响应程序，并将事件情况通报有关部门。②成立应急处置领导小组及其办公室，协调有关单位依据部门职责开展应急处置工作。符合应急处置结束条件时，终止应急处置响应程序。

3. 信息发布

省应急处置领导小组应及时、准确发布重大群体性职业病危害事件信息，实时掌握社会舆论动向，主动、正确引导社会舆论，维护公众知情权。

信息发布的内容主要包括：①事件基本情况及应急处置进展情况。②应急处置工作成效。③政府及部门领导的指示。④下一步的计划。⑤需要澄清的问题。

对于跨地区、涉及部门较多、影响较大的事件，可由省宣传部门协调主流媒体对事故信息进行及时发布，省应急处置领导小组办公室应配合。

4. 应急结束

群体性职业病危害事件得到妥善处置，事件中当事人的权益依法得到保障，社会负面影响已经消除，经事件处置领导小组研究同意，结束应急处置工作。

（五）后期处置

事件发生地的地级以上市人民政府认真分析事件原因，举一反三，组织开展辖区内重点行业领域职业病危害专项整治，防止类似事件再次发生。

（六）预案管理

1. 宣传和培训

各级政府、各级安委会有关成员单位应加大群体性职业病危害事件应急处置知识的宣传，各级职业卫生监督管理部门应加强群体性职业病危害事件应急处置知识的培训，提高应急处置能力。

2. 预案演练

有关部门应定期组织群体性职业病危害事件应急处置演练。演练结束后，牵头处置部门及参演单位应对演练效果进行评价，及时分析存在的问题，及时整改。

3. 预案修订

本预案原则上每三年进行一次修订。在下列情况下，省安委会办公室应组织修订完善本预案：

①本预案与新修订或制定的法律法规有冲突，影响相关应急响应工作的。

②部门机构调整，部门职责或者应急资源发生重要变化的。

③实施过程中发现存在问题或出现新情况的。

七、职业病防治工作信息通报

为建立健全职业病防治工作信息通报机制，畅通职业病防治工作信息通报渠道，形成更强的职业病防治合力，依据《职业病防治法》等法律、法规规定，需要职业卫生监督管理部门做好职业病防治工作信息通报工作。

（一）通报内容与信息分类

通报内容包括职业病发生、职业病危害事件处置、建设项目职业卫生"三同时"以及职业卫生相关技术机构资质等情况，按照信息内容特点分为即时通报信息和定期通报信息两类。

1. 即时通报（报送）信息

（1）职业病、疑似职业病个案信息。

（2）职业病危害事件信息及处置进展情况。

（3）可能发生职业病危害事故的信息。

2. 定期通报信息

（1）辖区职业病统计分析情况。

（2）职业病危害项目申报情况。

（3）建设项目职业卫生"三同时"审批情况。

（4）职业病诊断和职业健康检查机构资质认可情况。

（5）职业卫生技术服务机构资质认可情况。

（6）职业卫生安全许可证发放情况。

（7）其他需要通报的事项。

全省各县级以上职业卫生监督管理部门（包含下属相关医疗机构）依据职业卫生监管职责分工互通工作信息。

（二）通报时限和方式

1. 即时通报信息

（1）职业健康检查机构、职业病诊断机构和其他医疗卫生机构发现职业病、疑似职业病个案信息，应在确认后及时以正式书面报告用人单位所在地县（区、市）级安全监管、卫生行政部门、医疗卫生机构所在地卫生行政部门及上级主管部门。

（2）职业健康检查机构、医院等相关医疗卫生机构发现涉及人数较多的职业健康体检结果异常情况或职业病危害事故可疑线索的，应当及时报送（情况紧急的，可用电话报告）用人单位所在地县（区、市）级安全监管、卫生行政部门、医疗卫生机构所在地卫生行政部门及上级主管部门。

（3）发生职业病危害事故后，同级职业卫生监督管理部门应依照部门监管职责及时通报职业病危害事故查处情况、职业病诊断和治疗等情况。

2.定期通报信息

定期通报信息每半年通报一次。各级安全监管和卫生行政部门依照部门职责分别在每年 7 月 31 日（县级在 7 月 10 日前，地级以上市在 7 月 20 日前，省级在 7 月 31 日前）和次年 1 月 31 日前将本部门掌握的辖区内上半年和年度的职业病防治工作相关信息书面通报对方，且抄报相应上级业务主管部门。

定期通报信息按前内容要求互报，格式不作统一要求。

（三）有关要求

（1）高度重视信息通报工作。安监、卫生行政部门以及各相关医疗卫生机构要指定专人负责收集、汇总职业卫生相关信息，建立健全工作制度，确保信息及时有效互通。

（2）充分发挥信息作用。卫生行政部门在接到对方通报信息后，要及时依法依职责展开相关工作，共同推进职业病防治工作。

第二节　行政执法与处罚

一、行政处罚程序

（一）简易程序

简易程序即当场处罚程序，是指安全监管监察部门对案情简单清楚，处罚较轻的安全生产行政违法行为当场给予处罚所采用的程序。

1.适用条件

违法事实确凿并有法定依据，对个人处以 50 元以下罚款、对生产经营单位处以 1000 元以下罚款或者警告的行政处罚的，安全生产行政执法人员可当场作出行政处罚决定。

安全监管监察部门实施简易程序必须同时具备以下三要件：

（1）对个人处以 50 元以下罚款、对生产经营单位处以 1000 元以下的罚款或者警告的行政处罚。

（2）违法事实确凿，即有确实、充分的证据证明违法事实的存在、性质及程度，即违法事实符合法律、法规、规章预先设定的事项；有确实、充分的证据证明违法事实确是当事人所为。

（3）有法定依据，即对当事人的违法行为实施行政处罚，不仅有法律依据，而且法律依据明确、具体。当场无法确定法律依据或者法律依据不明确的，即使符合上述两个条件，也不适用简易程序。

2. 实施步骤

安全生产行政执法人员适用简易程序当场作出行政处罚的，应该严格遵循以下程序：

（1）向当事人出示执法身份证件表明身份

《安全生产违法行为行政处罚办法》（国家安监总局15号令）第十三条规定：安全生产行政执法人员在执行公务时，必须出示省级以上安全生产监督管理部门或者县级以上地方人民政府统一制作的有效行政执法证件。

（2）告知当事人作出行政处罚决定的事实、理由和依据

根据行政处罚决定程序的基本原则，在作出行政处罚决定之前，执法人员应当告知当事人将要作出行政处罚决定的事实、理由和根据。

（3）听取当事人的陈述和申辩

执法人员在告知当事人行政处罚决定的事实、理由和根据以后，还应当听取当事人的陈述和申辩。

（4）填写行政处罚（当场）决定书（单位或个人）

行政处罚决定书的内容包括：一是载明当事人的基本情况；二是载明当事人的违法行为，包括证据；三是载明行政处罚的依据；四是载明罚款数额（如果是警告则此项不写）；五是载明违法行为发生的时间及行政处罚的地点；六是载明行政机关的名称；七是执法人员签名或者盖章。

（5）将行政处罚决定书当场交付当事人

必须当场将行政（当场）处罚决定书交付当事人，这是衡量是否为当场处罚的重要形式标准。根据简易程序当场作出行政处罚决定的都应当场将行政（当场）处罚决定书交付当事人。

（6）将行政处罚决定报所属行政机关备案

安全生产行政执法人员当场作出行政处罚决定后应当及时报告，并在5日内报所属安全监管监察部门备案。

（7）收缴罚款方式

需要当场收缴罚款，安全生产行政执法人员应出具财政部门统一制发的罚款收据；当场收缴的罚款，应当自收缴罚款之日起2日内，交至所属安全监管监察部门；安全监管监察部门应当在2日内将罚款缴付指定的银行。

（8）当事人对简易程序的法律救济途径

当场作出行政处罚决定，虽然是数额很小的罚款或者警告处罚，但同样属于行政处

罚，对当事人在事后的法律救济与其他行政处罚相同，当事人不服行政处罚决定的，也可以依法申请行政复议或者提起行政诉讼。

（二）一般程序

一般程序又称普通处罚程序，是安全监管监察部门进行行政处罚所遵循的最基本程序。除依照简易程序当场作出行政处罚外，安全监管监察部门发现生产经营单位及其有关人员有违反法律规定应当给予行政处罚的行为的，应当按照一般程序进行处罚。

1. 适用条件

一般程序适用于依据简单程序作出行政处罚以外的其他行政处罚案件。

除依据简易程序当场作出的行政处罚外，安全监管监察部门发现生产经营单位及其相关人员有应当给予行政处罚的行为的，应给予立案，填写立案审批表，并全面、客观、公正地进行调查，收集有关证据。

2. 实施步骤

（1）立案

立案之前必须进行立案审查，对掌握的嫌疑案情情况进行分析，满足以下条件就可申请立案：

①经初步调查认为生产经营单位有违反法律、法规和规章的行为。

②依照有关法律、法规、规章应给予行政处罚。

③属于本部门管辖范围。

④有明确的当事人。

对确需立即查处的安全生产违法行为，可以先行调查取证，并在 5 日内补办立案手续。

（2）调查取证

①调查取证的基本原则。依据《行政处罚法》规定行政机关在进行调查取证时，应当遵循全面客观、公正的调查原则。

②调查取证的程序。对已经立案的安全生产行政处罚案件，应当遵守以下程序：

第一，行政执法人员符合法定人数。进行案件调查时，安全生产行政执法人员不得少于 2 名。

第二，向当事人或者有关人员出示有效的行政执法证件。

第三，遵循回避的规定。有以下情形之一的，承办案件的安全生产行政执法人员应当回避：其一，本人是本案的当事人或者当事人的近亲属的；其二，本人或者其近亲属与本案有利害关系的；其三，与本人有其他利害关系，可能影响案件的公正处理。

第四，制作讯问笔录或检查记录。安全生产行政执法人员应当告知当事人或者有关人员应当如实回答安全生产行政执法人员的讯问，并协助调查或者检查，不得拒绝、阻扰或者提供虚假情况。讯问或者检查应当制作笔录（记录）。

第五，全面客观收集证据。安全生产行政执法人员应当全面、客观、公正地进行调查，收集、调取与案情相关的原始凭证作为证据。

第六，证据保存。安全生产行政执法人员在收集证据时，可采取抽样取证的方法；在证据可能灭失或者以后难以取得的情况下，经本单位负责人批准，可以先行登记保存，并在 7 日内作出处理决定。

第七，编写案件调查报告。调查完成后，负责承办案件的安全生产行政执法人员拟定处理意见，编写案件调查报告，交案件承办机构负责人审核，审核后报部门负责人审批。

（3）案件审理

凡经采用一般程序的行政处罚案件，均须由集体审议作出行政处理决定。各级安全监管部门应设立案件审理委员会（案审会）及案件审理委员会办公室（案审办），对本部门立案查处的案件进行集体审议。

第一，案审基本程序。①主持人宣布案由；②执法监察机构介绍案情及提出拟处理意见；③法制机构介绍听证情况及提出拟处理意见；④审案办（委）成员审议案情，形成案件处理意见；⑤主持人宣布集体审议意见；⑥各案审办（委）成员审核行政处罚集体讨论记录无误后，分别在行政处罚集体讨论记录上签字或者盖章。

第二，案件审理。审理内容包括：①是否属于本部门管辖；②违法主体是否准确；③违法事实是否清楚；④证据是否确凿充分；⑤定性和适用法律是否准确；⑥执法程序是否合法；⑦提出处理意见是否适当；⑧当事人陈述和申辩的理由是否成立；⑨执法文书的填写是否正确；⑩有无遗漏的违法行为和当事人是否有法定从轻或者减轻处罚的情形；⑪案审办（委）认为应当进行审理的其他事项。

第三，审理决定。案审办（委）对案件有关材料、当事人的陈述和申辩材料、行政处罚听证笔录、听证会报告书等调查结果进行审查后，根据不同的情况，作出以下决定：①违法行为轻微，依法可不予行政处罚的，不予行政处罚；②经调查证据不足或违法事实不能成立的不予行政处罚；③确有应受行政处罚的违法行为的，根据情节轻重及具体情况，作出行政处罚决定；④其违法行为涉嫌构成犯罪的，移送司法机关依法处理。

（4）处罚告知

①行政处罚告知。按照《行政处罚法》第四十一条的规定："行政机关及其执法人员在作出行政处罚决定之前，不依照规定向当事人告知给予行政处罚的事实、理由和依据，行政处罚决定不能成立。"因此，履行告知程序是依据一般程序作出的行政处罚决定成立的必要条件。

②听证告知。安全监管监察部门在作出行政处罚决定之前，还应当告知当事人有要求举行听证的权利，并发出听证告知书。

③听取当事人陈述申辩。《行政处罚法》要求行政机关必须听取当事人的陈述申辩，但对于听取方式并没有做统一要求。当事人要求听证的，安全监管监察部门也应当组织听证。

（5）作出行政处罚决定

案件调查取证结束后，负责承办案件的安全生产行政执法人员应将调查结果和有关证据材料加以整理，提出处理意见，向案件承办机构负责人汇报，案件承办机构负责人对案件办理是否符合法定程序，卷内证据材料是否客观、真实、完整进行审核。

安全监管监察部门负责人应当及时对案件调查结果进行审查，根据不同情况，分别作出以下决定：违法行为轻微，依法可不予行政处罚的，不予行政处罚；经调查证据不足或违法事实不能成立的不予行政处罚；确有应受行政处罚的违法行为的，根据情节轻重及具体情况，作出行政处罚决定；其违法行为涉嫌构成犯罪的，移送司法机关依法处理。

按照一般程序作出的行政处罚决定书应当载明下列事项：

①当事人情况；

②违法情况；

③行政处罚情况和法律依据；

④履行依据；

⑤救济途径和期限；

⑥行政处罚机关及日期。

（6）处罚决定送达

送达，是指行政处罚机关依照法律规定的程序，将行政处罚决定书送交当事人的行为。送达在法律意义上有着非常重要的意义，法律文书非经送达不能生效。

《行政处罚法》对经过一般程序作出的行政处罚决定书的送达方式规定了两类，即当场交付和依照《民事诉讼法》的有关规定送达。

依法给予行政处罚的案件经案审办（委）集体审理后，形成决定，并且经案件承办机构负责人审批后，安全监管监察部门须发出行政处罚决定书，送达当事人签收。送达一般采用直接送达的方式，直接送达有困难时，可使用以下几种方式送达：留置送达、委托送达、邮寄送达、公告送达。执法文书一经送达，即发生执行效力。

（7）行政处罚决定的执行

行政处罚决定依法作出后，当事人应当在行政处罚决定的期限内，予以履行。当事人按时全部履行处罚决定的，安全监管监察部门应该保留相应的凭证。行政处罚部分履行的，应该有相应的审批文书。

当事人逾期不履行的，作出行政处罚决定的安全监管监察部门可以采取以下措施：①每日按罚款数额的 3% 加以罚款。②根据法律规定，将查封、扣押的设施、设备、器材拍卖所得价款抵缴罚款。③申请人民法院强制执行。

当事人对行政处罚决定不服申请行政复议或者行政诉讼的，行政处罚不停止执行，法律另有规定的除外。

（8）备案

对安全生产行政处罚案件的备案，《安全生产违法行为行政处罚办法》第六十二条、第六十三条、第六十四条做了明确规定：

①县级安全生产监督管理部门处以 5 万元以上罚款、没收违法所得、没收非法生产的煤炭产品或者采掘设备价值 5 万元以上、责令停产停业、停止建设、停止施工、停产停业整顿、吊销有关资格、岗位证书或者许可证的行政处罚的，应当自作出行政处罚决

定之日起 10 日内报设区的市级安全生产监督管理部门备案。

②县级安全生产监督管理部门处以 5 万元以上罚款、没收违法所得、没收非法生产的煤炭产品或者采掘设备价值 5 万元以上、责令停产停业、停止建设、停止施工、停产停业整顿、吊销有关资格、岗位证书或者许可证的行政处罚的，应当自作出行政处罚决定之日起 10 日内报设区的市级安全生产监督管理部门备案。

③省级安全监管监察部门处以 50 万元以上罚款、没收违法所得、没收非法生产的煤炭产品或者采掘设备价值 50 万元以上、责令停产停业、停止建设、停止施工、停产停业整顿、吊销有关资格、岗位证书或许可证的行政处罚的，应当自作出行政处罚决定之日起 10 日内已经改为应急管理部或者国家煤矿安全监察局备案。

④对上级安全监管监察部门交办案件给予行政处罚的，由决定行政处罚的安全监管监察部门自作出行政处罚决定之日起 10 日内报上级安全监管监察部门备案。

（9）结案

行政处罚案件应当自立案之日起 30 日内作出行政处罚决定；由于客观原因不能完成的，经安全监管监察部门负责人同意，可延长，但不得超过 90 日；特殊情况需进一步延长的，应当经上一级安全监管监察部门批准，可延长至 180 日。

案件执行完毕后，填写《结案审批表》提交案件承办机构负责人审核，审核后报主管领导，经主管领导批准后结案归档。

（三）听证程序

听证，是指行政机关在作出重大行政处罚之前以特定方式听取当事人与利害关系人的陈述和申辩，并允许当事人及利害关系人与执法人员进行质证的程序。

1. 适用条件

根据有关法律、法规、规章的规定，安全监管监察部门在作出以下处罚决定前，应当告知当事人有要求听证的权利：①责令停产停业整顿。②责令停产停业。③吊销有关许可证。④撤销有关职业资格、岗位证书。⑤较大数额罚款。

对于较大数额罚款的定义，《安全生产违法行为行政处罚办法》第三十三条第二款规定："较大数额罚款，为省、自治区、直辖市人大常委会或者人民政府规定的数额；没有规定数额的，其数额对个人罚款为 2 万元以上，对生产经营单位罚款为 5 万元以上"。

当事人要求听证的，应当在安全监管监察部门告知送达后 3 日内以书面方式提出。当事人提出听证要求后，安全监管监察部门应当在举行听证会的 7 日前，通知当事人举行听证会的时间、地点。当事人应当按期参加听证。当事人有正当理由要求延期的，经组织听证的安全监管监察部门负责人批准可以延期 1 次；当事人未按期参加听证的，且未事先说明理由的，视为放弃听证权利。

2. 实施步骤

（1）听证会组成人员与参加人员

第一，听证会的组成人员：

听证会的组成人员的基本要求。听证由行政机关指定其法制工作机构工作人员主持；行政机关未设定法制工作机构的，由负责执法监督工作的人员主持听证。行政处罚听证实行听证会制度。听证会由听证主持人、听证员组成。听证主持人和听证员由负责听证的机构指定。

听证主持人应由在行政机关从事法制工作2年以上或者从事行政执法工作3年以上人员担任。听证员设1名以上4名以下，协助听证主持人组织听证。听证会组成人员应为单数。听证会应设书记员1名，负责听证笔录的制作和其他事务。听证主持人、听证员书记员，应持有人民政府行政执法证，并经过有关法律、法规和业务的培训考核。

听证会组成人员回避规定。听证主持人、听证员、书记员有下列情况之一的，应当自行回避，当事人及其代理人有权申请回避：①本案调查人员；②当事人、本案调查人员的近亲属；③担任过本案的证人、鉴定人；④与本案处理结果有利害关系的。

第二，听证会参加人员：听证参加人员由案件调查人员、当事人及其代理人、与案件处理结果有利害关系的第三人及其代理人、证人、鉴定人、翻译人员以及其他有关的人员组成。

（2）当事人在听证中的权利与义务

当事人在听证中的权利和义务包括有：

①要求或者放弃听证。

②依法申请回避。

③出席听证会或委托1至2人代理参加听证，并出具委托代理书，明确代理人权限。

④进行陈述、申辩和质证。

⑤核对听证笔录。

⑥如实回答支持人的提问。

⑦遵守听证会场纪律，服从听证主持人指挥。

（3）听证会程序

听证会依照下列程序进行：

①听证会举行前，书记员应查明当事人和其他参加人是否到会，宣布听证纪律。

②听证会开始时，由听证主持人核对当事人，宣布案由，宣布听证会组成人员、书记员名单；告知当事人有关权利，讯问当事人是否提出回避申请。

③在听证会调查阶段，案件调查人员提出当事人违法的事实、证据和拟作出的行政处罚建议；当事人进行陈述、申辩和质证；案件调查人员可以向当事人提问。

④在听证会辩论阶段，在听证主持人的组织下，案件调查人员、当事人和代理人可以对证据和案件情况发表意见且可以互相辩论。

⑤听证主持人在宣布申辩结束后，当事人有最后陈述的权利。

⑥听证主持人宣布听证会结束。

听证会的全部过程应当制作听证笔录。听证笔录应作为行政机关作出行政处罚决定的依据。

（4）听证报告

听证结束后，听证主持人应组织听证会组成人员依法对案件作出独立、客观、公正的判断，并写出听证会报告书连同听证笔录一并报告行政机关负责人。听证会组成人员有不同意见的，应当如实报告。

安全监管监察部门依据听证情况，分别作出以下决定：违法行为轻微，依法可不予行政处罚的，不予行政处罚；经调查证据不足或违法事实不能成立的不予行政处罚；确有应受行政处罚的违法行为的，根据情节轻重及具体情况，作出行政处罚决定；其违法行为涉嫌构成犯罪的，移送司法机关依法处理。

（5）中止听证、终止听证和听证期限

①中止听证。有下列情形之一的，应当由听证主持人中止听证：

A. 当事人死亡或者解散，需要等待权利义务继承人的；

B. 当事人或者案件调查人员因为不可抗力事件，不能参加听证的；

C. 在听证过程中，需要对有关证据重新鉴定或者勘验的；

D. 出现其他需要中止听证情形的。

②终止听证。有下列情形之一的，应当由听证主持人终止听证：

A. 当事人死亡或者解散满 3 个月后，未确定权利义务继承人的；

B. 当事人无正当理由，经两次通知都不参加听证的；

C. 出现其他需要终止听证情形的。

③听证期限。除延期听证、中止听证外，听证应当在当事人提出听证之日起 30 日内结束。

二、行政处罚案件调查及取证

（一）案件来源与受理

安全生产违法案件线索是指生产经营单位具有涉嫌违法事实但没有充分查证的信息。积极采取有效措施，畅通案件来源渠道，做好安全生产案件受理工作是实施安全生产行政处罚的必要前提。

1. 案件来源

安全生产行政处罚案件的来源主要有以下几种方式：

（1）举报投诉

公民、法人或者其他组织采用书信、电子邮件、传真、电话、走访等形式向安全监管监察部门反映的安全生产违法违规案件。

（2）日常监督

安全生产执法监察人员在对企业进行日常检查、巡检时发现的安全生产违法违规案件。主要包括：

①发生安全生产责任事故造成重伤或者死亡的；

②没有按规定经安全生产监督管理部门审批，未取得相应资质、资格而非法从事相关经营活动的；

③已取得安全生产有关事项的批准、认证，但已不再具有相应条件的；

④有伪造、涂改、非法转让和出租安全生产有关证照行为的；

⑤安全生产中介服务机构在安全生产服务工作中弄虚作假、超资质服务，或出具虚假证明；

⑥发现有关单位及其人员在申报安全审批等有关事项中弄虚作假，或有欺诈行为的；

⑦发现事故迟报、漏报或谎报、瞒报的；

⑧根据有关安全生产法律法规、标准规程的规定，安全监管监察部门应当立案查处的其他安全生产违法违规案件。

（3）交办移送报请

根据职责分工，上级领导机关、其他负有安全生产监督管理职责的部门及下级安全监管监察部门交办、移送、报请安全监管监察部门办理的安全生产违法违规案件。

（4）其他来源

安全生产行政执法人员通过汇总、分析安全生产资料数据或根据相关当事人的陈述申辩等方式，从中发现的安全生产违法违规案件。

2. 案件受理

受理安全生产举报投诉等案件，是查办违规违法企业的重要环节。在受理举报投诉等案件时，必须有条不紊、分清主次、善抓重点、认真核查、摸清案件性质。需要及时公布举报联络方式，并及时更新，确保举报渠道通畅。同时要严格保密举报人的有关信息，切实维护举报人的合法权益。案件受理步骤如下：

（1）受理登记

在受理案件时，要详细记录被举报人的姓名、性别、工作单位、职务、住址等基本情况和被举报企业法定代表人姓名、联系方式、规模及主要违法违规事实等有关情况。

（2）梳理甄别

在受理案件后，要对案件进行全面、细致、深入的梳理甄别，去伪存真，对举报材料由表及里进行综合分析，剔除无关紧要的信息，筛选出举报材料中的关键点，鉴别其真伪、管辖范围和利用价值。

（3）拟办建议

安全生产行政执法人员要根据对案件的梳理甄别情况，按照管辖范围、权限及分级负责、归口处理的原则，对该案件提出是否进行明察暗访或移送有关部门或交办下级安全监管监察部门等相关拟办建议，及时办理和分流案件。

（4）建档立卷

在受理案件的过程中，要及时对案件的相关资料进行建档立卷、登记造册，并做好统计工作。归档内容包括举报原件、拟办意见及领导批示、查处情况、回复情况等。

（二）调查取证的前期准备

调查取证的前期准备直接关系到调查取证工作的成败，必须细致周密地策划。执法人员在准备过程中要考虑到各种可能的障碍和问题，并制定相应的应急预案。调查取证的前期准备主要包括资料收集、明察暗访、分析判断和执法行动方案的制定等。

1. 资料收集

执法人员在受领任务后，应对案件线索进行初步调查。可以通过登录网络了解企业的相关情况、与业务部门沟通查阅企业相关资料的方式，进一步收集与案件相关的详细情况，初步了解涉嫌存在违法事实、可能涉及的法律法规和处罚规定等。

2. 明查暗访

明查暗访是指根据对案件的初步分析，为进一步核实案件相关情况而进行的调查工作。通过明查暗访，应初步掌握以下几项情况：一是被举报单位基本情况；二是企业生产经营范围和产品性质；三是被举报单位违反事实。明查暗访的方法有实地暗查、电话查询、蹲点守候、跟踪追查等。

明查暗访结束后，应根据明查暗访的情况，拟写出明查暗访报告，并提出下一步行动建议。明查暗访报告应包括时间、企业名称、具体位置、生产经营情况、周边环境及企业情况照片、企业内部布局及周边环境图、行车路线图、下一步行动计划及建议等。

3. 分析判断

在明查暗访等前期工作完成后，执法人员应对案件线索进行综合分析和判断。根据已掌握的案件线索，运用推理判断的方法分析研究案件中的未知现象，努力掌握案件的本质。

（1）分析判断的主要内容

①对举报信息的分析判断。

②对有关案件的情况，若违法违规行为的时间、地点与厂区分布情况等的分析判断。

③对案件性质的分析判断。

④对案件查处范围、查处途径和各种查处线索的分析判断。

（2）分析判断的方法

对案件进行分析判断的方法很多，主要包括具体分析法、综合分析法、逻辑分析法等。

通过对案件线索的分析判断，对违法违规事实存在、符合立案条件的，应及时填写《立案审批表》并提出拟办理意见报分管领导审批。

4. 执法方案的制定

执法行动方案是指现场执法查处的内容、方法、措施和步骤。制定该方案是在前期明察暗访的基础上，依据拟查处企业的规模、生产设施设备、产品及危害程度等情况，全面深入细致地通盘筹划。执法行动方案通常应包括案情的初步分析和判断、现场检查的方向和范围、现场检查人员的组织和分工、现场控制措施及可能采取的强制措施等。

5. 执法准备

做好现场执法检查前的各项执法准备，是确保顺利实施检查的关键环节。主要包括：

（1）查阅法律法规

根据执法检查企业涉嫌违法的相关情况，查找相关法律、法规、标准和规程。熟悉掌握相应的条文规定。

（2）合理搭配执法人员和专家

根据执法检查对象的不同情况选择参加行动的执法人员，力求做到参与的执法人员专业搭配合理、人数能满足需要，必要时可邀请相关专家参与现场执法检查。

（3）制定检查表和现场执法行动方案

要根据执法检查对象、范围等情况，制定检查表和现场执法行动方案。4.准备执法装备、文书和资料

要针对不同企业，准备相应的检查设备和法律文书，通常包含：

①照相机、摄影机、录音笔等拍录设备。

②可燃气体测爆仪、激光测距仪、罗盘仪等专业检查设备。

③笔记本电脑、便携式复印件和打印机。

④空白法律文书。

⑤检查提纲、检查表等有关资料。

⑥保障安全与健康的安全防护用品。

（三）现场调查取证及处置

证据材料直接涉及违法事实的认定和法律的适用，是安全生产行政处罚的核心内容。现场调查取证是安全生产监督管理部门在行政执法过程中依法收集、获取证据材料的过程。安全生产行政处罚证据材料的获取途径很多，但基本证据是通过现场调查取证得到的。在调查取证过程中，执法人员如何取得有效的证据极其重要，需要讲究防范和技巧。现场调查取证一般包括出示证件、现场控制、现场检查、调查讯问、抽样检测及先行登记保存证据，现场处置等步骤。

1. 出示证件

进入企业调查取证时，必须有2名以上执法人员进入企业，要主动向企业负责人等有关人员出示执法证件，表明来意，并要求企业派人配合检查。当事人拒绝接受检查的，可通知有关部门协调配合，必要时可提请公安机关介入。

2. 现场控制

在进入企业，要控制企业主要负责人、门卫、财务部门与负责人及电源总闸等关键设施、设备，防止企业负责人和其他关键人员擅自离开现场、销毁违法证据或联络串供等情况。

3. 现场检查

完成对企业负责人和关键设施、设备的控制后，在企业相关人员的陪同下，对企业的生产车间等生产、储存、经营场所和办公室、财务室、销售部进行检查，主要看资料、记录、操作证、现场安全标志、生产现场环境等情况。要求全面、客观、细致，坚持实

事求是，忌主观臆断。

4. 调查讯问

调查讯问，是指执法人员就与安全生产案件有关的问题，依法直接向当事人、证人所作的提问式调查。根据现场检查情况，分组对企业主要负责人、车间操作人员、销售人员、财务人员等有关人员分别进行讯问，制作讯问笔录，并将该笔录交被讯问人核对。对没有阅读能力的人员，要当场向其宣读。笔录若有差错，应及时进行更正或补充。经核对无误后，由被讯问人逐页在笔录修改处及被讯问人签名处签字、盖章，检查人员亦应在笔录上签名。

5. 抽样检测及先行登记保存证据

执法人员对现场不能确定性质的产品需进行抽样取证，并移送有资质的法定检测机构进行检测，进一步核实企业违法违规事实。在进行抽样取证时要制作《抽样取证凭证》，由执法人员和当事人签名或盖章。

执法人员在现场检查过程中，在证据可能灭失或者以后难以取得的情况下，经部门主要负责人或者其授权的部门分管领导批准，可以将有关证据提前登记保存。对证据先行登记保存时，应当通知证据的持有人或者见证人对证据的名称、数量、特征进行登记，开具先行登记保存证据通知书及先行登记保存证据清单。先行登记保存证据通知书由执法人员和证据持有人签名。

6. 现场处置

在现场检查时，对发现存在的事故隐患，应采取相应的措施，能够立即排除的，应当责令企业立即排除。在重大事故隐患排除前或者排除过程中无法保证安全的，应当责令从危险区域撤出作业人员，并责令暂时停产停业，停止建设、停止施工或者停止使用，限期排除隐患，并对违法生产的设施设备、产品等进行封存。在采取现场措施时，应当制作强制措施决定书或责令改正指令书。现场处置措施要视检查情况分别对待。通常可分为以下几种情况：一是未发现存在安全生产违法违规行为的；二是需要移交其他机关办理的；三是发现隐患需现场整改或限期整改的；四是需采取暂时停产、停业整改等强制措施的；五是需立案查处的。

三、行政执法文书

（一）安全生产行政执法文书的概念和特征

1. 行政执法文书的概念

行政执法文书，一般是指国家行政机关或者法律法规授权的组织或者接受委托行使行政执法权的组织，在进行国家或者社会事务的管理活动中制作的具有法律效力或者法律意义的规范性文件。

安全生产行政执法文书，是指安全生产监督管理部门在执行安全生产法律法规的过程中，依据法定的职权，按照特定的格式，经过规定的程序所形成的法律文书。

2. 行政执法文书的特征

（1）合法性

安全生产行政执法文书制作的合法性具体体现在两个方面：

①安全生产行政执法文书的制作有明确的法律依据。如《行政处罚法》第五十一条规定："违法事实确凿并有法定依据，对公民处以二百元以下、对法人或者其他组织处以三千元以下罚款或者警告的行政处罚的，可以当场作出行政处罚决定。"第五十二条规定："执法人员当场作出行政处罚决定的，应向当事人出示执法身份证件，填写预定格式、编有号码的行政处罚决定书。行政处罚决定书应当场交付当事人。"

②安全生产行政执法文书的制作有法定的时限要求。如《行政处罚法》第六十一条规定："行政处罚决定书应当在宣告后当场交付当事人；当事人不在场的，行政机关应当在七日内依照民事诉讼法的相关规定，将行政处罚决定书送达当事人。"

（2）强制性

安全生产行政执法文书是为了实现安全监管监察部门的法律监管职能，根据法律法规的有关规定制作的，而法律法规的重要特征之一就是有国家强制力作为后盾以保证其得以贯彻执行。

（3）规范性

安全生产行政执法文书是一种高度程式化的文书，无论其格式还是内容，都有严格的规范化要求。安全生产行政执法文书的规范性具体体现在三个方面：结构固定、用语固定、事项固定等。

（4）稳定性

依法制作的安全生产行政执法文书一经生效，非经法定程序，任何单位和个人均不得随意变更或者撤销。安全生产行政执法文书是安全监管工作中具体应用法律的书面表现形式，一旦发生法律效力，就必须全面落实，并由国家强制力保证执行，任何单位和个人包括制作文书的安全监管监察部门也不得随意变更或者撤销。

（二）安全生产行政执法文书的制作要求

1. 执法文书格式的基本要求

安全生产行政执法文书是一种实用性、操作性很强的文书，在格式上要求高度统一和规范。理应对执法文书格式作统一规定，其中包含对文书的版面、尺寸、字号、字体、名称、文号、正文、落款以及所用纸张的要求，对叙述式执法文书的首部、正文的段落层次、尾部落款的格式和内容的要求，对填充式执法文书的具体联数、用途、正文中的具体内容等格式和填写内容的要求等。

2. 执法文书内容的基本要求

填充式文书由于整个文书已经印刷成固定格式，只需依据案情具体情况加以填写即可，叙述式文书的首部和尾部也有比较固定的格式，正文部分则需要执法人员根据案件的不同情况拟制，这部分工作是安全生产行政执法文书制作的重点和难点，是考验制作者能力和水平的关键部分。

3. 执法文书语言文字的基本要求

安全生产行政执法文书作为公文，在语言文字方面要注意以下两个方面：

（1）符合公文文体要求

使用规范的现代白话文，语言规范、严谨，不渲染，不描写，文字平实，用语确切等，制作安全生产行政执法文书切忌夸饰、渲染，掺杂个人感情色彩，以免文书具有明显的主观倾向性，影响到对案件的正确认识和判断。还要规范正确使用标点符号，避免标点符号使用不当，使句子的意思发生变化，产生歧义。

（2）体现法律文书的专业特点

语言要庄重、严肃，注意使用"法言法语"；表述要规范，遣词造句需要合乎语法规律，句子结构要完整，指代要清晰，忌用方言土语。

（三）安全生产行政执法文书的种类

1. 立案审批表

立案审批表是对安全生产监督检查发现、举报投诉、上级交办、下级报请、有关部门移送来的案件，按照规定的权限和程序对受理的案件进行初步核实，确认有违法事实，属于本部门管辖，不能当场作出行政处罚，需对案件展开调查，向安全监管监察部门负责人提交的书面审批文书。

2. 讯问通知书

讯问通知书，是指在对单位进行检查或调查时，需要讯问当事人不在现场时下达的文书。

3. 讯问笔录

讯问笔录，是为查明案件事实、收集证据，而向案件当事人、证人或其他有关人员调查了解有关情况时作的记录。

4. 勘验笔录

勘验笔录，是安全生产行政执法人员、专家对案件现场违法事实、物证进行技术分析所做的记录。

5. 抽样取证凭证

抽样取证凭证，是采集案件相关产品用于鉴定检验和保全证据的文书。应写明证据物品名称、规格、数量，必要时要附上取样物品的照片。

6. 先行登记保存证据审批表

先行登记保存证据审批表，是在证据可能灭失或以后难以取得的情况下，由本部门安全生产执法监察机构或科（处）室负责人审核后报分管执法监察机构或科（处）室的负责人审批的法律文书。

7. 先行登记保存证据通知书

先行登记保存证据通知书（证据清单），是证据可能灭失或者以后难以取得的情况下，经负责人审批后，通知单位先行登记保存证据物品的法律文书。

8. 先行登记保存证据处理审批表

先行登记保存证据处理审批表，是对单位先行登记保存证据物品由本部门安全生产执法监察机构或处（科）室负责人审核后报分管执法监察机构或处（科）室的负责人审批进行处理的法律文书。

9. 先行登记保存证据处理决定书

先行登记保存证据处理决定书，是经审批对单位先行登记保存证据物品进行处理的法律文书。

10. 现场检查记录

现场检查记录，是在安全检查或案件调查过程中，对与案件有关的地点及物证场所进行实地查看、探访时所作的记录。

11. 责令改正指令书

责令改正指令书，是对生产经营单位（个人）违法行为、事故隐患提出立即整改或限期整改的指令性文书。

12. 整改复查意见书

整改复查意见书，是对责令改正指令书或强制措施决定书所指出的违法行为和事故隐患的整改情况进行复查并提出意见的文书。

13. 强制措施决定书

强制措施决定书，是对重大事故隐患排除前或者排除过程中无法确保安全的，责令其从危险区域内撤出作业人员，责令暂时停产停业或者停止使用或对不符合国家标准或行业标准的设施、设备、器材，给予查封或者扣押的文书。

14. 鉴定委托书

鉴定委托书，是安全监管监察部门委托技术机构对有关物品进行专门鉴定检验时使用的文书。适用于在检查中怀疑设施设备不符合行业规定或在事故调查中某种物品需要进一步检验。

15. 行政处罚告知书

行政处罚告知书，是在作出行政处罚决定前，告知当事人将要作出的行政处罚决定的事实、理由、依据以及当事人依法应当享有权利的文书。

16. 当事人陈述申辩笔录

当事人陈述申辩笔录，是在当事人收到行政处罚告知书后三日内对违法行为进行陈述申辩所做的笔录。

17. 听证告知书

听证告知书，是在下达行政处罚告知书的同时，符合听证条件的，告知当事人具备听证权利的法律文书。

18. 听证会通知书

听证会通知书，是经有权要求举行听证的当事人提出，安全监管监察部门决定举行听证时向当事人发出的书面通知。

19. 听证笔录

听证笔录，是对听证过程和内容的记录。

20. 听证会报告书

听证会报告书，是听证结束后，听证主持人听证情况和听证人员对该案件的意见，以书面形式向安全监管监察部门负责人所作的正式报告。

21. 案件处理呈批表

案件处理呈批表，是在下达告知书后，当事人经过充分的陈述申辩后作出的处理审批法律文书。

22. 行政处罚集体讨论记录

行政处罚集体讨论记录，是在下达告知书后，当事人经过充分的陈述申辩或经过听证后仍需要进行重大处罚所进行集体讨论的文书。

23. 行政（当场）处罚决定书（单位）

行政（当场）处罚决定书（单位），是对案情简单、违法事实清楚、证据确凿的违法案件，对单位按照简易程序依法当场作出处理决定的正式文书。

24. 行政（当场）处罚决定书（个人）

行政（当场）处罚决定书（个人），是对案情简单、违法事实清楚、证据确凿的违法案件，对个人按照简易程序依法当场作出处理决定的正式文书。

25. 行政处罚决定书（单位）

行政处罚决定书（单位），是对事实清楚、证据确凿的安全生产违法案件，依据情节轻重对单位依法作出行政处罚决定的文书。

26. 行政处罚决定书（个人）

行政处罚决定书（个人），是对事实清楚、证据确凿的安全生产违法案件，根据情节轻重针对个人依法作出行政处罚决定的文书。

27. 罚款催缴通知书

罚款催缴通知书，是做出行政处罚的行政机关在当事人收到行政处罚决定书后15日内未缴纳罚款时对被处罚单位下达的催缴文书。

28. 延期（分期）缴纳罚款审批表

延期（分期）缴纳罚款审批表，是在当事人收到行政处罚决定书后 15 日内向作出行政处罚的行政机关提出延期（分期）缴纳罚款申请后，行政机关内部进行审批的法律文书。

29. 延期（分期）缴纳罚款审批书

延期（分期）缴纳罚款审批书，是在当事人收到行政处罚决定书后 15 日内向作出行政处罚的行政机关提出延期（分期）缴纳罚款申请后，经过审批批准延期（分期）缴纳的法律文书。

30. 文书送达回执

文书送达回执，是指将安全生产行政执法文书送交有关当事人以证明受送达人已收到的凭证，用于直接送达、邮寄送达、留置送达等方式。在当事人拒绝签字而采用留置送达方式时，应说明有关情况，并邀请见证人签字和注明日期。应当用于讯问通知书、行政处罚告知书、听证告知书、行政处罚决定书、强制措施决定书等法律文书。

31. 强制执行申请书

强制执行申请书，是在当事人逾期不履行行政处罚决定书中给予的处罚时，安全监管监察部门为请求人民法院强制执行而提交给人民法院的书面申请。

32. 结案审批表

结案审批表，是对立案调查的案件，在行政处罚决定履行或执行后，或不作行政处罚的案件，相应隐患整改完毕后报请负责人批准结案的文书。应填写清楚被处理单位或个人、安全生产监察员。

33. 案件移送审批表

案件移送审批表，是经审批，将立案后不属于自己管辖的案件，移送有关单位或部门处理的文书。移送案件的安全监管监察部门应当将案件相关材料一并移送。

34. 案件移送书

案件移送书是经审批，将立案后不属于自己管辖的案件移送有管辖权单位或者部门处理时，给对方发出的书面通知文书。

35. 案卷首页

案卷首页是安全监管监察部门处理案件完毕后，将案件材料装订成卷时所作的有关案卷内材料汇总的提示性封面。

36. 卷内目录

卷内目录是安全监管监察部门处理案件完毕后，将案件材料装订成卷时所作的有关的提示性文书。

第四章 常见生产安全事故防范技术

第一节 机械伤害事故防范技术

一、机械设备危险及有害因素

（一）机械性危险及有害因素

机器设备危险产生的形式，包括设备静止状态与运动状态下所呈现的各种危险。

1.静态危险

（1）切削刀具的刀刃。

（2）机械设备突出较长的机械部位，比如表面凸起的螺栓、键、耳、环、吊钩、手柄等。

（3）毛坯、工具、设备边缘锋利飞边和粗糙表面等。如未打磨的毛刺、锐角、毛边、翘起的铭牌等。

（4）引起滑跌、坠落的工作平台，特别是平台有水或油时更为危险。当人与这些静止设备接触或作相对运动时可引起危险。

2.直线运动危险

直线运动危险指作直线运动的机械设备所引起的危险，亦可分为接近式危险和经过式危险。

（1）接近式危险：这种机械进行往复的直线运动，当人站在或经过机械直线运动的正前方而未躲让时，将受到运动机械的撞击或挤压。①纵向运动的构件，如龙门刨床的工作台，牛头刨床滑枕的往复运动如与墙、柱间距小，易造成挤压；②横向运动的构件，如升降式铣床的工作台。

（2）经过式危险：指人体经过运动中部件引起的危险。具体内容包含：①单纯作直线运动的部位，如运转中的带链、冲模。②作直线运动的凸起部分，如运动中的凸起接头。

3. 旋转运动危险

人体或衣服卷进旋转机械部位引起的危险。有下列几种卷进形式：

①卷进单独旋转运动机械部件中的危险，比如主轴、卡盘、磨削砂轮、各种切削刀具如铣刀、锯片等加工刀具。

②双旋部件卷进危险，如朝相反方向旋转的两个轧辊之间、相互啮合的齿轮卷进危险；旋转部件和固定构件间卷进危险，如砂轮与砂轮支架之间、有辐条的手轮与机身之间、旋转蜗杆与壳体之间的咬合等。

③旋转、直线运动部件间卷进危险，如皮带与皮带轮、链条与链轮、齿条与齿轮、卷扬机绞筒与绞盘等。

④旋转部件与滑动之间，如旋转部件与顶尖之间挤压和卷进的危险。

4. 凸起物打击危险

①旋转运动加工件打击，如伸出机床的细长加工件。

②旋转运动部件上凸起物的打击，如转轴上的键、定位螺丝、联轴器螺丝等。

③孔洞部分具有的危险，如风扇、叶片、齿轮和飞轮等。

5. 振动夹住危险

机械的一些振动部件结构，如振动体的振动引起被振动体部件夹住的危险。

6. 摆动的危险

机械设备传动的摆动如牛头刨滑枕带来的危险或行车吊运物，因启动惯性及运行速度过快，物件产生摆动形成的危险。

7. 飞出物打击危险

①飞出的刀具或机械部件，如未夹紧的刀片、紧固不牢的接头、破碎的砂轮片等。

②飞出的切屑或工件，如连续排出或破碎而飞出的工件。

8. 坠落物的危险

坠落物的危险是指以足够的动能在重力作用下坠落物体引起的危险，如检修大型设备的工作平台上放置的工具或零件坠落，行车走台上有孔洞检修时有可能零件坠落，吊运物件的坠落等。

9. 火灾、爆炸的危险

可燃物引起火灾、爆炸，或因设备爆炸而引发的伤亡事故。如电、气焊引发的火灾危害、锅炉、压力容器爆炸等。

（二）非机械性危险与有害因素

（1）电击伤。它包括触电危险（比如绝缘不良，错误地接地线或误操作等原因造成的触电伤害事故）和静电危险（如在加工过程中产生的有害静电，可引起爆炸、电击伤害事故）。

（2）灼烫和冷冻危害。如在热加工作业中，有被高温金属体与加工件灼烫的危险，或与设备的高温表面接触时被灼烫的危险，以及在深冷处理时或与低温金属表面接触时被冻伤的危险。

（3）振动危害。在加工过程中使用振动工具或设备本身产生的振动引起的危害。
按振动作用于人体的方式，可分为以下两种：

①局部振动，如在以手接触振动工具的方式进行加工时，振动通过振动工具、振动机械或振动工件传向操作者的手和臂，从而给操作者造成振动危险；

②全身振动，由振动源通过身体的支持部分将振动传到人体全身从而引起振动危险。

（4）噪声危害。机械加工过程或机械运转过程所产生的噪声而引起的危害。机械引起的噪声包括：

①机械性噪声，由于机械的撞击、摩擦、转动而产生的噪声，如球磨机、电锯、切削机床在加工过程中发出的噪声；

②动力性噪声，由于气体压力突变或流体流动而产生的噪声，如液压机械、气压机械设备等在运转过程中发出的噪声；

③电磁性噪声，由于电机中交变电流相互作用而发生的噪声，如电动机、变压器等在运转过程中发出的噪声。

（5）电离辐射危害。指设备内放射性物质，如 X 射线装置、射线装置等超出国家标准允许剂量的电离辐射危害。

（6）非电离辐射危害。非电离辐射系指紫外线、可见光、红外线、激光和射频辐射等，当超出国家标准规定剂量时引起的危害。如从高频加热装置中产生的高频电磁波或激光加工设备中产生的强激光等非电离辐射危害。

（7）化学品危害。工业毒物危害，酸、碱等腐蚀性物质的危害和化学可燃物的烫伤、火灾及爆炸危险。

（8）粉尘危害。加工或粉碎固体物质产生的粉尘、加热物质产生的蒸汽危害、有机物质的不完全燃烧、爆炸烟尘和机械加工中的二次扬尘。

（9）作业区环境危害。气温过高、过低或突变；湿度过大或者过小；气压过高、过低或突变；照明过强、过弱或眩光。

二、机械伤害事故原因分析

（1）检修、检查机械忽视安全措施。如人进入设备（球磨机等）检修、检查作业，不切断电源，未挂不准合闸警示牌，未设专人监护等措施而造成严重后果。也有的因当时受定时电源开关作用或发生临时停电等因素误判而造成事故。也有的虽然对设备断电，但因未等到设备惯性运转彻底停止就开始工作，一样造成严重后果。

（2）缺乏安全装置。如有的机械传动带、齿机、接近地面的联轴节、皮带轮、飞轮等易伤害人体部位没有完好防护装置；还有的入孔、投料口、绞笼井等部位缺护栏及盖板，无警示牌，人一疏忽误接触这些部位，都会造成事故。

（3）电源开关布局不合理。一种是有了紧急情况不能立即停车；另一种是多台机械开关设在一起，极易造成误开机械引发严重后果。

（4）自制或任意改造机械设备，不符合安全要求。

（5）在机械运行中进行清理卡料、上皮带蜡等作业。

（6）任意进入机械运行危险作业区（采样、干活、借道、拣物等）。

（7）非专业人员上岗或乱动机械。

三、机械伤害事故的防范技术

（1）检修机械必须严格执行断电，挂禁止合闸警示牌和设专人监护的制度。机械设备断电后，必须确认其惯性运转已彻底消除后才可进行工作。机械检修完毕，试运转前，必须对现场进行细致检查，确保机械部位人员全部彻底撤离才可取牌合闸。检修试车时，严禁有人留在设备内。

（2）安全防护符合安全标准要求。

第一，安全防护装置。安全防护装置应满足下列要求：使操作者触及不到转动中的可动零部件；在操作者接近可动零部件并有可能发生危险的紧急情况下，设备应不能启动或立即自动停机、制动；避免在安全防护装置和可动零部件之间产生接触危险；安全防护装置应便于调节、检查和维修，并不得成为新的危险发生源；设备局部照明或移动照明必须采用36V或24V安全电压，行灯应用电缆线，线路无老化、无接头、无破损、无扭线。使用220V整机照明灯高度应不小于1.8m（以操作者立面为基准），线距规范、完好无损，灯泡上部应安装灯罩。开关应灵敏可靠、有效，局部照明灯架完好，灯具可调整到任意工作位置；②安全防护装置应结构简单、布局合理，严禁有锐利的边缘和凸起；③安全防护装置应具有足够的可靠性，在规定的寿命期限内有足够的强度、刚度、稳定性、耐腐蚀性、抗疲劳性；④安全防护装置应与设备运转联锁，保证安全防护装置未起作用之前，设备不能运转；防护罩、防护屏、防护栏杆的材料，及其到运转部件的距离应按《机械设备防护罩安全要求》和《防护屏安全要求》执行；光电式、感应式等安全装置应设置自身出现故障的报警装置。

第二，紧急停车开关。紧急停车开关应当满足下列要求：①紧急停车开关应保证瞬时动作时，能终止设备的一切运动，对有惯性运动的设备，紧急停车开关应与制动器或离合器联锁，以保证迅速终止运动；②紧急停车开关的形状应区别于一般控制开关，颜色为红色；③紧急停车开关的布置应保证操作人员易于触及，不发生危险；④设备由紧急停车开关停止运行后，必须按启动顺序重新启动才能重新运转。

第三，安装保护装置。安装保护装置应当满足下列要求：①用危险小的机器取代危险机器；②如果不可能的话，可在危险区周围设立防护设施；③最后的办法是在危险未消除或未设防护设施之前，提供个人保护用具；④购买安全的机器。当订购新机器时，要特别注意强调机器结构的安全性。危险加工件应该处于不会伤害工人的位置，特别是操作点必须没有危险；选择有安全装置的机器，这样省去许多麻烦，同时节省开支；采用自动化和机械化的填料和退料装置，这样不仅能够消除危险，同时还会大大提高生产效率。

（3）各机械开关布局必须合理，必须符合两条标准：一是便于操作者停车；二是避免误开动其他设备。

（4）对机械进行积料清理、捅卡料、上皮带蜡等作业，应遵守停机断电挂警示牌制度。

（5）严禁无关人员进入危险因素大的机械作业现场，非本机械作业人员因事必须进入的，要先与当班操作者取得联系，有安全措施才能同意进入。

（6）操作各种机械人员必须经过专业培训，能掌握该设备性能的基础知识，经考试合格，持证上岗。上岗作业中，必须精心操作，严格执行有关规章制度，正确使用劳动防护用品，严禁无证人员开动机械设备。

第二节　电气事故防范技术

一、触电伤害与人体触电方式

（一）触电伤害

人体是导体，当人体接触到具有不同电位的两点时，因为电位差的作用，就会在人体内形成电流。这种现象叫作触电。

电流对人体的伤害有两种类型：即电击和电伤。电击是电流通过人体内部，影响呼吸以及神经系统，引起人体内部组织的破坏，以致死亡。电伤主要对人体外部的局部伤害，包括电弧烧伤、熔化金属渗入皮肤等伤害。这两类伤害在事故中也可能同时发生，尤其在高压触电事故中比较多，绝大部分属电击事故。电击伤害严重程度与通过人体的电流大小、电流通过人体的持续时间、电流通过人体的途径、电流的频率以及人体的健康状况等因素有关。

（二）人体触电的方式

人体触电方式主要划分为：单相触电、两相触电、跨步电压触电三种。①单相触电：是指人在地面或其他接地体上，人体的某一部位触及一相带电体时的触电；②两相触电：是指人体两处同时触及两相带电体时的触电；③跨步电压触电：是指人进入接地电流的散流场时的触电。由于散流场内地面上的电位分布不均匀，人的两脚间电位不同。这两个电位差称为跨步电压。跨步电压的大小与人和接地体的距离有关。当人的一只脚跨在接地体上时，跨步电压最大；人离接地体愈远。跨步电压愈小；与接地体的距离超过 20 米时，跨步电压接近于零。

二、触电原因及事故规律分析

（一）触电原因分析

为了避免触电事故，应当加强电气安全知识的教育和学习，贯彻执行安全操作规程和其他电气规程，采用合格的电气设备，一直保持电气设备安全运行。

据多年来的触电事故统计分析，触电伤亡的主要原因一般有以下 5 点：

（1）缺乏电气安全知识。电线附近放风筝；带负荷拉高压隔离开关；低压架空线折断后不停电，用手误碰火线；光线不明的情况下带电接线，误触带电体；手触摸破损的胶盖刀闸；儿童在水泵电动机外壳上玩耍、触摸灯头或插座；随意乱动电器等。

（2）违反安全操作规程。带负荷拉高压隔离开关；在高低压同杆架设的线路电杆上检修低压线或广播线时碰触有电导线；在高压线路下修造房屋接触高压线；剪修高压线附近树木接触高压线等。带电换电杆架线；带电拉临时照明线；带电修理电动工具、换行灯变压器、搬动用电设备；火线误接在电动工具外壳上；用湿手拧灯泡等。

（3）设备不合格。高压架空线架设高度离房屋等建筑的距离不符合安全距离，高压线和附近树木距离太小；高低压交叉线路，低压线误设在高压线上面。用电设备进出线未包扎好裸露在外；人触及不合格的临时线等等。

（4）维修管理不善。大风刮断低压线路和刮倒电杆后，未及时处理；胶盖刀闸胶木盖破损长期不修理；瓷瓶破裂后火线与拉线长期相碰；水泵电动机接线破损使外壳长期带电等。

（5）偶然因素。大风刮断电力线路触到人体等。

（二）触电事故规律

触电事故往往发生得很突然，且经常在极短的时间内造成严重的后果，死亡率较高。触电事故有一些规律，掌握这些规律对于安全检查和实施安全技术措施以及安排其他的电气安全工作有很大意义。

触电事故的发生，情况是复杂的，不是一成不变的，应当在实践中不断分析和总结触电事故的规律，为做好电气安全工作提供可靠的标准。

（1）触电事故有明显的季节性。据统计资料，一年之中第二、三季度事故较多，6～9月的事故最集中。主要原因是，夏秋天气潮湿、多雨，降低了电气设备的绝缘性能；人体多汗，人体电阻降低，易导电；天气炎热，工作人员多不穿工作服和戴绝缘护具，触电危险性增大；正值农忙季节，农村用电量增加，触电事故增加。

（2）低压触电多于高压触电。国内外统计资料表明，低压触电事故所占触电事故比例要大于高压触电事故。主要原因是低压设备多，低压电网广，与人接触机会多；设备简陋，管理不严，思想麻痹；群众缺乏电气安全知识。但是，这与专业电工的触电事故比例相反，即专业电工的高压触电事故比低压触电事故多。

（3）触电事故因地域不同而不同。据统计，农村触电事故多于城市，主要原因是农村用电设备因陋就简，技术水平低，管理不严，电气安全知识缺乏。

（4）触电事故"因人而异"。中青年工人、非专业电工、临时工等触电事故多。主要原因是，一方面这些人多是主要操作者，接触电气设备的机会多；另一方面多数操作者不谨慎，责任心还不强，经验不足，电气安全知识比较欠缺等。

（5）触电事故多发生在电气连接部位。统计资料表明，电气事故点多数发生在接线端、压接头、焊接头、电线接头、电缆头、灯头、插头、插座、控制器、接触器、熔断器等分支线、接户线处。主要原因是，这些连接部位机械牢固性较差、接触电阻较大、绝缘强度较低以及可能发生化学反应等。

（6）触电事故因行业性质不同而不同。冶金、矿山、建筑、机械等行业由于存在潮湿、高温、现场混乱、移动式设备和携带式设备多或现场金属设备多等不利因素，因此，触电事故较多。

（7）携带式设备和移动式设备触电事故多。主要原因是，这些设备需要经常移动，工作条件差，在设备和电源处容易发生故障或损坏，而且经常在人的紧握之下工作，一旦触电就难以摆脱电源。

（8）违章作业和误操作引起的触电事故多。主要原因是安全教育不够、安全规章制度不严和安全措施不完备、操作者素质不高造成的。

三、电气火灾的特点及原因分析

随着我国经济的迅速发展和用电量的逐年增长，我国因电气设备所引起的火灾（以下简称电气火灾）呈明显上升趋势，尤其是近年来易燃易爆场所电气火灾事故（爆炸）频繁发生，使国家财产和人民生命造成重大损失。有关统计显示，因用电不慎引发的火灾占火灾总数的50%以上。如何加强电气火灾的防范，严控电气火灾的发生也就日趋重要。

（一）电气火灾的特点

（1）地域特点。经济发展快的省份和沿海地区的电气火灾损失明显高于其他省份和地区。

（2）行业特点。商业、交通运输业、社会服务业等第三产业电气发生起数多，损失大。从近年的火灾统计来看，商业、交通运输业、社会服务业的电气火灾起数和损失在各行业中较为突出，尤其是商贸、集市、餐饮、娱乐、宾馆等行业的重、特大电气火灾的发生呈上升趋势。

（3）季节特点。综合分析近十年的电气火灾统计可以看出，冬季是电气火灾发生起数最多的季节，火灾起数高于其他季节，其余三季差距不大。

（4）时段特点。电气火灾发生频率24小时内分布有明显的规律性。日电气火灾发生频率存在三个高峰，第一个高峰为0～3时，第二个高峰为10～13时，第三个高峰为18～21时。重、特大电气火灾的日分布也基本符合以上规律。

（二）电气火灾原因分析

分析电气火灾产生的原因，目的是提醒大家对电气火灾事故引起高度重视，在电气选型、使用、安全管理等方面进行科学控制，增强操作人员技术素质和安全意识，让电气火灾尽量远离生产和生活，避免悲剧的发生。现将引起电气设备火灾的主要原因归纳如下：

1. 短路

以下原因均有可能导致电气线路短路：①没有按具体环境选用绝缘导线、电缆，使导线的绝缘受高温、潮湿、腐蚀等作用的影响而失去绝缘能力；②线路年久失修，绝缘层陈旧老化或受损，使线芯裸露；③电线过电压使导线绝缘被击穿；④用金属线捆扎绝缘导线或把绝缘导线挂在钉子上，日久磨损和生锈腐蚀，使绝缘遭到破坏；裸导线安装太低，搬运金属物件时不慎碰撞电线或小动物跨接；架空线路电线间距太小，档距过大，电线松弛，有可能发生两线碰撞；管理不当，维护不善造成短路。

2. 过负荷

引起线路过负荷通常有三种情况：①导线截面选用过小；②在线路中接入过多的负载；③用电设备功率过大。

3. 接触电阻热

发生接触电阻热的原因有：①导线与导线或导线与电气设备的接触点连接不牢，连接点由于热作用或长期震动造成接触点松动；②铜铝导线相连，接头没有处理好；③在连接点中有杂质如氧化层、油脂、泥土等。

4. 电火花和电弧

以下情况均有可能产生电火花或电弧：①绝缘导线漏电处、导线断裂处、短路点、接地点及导线连接松动均会有电火花、电弧产生；②各种开关在接通或切断电路时，动、静触头（电压不小于10～20V）在即将接触或者即将分开时就会在间隙内产生放电现象。如果电流小，就会发生火花放电。如果电流大于80～100MA，就会发生弧光放电，也就是电弧；③架空的裸导线混线、相碰或在风雨中短路时，会发生放电而产生电火花、电弧；④大负荷导线连接处松动，在松动处会产生电弧和电火花。

5. 电气照明灯具

使用电气照明灯具同样可能引发火灾：①照明灯具工作时，灯泡、灯管、灯座等温度较高，能引燃附近可燃物质，造成火灾；②照明灯具的灯管破碎产生电火花引燃周围可燃物质，形成火灾；③照明线路短路、过负荷、接触电阻过大等产生火花、电弧或过热引起火灾。

四、电气事故的防范技术

（一）开关电器的安全使用

开关电器是接通和断开线路的一种电器，它主要用来启动和停止用电设备（多数是电动机）、闸刀开关、自动空气开关等，都属于这类开关电器。启动大型设备的电动机，要按操作规程进行操作，防止启动时过载而引起跳闸；开动一般设备的电动机，不要用力过猛（尤其是按钮式开关）或者用锤、杆敲击来代替手动，以免损坏电器开关。

当电动机运行时出现异常情况，如启动电动机时有嗡嗡声但不转动；或电动机出现强烈震动和音响，电动机发生绝缘烧焦气味，冒烟火等，操作人员应迅速将电源切断，及时通知电工修理。

（二）照明装置的安全要求

照明装置，包括白炽灯、日光灯、新型电光源（例如碘钨灯、荧光高压汞灯等）、开关、插座、挂线盒及附件，安装必须安全可靠，完整无损。具体地讲，装置灯具、开关、插座等应适合环境的需要，如在特别潮湿、有腐蚀性和多灰尘场所，应采用防水（防潮）、防尘型灯具、开关，室外装置应用密闭开关，在爆炸危险场所，应用防爆照明装置。

白炽灯灯泡的功率不同，其表面温度亦不同，功率越大，表面温度越高，因而，不能将白炽灯接近可燃物。如：100W 灯泡紧贴棉被 13 分钟，温度就可达到 360～367℃即可起火燃烧。

（三）移动电具的安全使用

移动电具是指能便于携带的电具，如各种手电钻、手提电砂轮、电风扇、移动式风机、移动式电动切割机、振荡器、行灯、电焊机、电烙铁、电刨等等。

依据有关规定，使用移动电具的安全要求是：

（1）使用电钻必须戴绝缘手套，穿绝缘靴或站在绝缘垫子上，使用前还应用验电笔检查电钻有无漏电。调换钻头时，应将插头拔出。如发现电钻过热或有麻电感，应立即切断电源进行检查，测量绝缘。

（2）低压行灯。低压行灯应有绝缘手柄和金属防护罩。使用时，行灯变压器不能放在锅炉、加热器、水箱等金属容器内和特别潮湿的地方。变压器引线长度不得超过2米，其截面不小于 1 平方毫米。严禁将 220 伏普通电灯作为手提照明灯，或随便拖来拖去使用，也不能用螺口灯泡。在防爆车间，应使用防爆型低压行灯。

（3）移动电具的引线及插头。移动电具的引线插头应完整无损，引线应采用三芯坚韧橡皮包线或塑料护套软线。引线中间不能有接头，电具的金属外壳应该可靠接地。引线两头不能装插头，禁止直接将线头插入插座内使用。

（4）移动台风扇。搬动台风扇时，应先拔去电源插头。风扇的引线不要拖在地上，引线也不宜过长。雨天户外使用风扇时，应用遮雨设施。

（5）使用旋转设备。使用旋转设备（如手提砂轮机等）时，要注意运行方向，人应站在侧面。

（6）操作电气设备。使用电炉、电烙铁、电热棒等加热设备时，人员不能离开，工作完毕后应切断电源，拔出插头。电灯、日光灯不用时应该关闭。

（7）使用临时用电装置。需要使用临时用电装置的，必须办理临时用电申请手续，经同意后方可装设，不能私自安装。临时线路装置使用期限一般为三个月，应指定电工装、拆、检查和管理。爆炸危险场所则不准使用临时用电装置。

（四）建筑行业用电安全常识

①施工现场临时照明必须由指定的现场持安全操作证的电工按有关规定安装，限期拆除，严禁其他人员擅自接装。

②现场的照明一律采用软质橡皮护套线并有漏电开关保护。

③移动式碘钨灯（俗称小太阳）的金属支架应用可靠的接地（接零）保护和漏电开关保护；灯具距地不低于 2.5 米。

④各类施工机械的电器装置实行专人负责制，必须按规程要求定期检查，确定运行正常。

⑤未经有关部门检查的电气设备，不准擅自使用。

⑥所有电器设备的金属外壳以及电气设备连接的金属构架等，必须采取有效的接地或接零保护。

⑦各种熔断的熔体必须严格按规定合理选用，各级熔体相互匹配。熔体应采用合格的铅合金熔丝，严禁用铁丝、铝丝等非专用熔丝代替。

⑧各级配电箱应明确专人负责，做好检查维修和清洁整理工作。箱内保持整洁，不准放任何东西，箱周围应保持通道的畅通。

⑨同一供电系统中，严禁将一部分电器设备接地，而另一部分电气设备接零。

第三节　火灾及爆炸事故防范技术

一、火灾与爆炸基本知识

（一）燃烧与火灾

燃烧是指可燃物与氧化剂作用发生的放热反应，一般伴有火焰、发光和发烟现象。

1. 燃烧的必要条件

物质燃烧过程的发生和发展，必须具有以下三个必要条件，即：可燃物、氧化剂和温度（点火源）。只有这三个条件同时具备，才可能发生燃烧现象，无论缺少哪一个条件，燃烧都不能发生。

但是，并不是上述三个条件同时存在，就一定会发生燃烧现象，还必须这三个因素相互作用才能发生燃烧。

（1）可燃物。凡是能与空气中的氧或其他氧化剂起燃烧化学反应的物质称为可燃物。可燃物按其物理状态分为气体可燃物、液体可燃物和固体可燃物三种类别。可燃烧物质大多是含碳和氢的化合物，某些金属如镁、铝等在某些条件下也可以燃烧，还有许多物质如肼、臭氧等在高温下可以通过自己的分解而放出光和热。

（2）氧化剂。帮助和支持可燃物燃烧的物质，即能与可燃物发生氧化反应的物质称为氧化剂。燃烧过程中的氧化剂主要是空气中游离的氧，此外如氟、氯等也可以作为燃烧反应的氧化剂。

（3）温度（点火源）。是指供给可燃物与氧或助燃剂发生燃烧反应能量来源。常见的是热能，其他还有化学能、电能、机械能等转变的热能。

（4）链式反应。有焰燃烧都存在链式反应。当某种可燃物受热，它不仅会汽化，而且该可燃物的分子会发生热裂解作用从而产生自由基。自由基是一种高度活泼的化学形态，能与其他的自由基和分子反应，使之燃烧持续进行下去，这就是燃烧的链式反应。

2. 燃烧的充分条件：

①一定的可燃物浓度。

②一定的氧气含量。

③一定的点火能量。

④未受抑制的链式反应。汽油的最小点火能量为 0.2mJ，乙醚为 0.19mJ，甲醇为 0.215mJ。对于无焰燃烧，前三个条件同时存在，相互作用，燃烧即会发生。而对于有焰燃烧，除以上三个条件，燃烧过程中存在未受抑制的游离基（自由基），形成链式反

应，使燃烧能够持续下去，也是燃烧的充分条件之一。

（二）火灾的定义及分类

火灾的定义是：在时间和空间上失去控制的燃烧所造成的灾害。火灾分为 A、B、C、D 四类。A 类火灾指固体物质火灾。如木材、棉、毛、麻、纸张火灾；B 类火灾指液体火灾和可熔化的固体物质火灾。如汽油、煤油、原油、甲醇、乙醇、沥青、石蜡火灾；C 类火灾指气体火灾。如煤气、天然气、甲烷、乙烷、丙烷、氢等引起的火灾 D 类火灾指金属火灾。如钾、钠、镁、钛、锆、锂、铝镁合金火灾等。

（三）热传播的途径和火灾蔓延的途径

火灾的发生、发展就是一个火灾发展蔓延、能量传播的过程。热传播是影响火灾发展的决定性因素。热量传播有以下三种路径：热传导、热对流和热辐射。

①热传导，是指热量通过直接接触的物体，从温度较高部位传递到温度较低部位的过程。影响热传导的主要因素是温差、导热系数和导热物体的厚度和截面积。导热系数愈大、厚度愈小、传导的热量愈多。

②热对流，是指热量通过流动介质，由空间的一处传播到另一处的现象。火场中通风孔洞面积愈大，热对流的速度愈快；通风孔洞所处位置愈高，热对流速度愈快。热对流是热传播的重要方式，是影响初期火灾发展的最主要因素。

③热辐射，是指以电磁波形式传递热量的现象。当火灾处于发展阶段时，热辐射成为热传播的主要形式。火灾在建筑物之间和建筑物内部的主要蔓延途径有建筑物的外窗、洞口；突出于建筑物防火结构的可燃构件；建筑物内的门窗洞口，各种管道沟和管道井，开口部位；未作防火分隔的大空间结构，未封闭的楼梯间；各种穿越隔墙或防火墙的金属构件和金属管道；未作防火处理的通风、空调管道等。

（四）燃烧的特殊形式爆炸

1. 爆炸的概念

爆炸是指由于物质急剧氧化或分解反应，使温度、压力急剧增加或使两者同时急剧增加的现象。爆炸可分为：物理爆炸、化学爆炸和核爆炸。

①物理爆炸：由于液体变成蒸气或者气体迅速膨胀，压力急速增加，并大大超过容器的极限压力而发生的爆炸。比如蒸气锅炉、液化气钢瓶等的爆炸。

②化学爆炸：因物质本身起化学反应，产生大量气体和高温而发生的爆炸。如炸药的爆炸，可燃气体、液体蒸气和粉尘与空气混合物的爆炸等。化学爆炸是消防工作中防止爆炸的重点。

2. 爆炸极限

爆炸极限是指可燃气体、蒸气或粉尘与空气混合后，遇火产生爆炸的最高或最低浓度。通常以体积百分数表示。可燃气体、蒸气或粉尘与空气组成的混合物，可以使火焰传播的最低浓度称为该气体或蒸气的爆炸下限，也称燃烧下限。可燃气体、蒸气或粉尘与空气组成的混合物，能使火焰传播的最高浓度称为该气体或蒸气的爆炸上限，亦称燃烧上限。

3. 影响爆炸极限的因素

①爆炸极限值受各种因素变化的影响，主要有：初始温度、初始压力、惰性介质及杂质、混合物中氧含量、点火源等。

②初始温度高，爆炸极限范围大；初始压力高，爆炸极限范围大；混合物中加入惰性气体，爆炸极限范围缩小，特别对爆炸上限的影响更大。混合物含氧量增加，爆炸下限降低，爆炸上限上升。

4. 粉尘爆炸的特点

（1）粉尘爆炸的条件

①粉尘本身必须是可燃性的；②粉尘必须有相当大的比表面积；③粉尘必须悬浮在空气中，与空气混合形成爆炸极限范围内的混合物；④有足够的点火能量。

（2）影响粉尘爆炸的因素

①颗粒的尺寸；②粉尘浓度；③空气的含水量；④含氧量可燃气体含量。颗粒越小其比表面积越大，氧吸附也越多，在空气中悬浮时间越长，爆炸危险性越大。空气中含水量越高、粉尘越小、引爆能量越高。随着含氧量的增加，爆炸浓度范围扩大。有粉尘的环境中存在可燃性气体时，会极大增加粉尘爆炸的危险性。

（3）粉尘爆炸特点

①多次爆炸是粉尘爆炸的最大特点；②粉尘爆炸所需的最小点火能量较高，一般在几十毫焦耳以上；③与可燃性气体爆炸相比，粉尘爆炸压力上升较缓慢，较高压力持续时间长，释放的能量大，破坏力强。

二、建筑设施防火设计要求

（一）建筑物的耐火等级

1. 建筑物耐火等级的划分

划分建筑物的耐火等级，是以组成建筑物的建筑构件的燃烧性能和耐火极限作为依据。组成建筑物的建筑构件很多，划分建筑物耐火等级应选择其中一类作基准，考虑到建筑物的楼板（地板）是建筑物中人们从事生产、工作、学习和生活及一切社交活动的主要场所，可以选择楼板的耐火极限为基准，也就是首先确定各耐火等级建筑物中楼板的耐火极限，然后将其他建筑构件与楼板相比较，在建筑结构中所占的地位比楼板重要者，其耐火极限应高于楼板；比楼板次要者，其耐火极限可适当降低。

楼板的耐火极限是根据我国火灾情况和建筑特点确定的。由于我国大部分火灾的延续时间为 1.0 ~ 2.0 小时，同时，目前建筑物所采用的钢筋混凝土空心楼板，其钢筋保护层厚度约为 1.0mm 经试验其耐火极限一般大于 1.0 小时；现浇钢筋混凝土整体式梁板的耐火极限在 1.5 小时以上。因此，将一级耐火等级建筑物楼板的耐火极限定为 1.5 小时以上；二级耐火等级建筑物楼板的耐火极限定为 1.0 小时以上；三级耐火等级建筑物楼板的耐火极限定为 0.5 小时以上；四级耐火等级建筑物楼板的耐火极限定为 0.25 小时以上。其他建筑构件的耐火极限，如在二级耐火等级建筑物中，支撑楼板的梁比楼板重要，其耐火极限应比楼板高，定为 1.5 小时；柱和墙承受梁的重量，更为重要，其耐火极限定为 2.0 ~ 2.5 小时，剩下的依此类推。一、二、三、四级耐火等级建筑物对主要构件的燃烧性能和耐火极限的要求，《建筑设计防火规范》（简称《建规》）中都有详细的说明。

2. 各耐火等级建筑物的主要特点

从组成各耐火等级建筑物的建筑构件的燃烧性能和耐火极限可以看出，一级耐火等级建筑物防火性能最好，四级耐火等级建筑物防火性能最差。各耐火等级建筑物的主要特点如下：

（1）一级耐火等级建筑物的主要组成构件全部为不燃烧体。楼板的耐火极限为 1.5 小时，吊顶耐火极限为 0.25 小时。

（2）二级耐火等级建筑物的主要组成构件，除吊顶外，其余都是不燃烧体。楼板的耐火极限为 1.0 小时，吊顶为难燃烧体，耐火极限为 0.25 小时。

（3）三级耐火等级建筑物的主要组成构件中屋顶承重构件为燃烧体，隔墙、吊顶为难燃烧体。楼板的耐火极限为 0.5 小时，吊顶为 0.15 小时。

（4）四级耐火等级建筑物的主要组成构件中，除防火墙为不燃烧体，其余都为难燃烧体或燃烧体，尤其是支撑单层的柱还是燃烧体。楼板的耐火极限为 0.25 小时，吊顶的耐火极限不限。

3. 厂房（仓库）的耐火等级与构件的耐火极限

厂房（仓库）的耐火等级可分为一、二、三、四级，其构件的燃烧性能及耐火极限除《建规》另有规定者外，不应低于表 4-1 的规定。

表 4-1　厂房（仓库）建筑构件的燃烧性能和耐火极限　单位：h

构件名称		耐火等级			
	一级	二级	三级	四级	
墙	防火墙	不燃烧体 3.00	不燃烧体 3.00	不燃烧体 3.00	不燃烧体 3.00
	承重墙	不燃烧体 3.00	不燃烧体 2.50	不燃烧体 2.00	难燃烧体 0.50
	楼梯间和电梯井的墙	不燃烧体 2.00	不燃烧体 2.00	不燃烧体 1.50	难燃烧体 0.50
	疏散走道两侧的隔墙	不燃烧体 1.00	不燃烧体 1.00	不燃烧体 0.50	难燃烧体 0.25
	非承重外墙	不燃烧体 0.75	不燃烧体 0.50	难燃烧体 0.50	难燃烧体 0.25
	房间隔墙	不燃烧体 0.75	不燃烧体 0.50	难燃烧体 0.50	难燃烧体 0.25
柱		不燃烧体 3.00	不燃烧体 2.50	不燃烧体 2.00	不燃烧体 2.00

续表

构建名称	耐火等级			
一级	二级	三级	四级	
架	不燃烧体 2.00	不燃烧体 1.50	不燃烧体 1.00	不燃烧体 1.00
楼板	不燃烧体 1.50	不燃烧体 1.00	不燃烧体 0.75	不燃烧体 0.75
屋顶承重构件	不燃烧体 1.50	不燃烧体 1.00	难燃烧体 0.50	难燃烧体 0.50
疏散楼梯	不燃烧体 1.50	不燃烧体 1.00	不燃烧体 0.75	不燃烧体 0.75
吊顶（包括吊顶搁栅）	不燃烧体 0.25	难燃烧体 0.25	难燃烧体 0.15	难燃烧体 0.15

注：①二级耐火等级建筑的吊顶采用不燃烧体时，其耐火极限不限；

②甲、乙类厂房和甲、乙、丙类仓库的防火墙，其耐火极限应该按本规范表的规定提高 1.00h。

（二）建筑布局防火设计

工厂、仓库的平面布置，要根据建筑的火灾危险性、地形、周围环境以及长年主导风向等，进行合理布置，通常应满足以下要求：

（1）规模较大的工厂、仓库，要根据实际需要，合理划分生产区、储存区（包括露天储存区）、生产辅助设施区和行政办公、生活福利区等。

（2）同一生产企业，若有火灾危险性大和火灾危险性小的生产建筑，则应尽量将火灾危险性相同或相近的建筑集中布置，以利于采取防火防爆措施，便于安全管理。

（3）注意环境。在选择工厂、仓库地址时，既要考虑本单位的安全，又要考虑邻近地区的企业的居民安全。易燃、易爆工厂及仓库，应用实体围墙与外界隔开。

（4）地势条件。甲、乙、丙类液体仓库，宜布置在地势较低的地方，以免对周围环境造成火灾威胁；如果其必须布置在地势较高处，则应实行一定的防火措施（如设置截挡全部流散液体的防火堤）。

乙炔站等遇水产生可燃气体，会发生火灾爆炸的工业企业，严禁布置在易被水淹没的地方。对于爆炸物品仓库，宜优先利用地形，如选择多面环山，附近没有建筑物的地方，以减少爆炸时的危害。

（5）注意风向。散发可燃气体、可燃蒸气和可燃粉尘的车间、装置等，应布置在厂区的全年主导风向的下风或侧风向。

（6）物质接触能引起燃烧、爆炸的，两建筑物或露天生产装置应分开布置，并应保持足够的安全距离。

如氧气站空分设备的吸风口，应位于乙炔站和电石渣堆或散发其他碳氢化合物的部位全年主导风向的上风向，且两者必须不小于 100 ~ 300 米的距离，如制氧流程内设有分子筛吸附净化装置时，可减少到 50 米。

（7）为解决两个不同单位合理留出空地问题，厂区或库区围墙与厂（库）区内建筑物的距离不宜小于 5 米，并应满足围墙两侧建筑物之间的防火间距要求。液氧储罐周围 5 米范围内不应有可燃物和设置沥青路面。

（8）变电所、配电所不应设在有爆炸危险的甲、乙类厂房内或毗邻建造。乙类厂房的配电所必须在防火墙上开窗时，应设不燃烧体密封固定窗。

（9）甲、乙类生产厂房和甲、乙类物品库房不应设在建筑物的地下或者半地下室内。

（10）厂房内设置甲、乙类物品的中间库房时，其储量不宜超过一昼夜的需要量。中间仓库应靠外墙布置，并应采用耐火极限不低于 3 小时的不燃烧体墙和 1.5 小时的不燃烧体楼板与其他部分隔开。

（11）有爆炸危险的甲、乙类厂房内不应设置办公室、休息室。如必须毗邻本厂房设置时，应采用一、二级耐火等级建筑，并应采用耐火极限不低于 3 小时的不燃烧体防火墙隔开和设置直通室外或疏散楼梯的安全出口。

（12）有爆炸危险的甲、乙类厂房总控制室应独立设置；其分控制室可毗邻外墙设置，并应用耐火极限不低于 3 小时的不燃烧体墙与其他部分隔开。

（13）有爆炸危险的甲、乙类生产部门，宜设在单层厂房靠外墙或多层厂房的最上一层靠外墙处。有爆炸危险的设备应尽量避开厂房的梁、柱等承重构件布置。

（三）防火间距

为防止建筑物间的火势蔓延，各幢建筑物之间留出一定的安全距离是非常必要的。这样能够减少辐射热的影响，避免相邻建筑物被烤燃，并可提供疏散人员和灭火战斗的必要场地。防火间距是两栋建（构）筑物之间，保持适应火灾扑救、人员安全疏散和降低火灾时热辐射等的必要间距。

1. 影响防火间距的因素

（1）辐射热是影响防火间距的主要因素，辐射热的传导作用范围较大，在火场上火焰温度越高，辐射热强度越大，引燃一定距离内的可燃物时间也越短。辐射热伴随着热对流和飞火则更危险。

（2）热对流是火场冷热空气对流形成的热气流，热气流冲出窗口，火焰向上升腾而扩大火势蔓延。由于热气流离开窗口后迅速降温，因此热对流对邻近建筑物来说影响较小。

（3）建筑物外墙开口面积越大，火灾时在可燃物的质和量相同的条件下，由于通风好、燃烧快、火焰强度高、辐射热强，相邻建筑物接受辐射热也较多，容易引起火灾蔓延。

（4）建筑物内可燃物的性质、数量和种类不同，火焰温度也不同。可燃物的数量与发热量成正比，和辐射热强度也有一定关系。

（5）风的作用能加强可燃物的燃烧并促使火灾加快蔓延。

（6）相邻两栋建筑物，若较低的建筑着火，尤其当火灾时它的屋顶结构倒塌，火焰穿出时，对相邻的较高的建筑危险很大，因较低建筑物对较高建筑物的辐射角在 30° 至 45° 之间时，根据测定辐射热强度最大。

（7）如果建筑物内火灾自动报警和自动灭火设备完整，不但能有效地防止和减少建筑物本身的火灾损失，而且还能减少对相邻建筑物蔓延的可能。

（8）火场中的火灾温度，随燃烧时间有所增长。火灾延续时间越长，辐射热强度也会有所增加，对相邻建筑物的蔓延可能性加大。

2. 确定防火间距的基本原则

影响防火间距的因素很多，在实际工程中不可能都考虑。除了考虑建筑物的耐火等级、建（构）筑物的使用性质、生产或储存物品的火灾危险性等因素外，还考虑到消防人员能够及时到达并迅速扑救这一因素。通常根据下述情况确定防火间距：

（1）考虑热辐射的作用

火灾资料表明，一、二级耐火等级的低层民用建筑，保持 7 ~ 10 米的防火间距，在有消防队进行扑救的情况下，一般不会蔓延到相邻的建筑物。

（2）考虑灭火作战的实际需要

建筑物的建筑高度不同，需使用的消防车也不同。对低层建筑，普通消防车即可；而对高层建筑，则还要使用曲臂、云梯等登高消防车。为此，考虑登高消防车操作场地的要求，也是确定防火间距的因素之一。

（3）考虑节约用地

在进行总平面规划时，既要满足防火要求，又要考虑节约用地。在有消防扑救的条件下，能够阻断火灾向相邻建筑物蔓延为原则。

3. 防火间距不足时应采取的措施

防火间距由于场地等原因，难以满足国家有关消防技术规范的要求时，可根据建筑物的实际情况，采取以下措施：

①改变建筑物内的生产和使用性质，尽量降低建筑物的火灾危险性。改变房屋部分结构的耐火性能，提高建筑物的耐火等级。

②调整生产厂房的部分工艺流程，限制库房内储存物品的数量，提高部分构件的耐火性能和燃烧性能。

③将建筑物的普通外墙改造为实体防火墙。建筑物的山墙对建筑物的通风、采光影响小，设置的窗户少，可将山墙改为实体防火墙。

④拆除部分耐火等级低、占地面积小、适用性不强且与新建筑物相邻的原有陈旧建筑物。

⑤设置独立的室外防火墙等。

4. 工业建筑物的防火间距

①甲类厂房与人员密集场所的防火间距不应小于 50m，和明火或散发火花地点的防火间距不应小于 30m。

②甲库仓库与高层民用建筑和设置人员密集场所的民用建筑的防火间距不应小于 50m，甲类仓库之间的防火间距不应小于 20m。

③除乙类第 5 项、第 6 项物品仓库外，乙类仓库与高层民用建筑和设置人员密集场所的其他民用建筑的防火间距不应小于 50m。

（四）疏散楼梯和楼梯间

作为竖向疏散通道的室内、外楼梯，是建筑物中的主要垂直交通枢纽，是安全疏散的重要通道。楼梯间防火和疏散能力的大小，直接影响着人员的生命安全与消防队员的救灾工作。因此，建筑防火设计，应根据建筑物的使用性质、高度、层数，正确运用规范，选择符合防火要求的疏散楼梯，为安全疏散创造有利条件。按照防火要求可将楼梯间分为敞开楼梯间、封闭楼梯间、防烟楼梯间和室外辅助疏散楼梯四种形式。

1. 敞开楼梯间

敞开楼梯间是指建筑物内由墙体等围护构件构成的无封闭防烟功能，且与其他使用空间相通的楼梯间。敞开楼梯间在低层建筑中广泛运用。由于楼梯间与走道之间无任何防火分隔措施，所以一旦发生火灾就会成为烟火蔓延的通道，因而，在高层建筑和地下建筑中不应采用。除《高层民用建筑设计防火规范》《建筑设计防火规范》规定应设封闭楼梯间、防烟楼梯间的建筑外，其余一般建筑均可采用敞开楼梯间。

敞开楼梯间除应满足疏散楼梯的一般要求外，还应符合下列要求：

（1）房间门至最近的楼梯间的距离应满足安全疏散距离的要求。

（2）楼梯间在底层处应设直接对外的出口。当一般建筑层数不超过四层时，可将对外出口设置在离楼梯间不超过15m处。

（3）公共建筑的疏散楼梯两梯段之间的水平净距不宜小于150mm。

（4）除公共走道外，其他房间的门窗不应开向楼梯间。

2. 封闭楼梯间

封闭楼梯间是指用耐火建筑构件分隔，可以防止烟和热气进入的楼梯间。高层民用建筑和高层工业建筑中封闭楼梯间的门应为向疏散方向开启的乙级防火门。

一般应设封闭楼梯间的建筑物有：

（1）建筑高度不超过24m的医院、疗养院的病房楼和设有空气调节系统的多层旅馆及超过5层的其他公共建筑的室内疏散楼梯（包括底层扩大封闭楼梯间）。

（2）建筑高度不超过32m的高层工业建筑（厂房、库房）。

（3）甲、乙、丙类生产厂房。

（4）建筑高度不超过32m的二类高层民用建筑（单元式住宅除外）。

（5）12层至18层的单元式住宅。11层及11层以下的可不设封闭楼梯间，但开向楼梯间的门应为乙级防火门，且楼梯间应靠外墙，并宜直接天然采光和自然通风。

（6）11层及11层以下的通廊式住宅。

（7）高层建筑的裙房。

（8）汽车库、修车库的室内疏散楼梯。

（9）人防工程地下为两层，且地下第二层的地平与室外出入口地面高差不大于10m时的电影院、礼堂；建筑面积大于500m²的医院、旅馆，建筑面积大于1000m²的商场、餐厅、展览厅，公共娱乐场所、小型体育场所等。

对封闭楼梯间的设置要求：

①楼梯间应靠外墙，并能直接天然采光和自然通风，不能直接天然采光和自然通风时，应按防烟楼梯间规定设置。

②高层建筑封闭楼梯间的门应为乙级防火门，并且向疏散方向开启。

③楼梯间的首层紧接主要出口时，可将走道和门厅等包括在楼梯间内形成扩大的封闭楼梯间，但应采用乙级防火门等防火措施与其他走道和房间隔开。

3.防烟楼梯间

防烟楼梯间是指具有防烟前室和防排烟设施并与建筑物内使用空间分隔的楼梯间。其方式一般有带封闭前室或合用前室的防烟楼梯间，用阳台作前室的防烟楼梯间，用凹廊作前室的防烟楼梯间等。

一般应设防烟楼梯间的建筑物有：

（1）一类高层民用建筑。

（2）除单元式和通廊式住宅外的建筑高度超过 32m 的二类高层民用建筑。

（3）塔式高层住宅。

（4）19 层及 19 层以上的单元式住宅。

（5）超过 11 层的通廊式住宅。

（6）建筑高度超过 32m 且每层人数超过 10 人的高层厂房。

（7）建筑高度超过 32m 的高层停车库的室内疏散楼梯。

（8）人防工程当底层室内地平与室外出入口地面高差大于 10m 的电影院、礼堂；建筑面积大于 500m^2 的医院、旅馆；建筑面积大于 1000m^2 的商场、餐厅、层览厅、公共娱乐场所、小型体育场所等。

防烟楼梯间的设置要求：

（1）楼梯间入口处应设前室、阳台或者凹廊。

（2）前室的面积，对公共建筑不应小于 6m^2，与消防电梯合用的前室不应小于 10m^2；对于居住建筑不应小于 4.5m^2，与消防电梯合用前室的面积不应小于 6m^2；对于人防工程不应小于 10m^2。

（3）前室和楼梯间的门均应为乙级防火门，并应向疏散方向开启。

4.室外疏散楼梯

室外疏散楼梯是指用耐火结构与建筑物分隔，设在墙外的楼梯。

室外疏散楼梯主要用于应急疏散，可作为辅助防烟楼梯使用。

室外疏散楼梯的设置要求：

（1）楼梯及每层出口平台应用不燃烧材料制作。平台的耐火极限不应低于 1h。

（2）在楼梯周围 2m 范围内的墙上，除疏散门外，不应开设其他门窗洞口。疏散门应使用乙级防火门，且不应正对梯段。

（3）楼梯的最小净宽不应小于 0.9m，倾斜角一般不宜大于 45°，栏杆扶手高度不应小于 1.1m。

（五）安全出口

所谓安全出口是指供人员安全疏散用的房间的门、楼梯或者直通室外地平面的门。为了在发生火灾时，能够迅速安全地疏散人员和抢救物资，减少人员伤亡、降低火灾损失，在建筑防火设计时，除按要求设置疏散走道、疏散楼梯外，必须设置足够数量的安全出口。安全出口应分散布置，且易于寻找，并应有明显标志。

1. 厂房、库房安全出口数量要求

（1）厂房安全出口的数目不应少于 2 个。然而符合下列要求的可设 1 个：

①甲类厂房，每层建筑面积不超过 $100m^2$，且同一时间的生产人数不超过 5 人；

②乙类厂房，每层建筑面积不超过 $150m^2$，且同一时间的生产人数不超过 10 人；

③丙类厂房，每层建筑面积不超过 $250m^2$，且同一时间的生产人数不超过 20 人；

④丁、戊类厂房，每层建筑面积不超过 $400m^2$，且同一时间的生产人数不超过 30 人。

（2）厂房的地下室、半地下室的安全出口的数目不应少于 2 个但使用面积不超过 $50m^2$，且人数不超过 15 人时可设 1 个。

（3）地下室、半地下室如用防火墙隔成几个防火分区时，每个防火分区可利用防火墙上通向相邻分区的防火门作为第二安全出口，但每个防火分区必须有一个直通室外的安全出口。

（4）库房或每个隔间（冷库除外）的安全出口数目不宜少于两个。但一座多层库房的占地面积不超过 $300m^2$ 时，可设一个疏散楼梯，面积不超过 $100m^2$ 的防火隔间，可设置 1 扇门。

（5）库房（冷库除外）的地下室、半地下室的安全出口不应少于两个，但面积不超过 $100m^2$ 时可设 1 个。

2. 安全出口设置要求

（1）疏散用的应急照明，其地面最低照度不应低于 0.5LX。

（2）消防控制室、消防水泵房、防烟排烟机房、配电室和自备发电机房、电话总机房以及发生火灾时仍需坚持工作的其他房间的应急照明，应保证正常照明的照度。

（3）疏散应急照明灯宜设在墙面上或顶棚上，走道疏散标志灯的间距不应大于 20m。

（4）应急照明灯和灯光疏散指示标志应设玻璃或其他不燃烧材料制作的保护罩。

（5）应急照明和疏散指示标志，可采用蓄电池作备用电源，且连续供电时间不应少于 20min；高度超过 100m 的高层建筑连续供电时间不应少于 30min。

（六）防火门

防火门是指在一定时间内，连同框架能满足耐火稳定性、完整性和隔热性要求的门。它是设置在防火分区间、疏散楼梯间、垂直竖井等并且具有一定耐火性能的防火分隔物。防火门除具有普通门的作用外，更重要的是还具有阻止火势蔓延和烟气扩散的特殊功能。它能在一定时间内阻止或延缓火灾蔓延，确保人员安全疏散。

1. 防火门的耐火极限和适用范围

（1）甲级防火门。耐火极限不低于 1.2h 的门为甲级防火门。甲级防火门主要安装于防火分区间的防火墙上。建筑物内附设一些特殊房间的门也为甲级防火门，比如燃油气锅炉房、变压器室、中间储油等。

（2）乙级防火门。耐火极限不低于 0.9h 的门为乙级防火门。防烟楼梯间和通向前室的门，高层建筑封闭楼梯间的门以及消防电梯前室或合用前室的门均应采用乙级防火门。

（3）丙级防火门。耐火极限不低于 0.6h 的门为丙级防火门。建筑物中管道井、电缆井等竖向井道的检查门和高层民用建筑中垃圾道前室的门均应采用丙级防火门。

2. 防火门的检查

防火门除具有可靠的耐火性能和合理的适用场所外，检查防火门时，还应注意以下 6 点：

（1）防火门应为向疏散方向开启（设防门的空调机房、库房、客房等除外）的平开门，并在关闭后能从任何一侧手动开启。

（2）用于疏散走道、楼梯间和前室的防火门，应能自行关闭。

（3）双扇和多扇防火门，应设置顺序闭门器。

（4）常开的防火门，在发生火灾时，应具有自行关闭和信号反馈功能。

（5）设在变形缝附近的防火门，应设在楼层数较多的一侧，且门开启后应跨越变形缝，防止烟火通过变形缝蔓延扩大。

（6）防火门上部的缝隙、孔洞采用不燃烧材料填充，并应达到相应耐火极限要求。

三、防火防爆原理与基本技术措施

（一）防火防爆原理

1. 防火原理

引发火灾的条件也是燃烧的条件，即可燃物、助燃物（氧化剂）和点火源三者同时存在，并且相互作用。所以只要采取措施避免或消除燃烧三要素中的任何一个要素，就可以避免发生火灾事故。

2. 防爆原理

引发爆炸的条件是爆炸品（内含还原剂和氧化剂）或可燃物（可燃气、蒸气或粉尘）和空气混合物和起爆能量同时存在、相互作用。因此，只要采取措施避免爆炸品或爆炸混合物与起爆能量中的任何一方，就不会发生爆炸。

（二）预防火灾的基本技术措施

1. 消除着火源

可燃物（作为能源和原材料）以及氧化剂（空气）广泛存在于生产和生活中，因此，消除着火源是防火措施中最基本的措施。消除着火源的措施很多如安装防爆灯具、禁止烟火、接地避雷、静电防护、隔离和控温、电气设备应由电工安装维护保养、防止插座负荷过大等。

2. 控制可燃物

消除燃烧三个基本条件中的任何一条，均能防止火灾的发生。若采取消除燃烧条件中的两个条件，则更具安全可靠性。控制可燃物的措施有如下几个方面：

①以难燃或不燃材料代替可燃材料，如用水泥代替木材建筑房屋；或降低可燃物质（可燃气体、蒸气和粉尘）在空气中的浓度，如在车间或库房采取全面通风或局部排风，使可燃物不易积聚，从而不会超过最高允许浓度；

②防止可燃物的跑、冒、滴、漏，对那些相互作用能产生可燃气体的物品，加以隔离、分开存放。保持工作场地整洁，避免积聚杂物、垃圾；

③易燃物的存放量和地点必须符合法规和标准要求，并要远离火源。

3. 隔绝空气

在必要时可以使生产置于真空条件下进行，或在设备容器中充装惰性介质保护，如在检修焊补（动火）燃料容器前，用惰性介质置换；隔绝空气储存，如钠存于煤油中，磷存于水中，二硫化碳用水封存放等。

4. 防止形成新的燃烧条件

设置阻火装置，如在乙炔发生器上设置水封回火防止器，一旦发生回火，可阻止火焰进入乙炔罐内，或阻止火焰在管道里的蔓延。在车间或仓库里设防火墙或防火门，或在建筑物之间留防火间距，万一发生火灾，不便形成新的燃烧条件，从而防止火灾范围扩大。

（三）预防爆炸的基本技术措施

（1）以爆炸危险性小的物质代替危险性大的物质。如果所用的材料都是难燃烧或不燃烧物质或所用的材料都是不容易爆炸的，则爆炸危险性也会大大减少。

（2）加强通风排风。对于可能产生爆炸混合物的场所，良好的通风可以降低可燃气体（蒸气）或粉尘的浓度；对于易燃易爆固体，存储或加工场所应配置良好的通风设施，使起爆能量不易积累；对于易燃易爆液体，良好的通风除降低其蒸气和空气混合物的浓度外，也可使起爆能量不易积累。

（3）隔离存放。对相互作用能发生燃烧或爆炸的物品应分开存放，相互之间保持一定的安全距离，或采用特定的隔离材料将他们隔离开来。

（4）采用密闭措施。对易燃易爆物质进行密闭存放可以防止这些物质和氧气的接触，并且还可以起到防止泄露的作用。

（5）充装惰性介质保护。对闪点较低或一旦燃烧或爆炸会出现严重后果的物质在生产或贮存时应采取充装惰性介质的措施来保护，惰性介质可以起到冲淡混合浓度、隔绝空气的作用。

（6）隔绝空气。对于接触到空气就会发生燃烧或爆炸的物质，则必须采取措施使之隔绝空气，可以放进与其不会发生反应的物质中，比如储存于水、油等物质中。

（7）安装监测报警装置。在易燃易爆的场所安装相应的监测装置，一旦出现异常就立即通过报警器报警或将信息传递到监测人员的监控器上，以便及时采取防范措施。

四、灭火基础知识

（一）灭火的基本原理

由燃烧所必须具备的几个基本条件可以得知，灭火就是破坏燃烧条件使燃烧反应终止的过程。其基本原理归纳为以下4个方面：冷却、窒息、隔离和化学抑制。

（1）冷却灭火。对一般可燃物来说，能够持续燃烧的条件之一就是它们在火焰或热的作用下达到了各自的着火温度。因而，对一般可燃物火灾，将可燃物冷却到其燃点或闪点以下，燃烧反应就会中止。水的灭火机理主要是冷却作用。

（2）窒息灭火。各种可燃物的燃烧都必须在其最低氧气浓度以上进行，否则燃烧不能持续进行。因此，通过降低燃烧物周围的氧气浓度可以起到灭火的作用。通常使用的二氧化碳、氮气、水蒸气等的灭火机理主要是窒息作用。

（3）隔离灭火。把可燃物与引火源或氧气隔离开来，燃烧反应就会自动中止。火灾中，关闭有关阀门，切断流向着火区的可燃气体和液体的通道；打开有关阀门，使得已经发生燃烧的容器或受到火势威胁的容器中的液体可燃物通过管道导至安全区域，都是隔离灭火的措施。

（4）化学抑制灭火。就是使用灭火剂与链式反应的中间体自由基反应，从而使燃烧的链式反应中断使燃烧不能持续进行。常用的干粉灭火剂、卤代烷灭火剂的主要灭火机理就是化学抑制作用。

（二）几种常用灭火剂和灭火器

灭火器是由筒体、器头、喷嘴等部件组成，借助驱动压力将所充装的灭火剂喷出，达到灭火的目的。是扑救初起火灾的重要消防器材。灭火器按所充装的灭火剂不同可分为泡沫、干粉、卤代烷、二氧化碳、酸碱、清水等几类。

1. 泡沫灭火器

指灭火器内充装的为泡沫灭火剂，可分为化学泡沫灭火器和空气泡沫灭火器。化学泡沫灭火器内装硫酸铝（酸性）和碳酸氢钠（碱性）两种化学药剂。使用时，两种溶液混合引起化学反应产生泡沫，并且在压力作用下喷射出去进行灭火。空气泡沫灭火器充装的是空气泡沫灭火剂，它的性能优良，保存期长，灭火效力高，使用方便，是化学泡沫灭火器的更新换代产品。它可根据不同需要充装蛋白泡沫、氟蛋白泡沫、聚合物泡沫、轻水（水成膜）泡沫和抗溶性泡沫等。

泡沫灭火器的适用范围是 B 类、A 类火灾；不适用带电火灾和 C、D 类火灾。抗溶泡沫灭火器还可以扑救水溶性易燃、可燃液体火灾。以下主要介绍空气泡沫灭火器的使用与保养。

（1）空气泡沫灭火器的使用方法

将灭火器提到距着火物 6m 左右，拔出保险销，一手握住开启压把，另一只手紧握喷枪，用力捏紧开启压把，打开密封或刺穿储气瓶密封片，空气泡沫即可从喷枪中喷出。空气泡沫灭火器在使用时，灭火器应当是直立状态的，不可颠倒或横卧使用，否则会中断喷射；也不可以松开开启压把，否则也会中断喷射。

（2）空气泡沫灭火器的维护保养

①灭火器应当放置在阴凉、干燥、通风，并取用方便的部位。环境温度应为 4 ~ 40℃，冬季应注意防冻；

②定期检查喷嘴是否堵塞，使之保持通畅。每半年检查灭火器是否有工作压力。对储压式空气泡沫灭火器只需检查压力显示表，如表针指向红色区域即应及时进行修理；对储气瓶式空气泡沫灭火器，则要打开器盖检查二氧化碳储气瓶，检查称重是否与钢瓶上的重量一致，如小于钢瓶总重量 25g 以上的，应当进行检修；

③每次更换灭火剂或者出厂已满三年的，应当对灭火器进行水压强度试验，水压强度合格才能继续使用；

④灭火器的检查应当由经过培训的专业人员进行，维修应由取得维修许可证的专业单位进行。

2. 二氧化碳灭火器

二氧化碳灭火器利用其内部充装的液态二氧化碳的蒸气压将二氧化碳喷出灭火。由于二氧化碳灭火剂具有灭火不留痕迹，并有一定的电绝缘性能等特点，因此更适宜于扑救 600V 以下的带电电器、贵重设备、图书资料、仪器仪表等场所的初起火灾，以及一般可燃液体的火灾。指其适用范围是 A、B 类火灾和低压带电火灾。

（1）二氧化碳灭火器的使用方法

将灭火器提到或扛到火场，在距燃烧物 5m 左右，放下灭火器，拔出保险销，一手握住喇叭筒根部的手柄，另一只手紧握启闭阀的压把，对没有喷射软管的二氧化碳灭火器，应把喇叭筒往上扳 70° ~ 90°，使用时、不能直接用手抓住喇叭筒外壁或金属连接管，以防止手被冻伤。灭火时，当可燃液体呈流淌状燃烧时，使用者应将二氧化碳灭火剂的喷流由近而远向火焰喷射；如果可燃液体在容器内燃烧时，使用者应将喇叭筒提起，从容器的一侧上方向燃烧的容器中喷射，但不能将二氧化碳射流直接冲击在可燃液面上，以防止可燃液体冲出容器而扩大火势，造成灭火困难。

推车式二氧化碳灭火器一般由两个人操作，使用时由两人一起将灭火器推或拉到燃烧处，在离燃烧物 10m 左右停下，一人快速取下喇叭筒并展开喷射软管后，握住喇叭筒根部的手柄，另一人快速按顺时针方向旋动手轮，并开到最大位置。灭火方法与手提式的方法一样。使用二氧化碳灭火器时，在室外使用的，应当选择在上风方向喷射，在室内窄小空间使用的，灭火后操作者应迅速离开，以防窒息。

（2）二氧化碳灭火器的维护保养

①灭火器存放在阴凉、干燥、通风处，不能接近火源，环境温度应在 –5 ~ 45℃之间；

②灭火器每半年应检查一次重量，用称重法检查。称出的重量与灭火器钢瓶底部打的钢印总重量相比较，如果低于钢印所示量50g的，应送维修单位检修；

③每次使用后或每隔5年，应送维修单位进行水压试验。水压试验压力应与钢瓶底部所打钢印的数值相同，水压试验同时还应对钢瓶的残余变形率进行测定，只有水压试验合格且残余变形率小于6的钢瓶才能继续使用。

3. 卤代烷灭火器

凡内部充装卤代烷灭火剂的灭火器统称为卤代烷灭火器。常用的有1211和1301灭火器。1211灭火器利用装在筒体内的氮气压力将1211灭火剂喷出灭火。由于1211灭火剂是化学抑制灭火，其灭火效率很高，具备无污染、绝缘等优点，可适用于除金属火灾外的所有火灾，尤其适用于扑救精密仪器、计算机、珍贵文物及贵重物资仓库等的初起火灾。以下主要介绍1211灭火剂。

（1）1211灭火剂的使用方法

应手提灭火器的提把或肩扛灭火器将灭火器带到火场。在距燃烧物5m左右，放下灭火器，先拔出保险销，一手握住开启压把，另一手握在喷射软管前端的喷嘴处，如灭火器无喷射软管，可一手握住开启压把，另一手扶住灭火器底部的底圈部分。先将喷嘴对准燃烧处，用力握紧开启压把，使灭火器喷射。当被扑救可燃液体呈流淌状燃烧时，使用者应对准火点由近而远并左右扫射，向前快速推进，直至火焰全部扑灭。如果可燃液体在容器中燃烧，应对准火焰左右晃动扫射，当火焰被赶出容器时，喷射流跟着火焰扫射，直至把火焰全部扑灭，但应注意不能将喷流直接喷射在燃烧液面上，以防止灭火剂的冲力将可燃液体冲出容器而扩大火势，造成灭火困难。如果扑救可燃固体物质的初起表面火灾时，则将喷流对准燃烧最猛烈处喷射，当火焰被扑灭后，应及时采取措施，不让其复燃。1211灭火器使用时不能颠倒，也不能横卧，否则灭火剂不会喷出。此外在室外使用时，应选择在上风方向喷射，在窄小空间的室内灭火时，灭火后操作者应迅速撤离，因1211灭火剂也有一定毒性，以防对人体的伤害。

（2）1211灭火器的维护保养

①应存放在通风、干燥、阴凉及取用方便的场合，环境温度应在 –10 ~ +45℃之间为好；

②不要存放在加热设备附近，也不应放在有阳光直晒的部位及有强腐蚀性的地方；

③每隔半年左右检查灭火器上显示内部压力的显示器，比如发现指针已降到红色区域时，应及时送维修部门检修；

④每次使用后不管是否有剩余应送维修部门进行再充装，每次再充装前或出厂三年以上的，应进行水压试验，试验压力与标签上所标的值相同，试验合格方可继续使用；如灭火器上无内部压力显示表的，可采用称重的方法，当称出的重量小于标签所标明重量的90%时，应送维修部门检修。在实际购买时应选购有内部压力显示表的1211灭火

器为好。

4. 干粉灭火器

干粉灭火器以液态二氧化碳或氮气作动力，将灭火器内干粉灭火剂喷出进行灭火。它适用于扑救石油及其制品、可燃液体、可燃气体、可燃固体物质的初起火灾等。由于干粉有 50000V 以上的电绝缘性能，因此也能扑救带电设备火灾。这种灭火器广泛应用于工厂、矿山、油库及交通等场所。

干粉灭火器使用范围：碳酸氢钠干粉灭火器适用于易燃、可燃液体、气体及带电设备的初起火灾；磷酸铵盐干粉灭火器除可用于上述几类火灾外，还可扑救固体类物质的初起火灾。但都不能扑救轻金属燃烧的火灾。

（1）干粉灭火器的使用方法

可手提或肩扛灭火器快速奔赴火场，在距燃烧物 5m 左右，放下灭火器。若在室外，应选择在上风方向喷射。使用的干粉灭火器若是外挂式储气瓶的，操作者应一手紧握喷枪，另一手提起储气瓶上的开启提环。如果储气瓶的开启是手轮式的，则按逆时针方向旋开，并旋到最高位置，随即提起灭火器。当干粉喷出后，迅速对准火焰的根部扫射。使用的干粉灭火器若是内置式储气瓶的或者是储压式的，操作者应先将开启把上的保险销拔下，然后握住喷射软管前端喷嘴根部，另一手将开启压把压下，打开灭火器进行喷射灭火。有喷射软管的灭火器或储压式灭火器，在使用时，一手应一直压下压把，不能放开，否则会中断喷射。干粉灭火器扑救可燃、易燃液体火灾时，应对准火焰根部扫射。如被扑救的液体火灾呈流淌燃烧时，应对准火焰根部由近而远，并左右扫射，直至把火焰全部扑灭。如果可燃液体在容器内燃烧，使用者应对准火焰根部左右晃动扫射，使喷射出的干粉流覆盖整个容器开口表面；当火焰被赶出容器时，使用者仍应继续喷射，直至将火焰全部扑灭。在扑救容器内可燃液体火灾时，应注意不能将喷嘴直接对准液体表面喷射，防止喷流的冲击力使可燃液体喷出而扩大火势，造成灭火困难。如果可燃液体在金属容器内燃烧时间过长，容器壁温已高于被扑救可燃液体的自燃点，此时极易造成灭火后复燃的现象，可与泡沫类灭火器联用，那么灭火效果更佳。

（2）干粉灭火器的维护保养

①灭火器应放置在通风、干燥、阴凉并取用方便的地方，环境温度 –5 ~ +45℃为好；

②灭火器应避免高温、潮湿和有严重腐蚀性的场合，防止干粉灭火剂结块、分解；

③每半年检查干粉是否结块，储气瓶内二氧化碳气体是否泄漏。

检查二氧化碳储气瓶，应将储气瓶拆下称重，看称出的重量与储气瓶上钢印所标的数值是否相同，如小于所标值 7g 以上的，应送维修部门检修。如系储压式则检查其内部压力显示表指针是否指在绿色区域。

如指针已在红色区域，则说明内部压力已泄漏无法使用，应赶快送维修部门检修；

④灭火器一经开启必须再充装，再充装时，绝对不能变换干粉灭火剂的种类，即碳酸氢钠干粉灭火器不能换装磷酸铵盐干粉灭火剂；每次再充装前或灭火器出厂 3 年后，应进行水压试验，水压试验时对灭火器筒体和储气瓶应分别进行。其水压试验压力应与

该灭火器上标签或者钢印所示的压力相同。水压试验合格后才能再次充装使用；维护必须由经过培训的专人负责，修理、再充装应送专业维修单位进行。

第四节 危险化学品事故防范技术

一、危险化学品类别及特性

危险化学品是指具有爆炸、易燃、毒害、腐蚀、放射性等性质，在生产、经营、储存、运输、使用和废弃物处置过程中，容易造成人身伤亡和财产损毁而需特别防护的化学品。

（一）化学品危险类别的划分

《化学品分类和危险性公示 通则》（GB13690—2009）将危险化学品分为16类，分别是第一类：爆炸物；第二类：易燃气体；第三类：易燃气溶胶；第四类：氧化性气体；第五类：压力下气体；第六类：易燃液体；第七类：易燃固体；第八类：自反应物质或混合物；第九类：自燃液体；第十类：自燃固体；第十一类：自燃物质和混合物；第十二类：遇水放出易燃气体的物质或混合物；第十三类：氧化性液体；第十四类：氧化性固体；第十五类：有机过氧化物；第十六类：金属腐蚀剂。

（二）危险化学品的主要危险特性

（1）燃烧性。爆炸品、压缩气体和液化气体中的可燃性气体、易燃液体、易燃固体、自燃物品、遇湿易燃物品、有机过氧化物等，在条件具备时均可能发生燃烧。

（2）爆炸性。爆炸品、压缩气体和液化气体、易燃液体、易燃固体、自燃物品、遇湿易燃物品、氧化剂和有机过氧化物等危险化学品均可能因为其化学活性或易燃性引发爆炸事故。

（3）毒害性。许多危险化学品可通过一种或多种途径进入人体内，若在人体累积到一定量时，便会扰乱或破坏肌体的正常生理功能，引起暂时性或持久性的病理改变，甚至危及生命。

（4）腐蚀性。强酸、强碱等物质能对人体组织、金属等物品造成损坏，接触人的皮肤、眼睛或肺部、食管等时，会引起表皮组织坏死而造成灼伤。内部器官被灼伤后可引起炎症，甚至会造成死亡。

（5）放射性。放射性危险化学品通过放出的射线可阻碍和伤害人体细胞活动机能并导致细胞死亡。

（三）部分常见危险化学品的危险特性（表4-2）

表4-2 部分常见危险化学品危险特性

物质名称	闪点/℃	燃点/℃	爆炸极限/%	最小点火能/mj	容许浓度/(mg·m⁻²)	说明
乙炔		305	2.5 ~ 80	0.019		
铝粉		645		20	3（TWA）4（STEL）	
氨		651	15 ~ 28		20（TWA）30（STEL）	
苯	−11	562	1.3 ~ 8	0.022	6（TWA）10（STEL）	
一氧化碳		609	12.5 ~ 74.2		20（TWA）30（STEL）	非高原
氯					1（MAC）	
氯乙烯	−78	472	5.6 ~ 33		10（TWA）25（STEL）	
乙醇	13	443	4.7 ~ 19			
乙烯		450	2.7 ~ 36			
甲醛	50	430	7 ~ 73		0.5（MAC）	
汽油	−43	280-456	1.4 ~ 7.6			
氢气		500	4.1 ~ 74.2	0.0018		
氰化氢	−18	538	5.6 ~ 40		1（MAC）	
硫化氢		260	4 ~ 46		10（MAC）	
甲烷		537	5.3 ~ 15	0.02		
光气					0.5（MAC）	
黄磷		30			0.05（TWA） 0.1（STEL）	遇撞击、摩擦、氧化剂可燃爆
氯酸钾						遇撞击可燃爆 强氧化剂
丙烷		450	2.9 ~ 9.5	0.26		
硫酸						强腐蚀性
硝酸						强腐蚀性
氢氧化钠						强腐蚀性

注：表中容许浓度一列中MAC指最高容许浓度，TWA指时间加权平均容许浓度，STEL指短时间接触容许浓度。

二、危险化学品燃烧爆炸事故危害

火灾与爆炸都会造成生产设施的重大破坏及人员伤亡，但两者的发展过程显著不同。火灾是在起火后火场逐渐蔓延扩大，随着时间的延续，损失程度迅速增长，损失大约与时间的平方成比例，比如火灾时间延长一倍，损失可能增加4倍。爆炸则是猝不及防，往往仅存瞬间爆炸过程已经结束，并造成设备损坏、厂房倒塌、人员伤亡等损失。

危险化学品的燃烧爆炸事故通常伴随发热、发光、压力上升等现象，有着很强的破坏作用。它与危险化学品的数量和性质、爆炸时的条件以及位置等因素有联系。主要破坏形式有以下几种：

（一）高温的破坏作用

燃烧爆炸时产生的高温和爆炸后建筑物内遗留的热或残余火苗，会从破坏的设备内部不断喷出的可燃气体、易燃或者可燃液体的蒸气，也可能将其他易燃物点燃引起火灾。当盛装易燃物的容器、管道发生爆炸时，爆炸抛出的易燃物有可能引起大面积火灾，这种情况在油罐、液化气瓶爆炸后最易发生。正在运行的燃烧设备或高温的化工设备被破坏时，其灼热的碎片可能飞出，点燃附近储存的燃料或其他可燃物，引起火灾。此外，高温辐射还可能使附近人员受到严重灼烫伤害甚至死亡。

（二）爆炸直接的破坏作用

机械设备、装置、容器等爆炸后产生许多碎片，飞出后会在相当大的范围内造成危害。通常碎片在 $100\sim500m$ 内飞散。

（三）爆炸冲击波的破坏作用

物质爆炸时，产生的高温、高压气体以极高的速度膨胀，就像活塞一样挤压周围空气，把爆炸反应释放出的部分能量传递给压缩的空气层，空气受冲击而发生扰动，使其压力、密度等产生突变，这种扰动在空气中传播就称为冲击波。冲击波的传播速度极快，在传播过程中，可以对周围环境中的机械设备和建筑物产生破坏作用甚至造成人员伤亡。冲击波还可以在它的作用区域内产生震荡作用，使物体因震荡而松散，甚至破坏。冲击波的破坏作用主要是由其波阵面上的超压引起的。在爆炸中心附近，空气冲击波波阵面上的超压可达几个甚至十几个大气压，在这样高的超压作用下，建筑物被摧毁，机械设备、管道等也会受到严重破坏。当冲击波大面积作用于建筑物时，波阵面超压在 $20\sim30kPa$ 内，就足以使大部分砖木结构建筑物受到严重破坏。超压在 $100kPa$ 以上时，除坚固的钢筋混凝土建筑外，其余部分将全部破坏。

（四）造成中毒和环境污染

在实际生产中，许多物质不仅是可燃的，而且是有毒的，发生爆炸事故时，会使大量有毒物质外泄，造成人员中毒和环境污染。另外，有些物质本身毒性不强，但燃烧过程中可能释放出大量有毒气体和烟雾，造成人员中毒和环境污染。

三、危险化学品事故的控制和防护技术

（一）危险化学品中毒、污染事故预防控制措施

目前采取的主要措施是替代、变更工艺、隔离、通风、个体防护和保持卫生。

（1）替代。控制、预防化学品危害最理想的方法是不使用有毒有害和易燃、易爆的化学品，但这很难做到，通常的做法是选用无毒或低毒的化学品替代现有的有毒有害化学品。例如，用甲苯替代喷漆和涂漆中用的苯，用脂肪烃替代胶水或黏合剂中的芳烃等。

（2）变更工艺。虽然替代是控制化学品危害的首选方案，然而目前可供选择的替代品往往是很有限的，特别是因技术和经济方面的原因，不可避免地要生产、使用有害化学品。这时可通过变更工艺消除或降低化学品危害。如以往用乙炔制乙醛，采用汞做催化剂，现在发展为用乙烯为原料，通过氧化或氧氯化制乙醛，不需用汞做催化剂。通过变更工艺，彻底消除了汞害。

（3）隔离。隔离就是通过封闭、设置屏障等措施，避免作业人员直接暴露于有害环境中，最常用的隔离方法是将生产或使用的设备完全封闭起来，使工人在操作中不接触化学品。

隔离操作是另一种常用的隔离方法，简单地说，就是把生产设备与操作室隔离开。最简单的形式就是把生产设备的管线阀门、电控开关放在与生产地点完全隔离的操作室内。

（4）通风。通风是控制作业场所中有害气体、蒸气或粉尘最有效的措施之一。借助于有效的通风，使作业场所空气中有害气体、蒸气或粉尘的浓度低于极限浓度，保证工人的身体健康，预防火灾、爆炸事故的发生。

通风分局部排风和全面通风两种。局部排风是把污染源罩起来抽出污染空气，所需风量小，经济有效，并便于净化回收。全面通风则是用新鲜空气将作业场所中的污染物稀释到安全浓度以下，所需风量大，不能净化回收。

对于点式扩散源，可使用局部排风。使用局部排风时，应使污染源处于通风罩控制范围内。为了确保通风系统的高效率，通风系统设计的合理性十分重要。对于已安装的通风系统，要经常加以维护和保养，使其有效地发挥作用。

对于面式扩散源，要使用全面通风。全面通风亦称稀释通风，其原理是向作业场所提供新鲜空气，抽出污染空气，进而稀释有害气体、蒸气或粉尘，从而降低其浓度。采用全面通风时，在厂房设计阶段就要考虑空气流向等因素。由于全面通风的目的不是消除污染物而是将污染物分散稀释，所以全面通风仅适合于低毒性作业场所。

（5）个体防护。当作业场所中有害化学品的浓度超标时，工人就必须使用合适的个体防护用品。个体防护用品不能降低作业场所中有害化学品的浓度，它仅仅是一道阻止有害物进入人体的屏障。防护用品本身的失效就意味着保护屏障的消失，因此个体防护不能被视为控制危害的主要方式，而只能作为一种辅助性措施。

防护用品主要有头部防护器具、呼吸防护器具、眼防护器具、躯干防护用品、手足防护用品等。

（6）保持卫生。包括保持作业场所清洁和作业人员的个人卫生两个方面。经常清洗工作场所，对废弃物、溢出物加以适当处置，保持作业场所清洁，也能有效地预防和控制化学品危害。作业人员应养成良好的卫生习惯，防止有害物附着在皮肤上，并通过皮肤渗入体内。

（二）危险化学品火灾、爆炸事故的预防

（1）防止燃烧、爆炸系统的形成。相关技术措施主要有：①替代；②密闭；③惰

性气体防护；④通风置换；安全监测及连锁。

（2）消除点火源。能引发事故的点火源有明火、高温表面、冲击、摩擦、自燃、发热、电气火花、静电火花、化学反应热、光线照射等。具体的措施有：①控制明火和高温表面；②防止摩擦和撞击产生火花；③火灾爆炸危险场所采用防爆电气设备避免产生电气火花。

（3）限制火灾、爆炸蔓延扩散的措施。限制火灾、爆炸蔓延扩散的措施包括阻火装置、防爆泄压装置及防火防爆分隔等。

四、危险化学品的储存与运输安全

（一）危险化学品运输安全技术与要求

化学品在运输中发生事故的情况比较常见，全面了解并且掌握有关化学品的安全运输规定，对降低运输事故具有重要意义。

（1）国家对危险化学品的运输实行资质认定制度，未经资质认定，不得运输危险化学品。

（2）托运危险物品必须出示有关证明，在指定的铁路、公路交通、航运等部门办理手续。托运物品必须与托运单上所列的品名相符。托运未列入国家品名表内的危险物品时，应附交上级主管部门审查同意的技术鉴定书。

（3）危险物品的装卸人员，应按装运危险物品的性质，佩戴相应的防护用品，装卸时必须轻装轻卸，严禁摔拖、重压和摩擦，不得损毁包装容器，并注意标志，堆放稳妥。

（4）危险物品装卸前，应对车（船）搬运工具进行必要的通风和清扫，不得留有残渣，对装有剧毒物品的车（船），卸车（船）后必须洗刷干净。

（5）装运爆炸、剧毒、放射性、易燃液体、可燃气体等物品，必须使用符合安全要求的运输工具；禁忌物料不得混运；禁止用电瓶车、翻斗车、铲车、自行车等运输爆炸物品。运输强氧化剂、爆炸品及用铁桶包装的一级易燃液体时，未采取可靠的安全措施时，不得用铁底板车及汽车挂车；禁止用叉车、铲车、翻斗车搬运易燃、易爆液化气体等危险物品；温度较高地区装运液化气体和易燃体等危险物品，要有防晒设施；放射性物品应用专用运输搬运车和抬架搬运，装卸机械应按规定负荷降低25%的装卸量；遇水燃烧物品及有毒物品，禁止用小型机帆船、小木船和水泥船承运。

（6）运输爆炸、剧毒和放射性物品，应指派专人押运，押运人员不应该少于2人。

（7）运输危险物品的车辆，必须保持安全车速，保持车距，严禁超车、超速和强行会车。运输危险物品的行车路线，必须事先经当地公安交通部门批准，按指定的路线和时间运输，不可在繁华街道行驶和停留。

（8）运输易燃、易爆物品的机动车，其排气管应装阻火器，并悬挂"危险品"标志。

（9）运输散装固体危险物品，应根据性质，采取防火、防爆、防水、防粉尘飞扬和遮阳等措施。

（10）禁止利用内河以及其他封闭水域运输剧毒化学品。通过公路运输剧毒化学品的,托运人应当向目的地的县级人民政府公安部门申请办理剧毒化学品公路运输通行证。办理剧毒化学品公路运输通行证时,托运人应当向公安部门提交有关危险化学品的品名、数量、运输始发地和目的地、运输路线、运输单位、驾驶人员、押运人员、经营单位及购买单位资质情况的材料。

(11)运输危险化学品需要添加抑制剂或者稳定剂的,托运人交付托运时应当添加抑制剂或者稳定剂,并告知承运人。

(12)危险化学品运输企业,应当对其驾驶员、船员、装卸管理人员、押运人员进行有关的安全知识培训。驾驶员、装卸管理人员、押运人员必须掌握危险化学品运输的安全知识,并经所在地设区的市级人民政府交通部门考核合格,船员经海事管理机构考核合格,取得上岗资格证,才能上岗作业。

(二)危险化学品储存的基本要求

储存危险化学品基本安全要求是:

(1)储存危险化学品必须遵守国家法律、法规和其他有关的规定。

(2)危险化学品必须储存在经公安部门批准设置的专门的危险化学品仓库中,经销部门自管仓库储存危险化学品及储存数量必须经公安部门批准。未经批准不得随意设置危险化学品储存仓库。

(3)危险化学品露天堆放,应符合防火、防爆的安全要求,爆炸物品、一级易燃物品、遇湿燃烧物品、剧毒物品不得露天堆放。

(4)储存危险化学品的仓库必须配备有专业知识的技术人员,其库房及场所应设专人管理,管理人员必须配齐可靠的个人安全防护用品。

(5)储存的危险化学品应有明显的标志,标志应符合《危险货物包装标志》(GB 190—2009)的规定。同一区域储存两种或两种以上不同级别的危险化学品时,应按最高等级危险化学品的性能标志。

(6)危险化学品储存方式分为三种:隔离储存,隔开储存,分离储存。

(7)根据危险化学品性能分区、分类、分库储存。各类危险化学品不得与禁忌物料混合储存。

(8)储存危险化学品的建筑物(区域)内,严禁吸烟和使用明火。

(三)危险化学品包装安全要求

(1)Ⅰ类包装:货物具有较大危险性,包装强度要求高。

(2)Ⅱ类包装:货物具有中等危险性,包装强度要求较高。

(3)Ⅲ类包装:货物具有的危险性小,包装强度要求一般。

标准里还规定了这些包装的基本要求、性能试验和检验方法等,也规定了包装容器的类型和标记代号。

第五章　安全生产责任追究的创新路径

第一节　建立健全安全生产责任追究的制度体系

建立健全安全生产追责制，不仅仅是安全生产领域改革的内在客观要求，而且对于推进我国安全生产监督管理法治化建设进程，推动生产的安全发展，维护社会稳定，都有着极其重要的现实意义。

一、科学划分权责界限

构建科学的安全生产责任追究制度，前提是拥有清晰的权、责、利，合理地配置和划分权力。只有职责明确才能追责。职责明确既包括各级政府及职能部门的职责明确，也包括每一个责任人员的职责明确。

（一）理顺党政权责关系

科学规范党政各部门职能，合理设置党政机构，按部就班撤并党委和政府职能相同或相近的工作部门，理顺工作关系，改进管理方式，切实解决层次过多、职能交叉、多头管理等问题。这样有利于避免因职责分工重叠引起的党政不分、互相扯皮等现象，也有助于强化党要总揽全局、协调各方的能力。

明确政府部门之间的权责关系。一是科学划分各部门之间的职责权限。对于部门之间功能性权力交叉、职责不清的问题，应结合《行政许可法》和《安全生产许可证条例》，清理非法的许可事项，明确职能中重叠、交叉、模糊不清之处；坚持综合管理，能由一个部门管的，就不要设几个部门，必须由多个部门管的，也要明确主管和协管，明确职责和权限。二是建立部门协调机制，完善与相关政府部门职能的争议协调机制。经协调后仍无法解决的，要请求上一级政府协调解决，避免因职责不清造成互相推诿，影响工作的落实。

（二）明确上下级行政主体的权责关系

首先，实行岗位责任具体化。责任要具体到人，即在行政领导正副职、上下级官员之间的责任如何分配，都要有明确的规范。要根据现代行政运作的基本要求和人力资源的配置原则，结合各单位的业务工作实际，把各级机构的基本职能具体分解为各级领导岗位职责和各个行政人员岗位职责。特别要明确领导干部的职责，厘清条块关系。各级岗位都要制定岗位名称、隶属关系、主要职责、基本内容四要素的岗位规范，以及包含工作内容、程序、依据三要素的工作规范。

其次，实行岗位责任逐级负责制。责任层级要清晰化，明确和细化各层级、职级的责任。"一把手"负总责，副职对正职负责，下级对上级负责，子系统对总系统负责，一级对一级负责。明确责任带来的压力与动力，一方面迫使责任主体清楚要"做什么、怎么做"，要树立正确职业观念，在法律、职权允许的范围内发挥才干。另一方面，使安全生产政策制定与执行过程更加协调，有效避免决策层与执行部门在服务理念、施政方式上的脱节，促进各个部门之间的分工合作。

责任追究制是一套完整的责任体系。通常来讲，责任主体的责任可分为四个层次：第一个层次为刑事责任，这是最严厉的一种承担责任的方式，此时责任主体的行为已经触犯了刑律；第二个层次为行政责任，责任主体的行为虽然还没有触犯刑律，但已经违反了有关行政法，因而要承担相应的行政责任；第三个层次为政治责任，或称纪律责任，责任主体虽然没有违法，但违反了党章的规定或者纪律的规定，要受到党纪处分；第四个层次是道义责任，责任主体虽然够不上前面三种情况，但由于其工作不力或者工作错误，老百姓不满意，基于道义，主动辞去职务，即所谓的引咎辞职。"引咎辞职"与其他三种责任承担方式的区别不仅在于前三者是被动型的，而后者是主动型的；还在于前三者实行"无罪推定"和"直接责任"原则，而后者则实行"有罪推定"和"间接责任"原则，即只要老百姓对责任主体管辖范围内的工作有严重意见，责任主体就可以明智地选择辞职；前三者可以说是法定的，而后者属于一种政治文化、一种政治惯例。但它不能取代或者遮掩前三种责任追究方式。

目前我国真正主动"引咎辞职"的并不多，绝大多数都是在上级的压力下被迫辞职的，这说明在我国的干部队伍中还缺乏一种勇于承担道义责任的文化。在过去，按照规定很多责任事故和事件的调查，党政有关部门有权先行介入，如果通过调查认为有关责任主体涉嫌玩忽职守或徇私舞弊，将提请检察机关介入立案侦查。但在不少时候，不少地方，一些地方党政机关出于淡化事故或事件影响的考虑，对责任人员有所偏袒，只注重于追究责任主体的行政责任，回避追究责任主体的法律责任。

二、规范追责主体及其权力

虽然我国现行的"以上追下"的同体追责方式有时会产生立竿见影的效果，但它带有浓厚的行政色彩，并不是理想的方式。而且，政府不是一个超脱于现实社会经济利益关系的万能之手，它是由各个机构组成，而各个机构是由各个责任主体组成的；无论是责任主体还是政府机构，都有自己的行为目标，都受自身效用最大化目标的影响。而责任主体追求效用最大化目标往往就表现为追求权力最大化，这样，同体追责就可能导致"官官相护"而难以真正追责。因而，从现代民主政治的理论和实践看，行政追责制的关键在追责。异体追责是一种更有效、更符合民主政治要求的追责方式。离开异体追责的行政追责制是苍白无力、缺乏持续性的。

三、明确追责对象和范围

安全生产职权划分模糊，以致责任主体不清，到底应该追究谁的责任是困扰安全生产追责制发展的重要问题。要确定责任对象，关键是要确定政府及其行政官员的职责权限，根据权责对等的原则进行追责，即享有多大权力就承担多大责任，谁行使权力谁负责。

对于部门之间功能性权力交叉、职责不清的问题，应结合《全面推进依法行政实施纲要》和《行政许可法》的实施，清除职能重叠、交叉、模糊不清之处。根据经济社会发展的要求，对政府各部门进行科学的职能分析和职能分解，使用列举式的方法对部门职责加以具体、明确、翔实的规定。对于领导干部之间的权力和责任的确定，要根据谁参与、谁决策、谁负责的原则进行追责。对党政官员，要明确划分党组织和政府的职能，对完全属于政府职责范围内且党组织未介入的领域，要直接追究政府及其官员的责任。而在大多数情况下，因为党组织作为社会主义事业的领导核心，对政府的施政或多或少地产生影响，因此，要视情况追究党的领导人的连带责任。在现行安全生产行政首长负责制的制度安排中，行政首长固然是决策的最后拍板者，但在集体讨论审议中，行政副职领导人的意见和态度却同样是重要的，我们绝不能以集体决策或行政首长负责制为名而忽视了对行政副职领导人的责任追究。对一些重大错误决策或失职事故，副职在集体决策讨论中持反对意见时，对事后的责任追究应该减轻或免责；对持肯定意见者，即使不是其分管的工作，也应该追究其连带责任。只有这样，才能保证决策更加科学，从而减少给人民群众造成不应该有的损失。

从现有的追责事件看，追责范围存在一定不确定性。在许多地方和领域，都只有在事故或事件引起了中央高层的关注后，才能促成相关责任人被处理。总的看，追究"有过"多，追究"无为"少。行政追责多集中于给人民群众造成重大人身伤害及财产损失的突发重大事故，尚未真正引入决策失误等领域。因此，追责制要从单纯追究"有过"向既追究"有过"又追究"无为"转变，要改变只是发生了涉及群众重大生命财产损失等突发性安全生产事故后才启动追责的做法，而应重视平时日常工作的审视、督促和检查。不仅要对发生的重大事故追责，而且要对行政做出的错误决策追责；不仅要对滥用职权的行政作为追责，而且要对故意拖延、推诿、扯皮等行政不作为追责；不仅要对经济领域的安全事故追责，而且要对政治等其他领域的事故追责；除了犯了法、有了错要追责，而且对能力不足、有损社会形象的"小节"等方面也要追责。

四、规范责任追究方式

责任追究方式是指对责任主体的处理方式。只有明确责任追究方式，才能确保有责人员受到应有的处理。一般认为，安全生产责任追究立法必须对承担的责任内容做出四种规定：政治责任、行政责任、法律责任、道德责任。这四种责任可单独适用，也可合并适用。另外，对上述四种责任的承担方式应细化，对责任主体追究什么责任，方式要有针对性。其中，政治责任方式有：被质询、被罢免、投不信任票等；道德责任方式有公开道歉、引咎辞职等；行政责任方式有纠正行为、通报批评及种种行政处分等；法律责任方式有赔偿、恢复名誉、赔礼道歉、消除影响、撤职、开除及判刑等。

五、强化立法规范考核

完善安全生产责任追究制应该以法规性追究为主，只有制定一系列法律法规，规范安全生产标准，才能追究相关责任人的法律责任，保证安全生产的协调发展。《关于特大安全事故行政责任追究的规定》规定了一些安全生产责任追究的内容，如发生特大安全事故，将对地方政府进行彻底的责任追究；对利用职权阻碍负有安全生产监督管理职责的部门及相关单位进行安全生产工作推进的，要追究相关责任。为加强安全生产工作，要建立起与安全生产挂钩的干部政绩考核机制，把安全生产考核结果作为领导干部选拔任用、奖励惩戒的重要依据，并对领导干部实行安全生产终身责任追究制。

第二节　加强安全生产责任追究文化建设

安全生产责任追究文化简称追责文化，是追责价值观、信念、道德、行为准则的复合体，是追责观念和追责行为准则的总和。它是追责的基础和精神支柱，对追责的影响具有内驱性、持续性、久远性。围绕"安全发展、和谐发展、科学发展"主轴，营造有利于安全生产追责的舆论氛围和文化氛围，构建个性鲜明的追责文化，推动安全生产主体责任的落实，是从本质上推进安全生产追责制落实的重要途径。追责文化既有文化自身的深刻内涵，体现了各种文化的共性化特征，同时又被打上了安全生产责任追究的强烈印记，体现了安全生产追责的个性化特征。

追责制的核心在于追责，而追责的落实则依赖于在整个社会中形成一种追责文化的氛围。只有将追责文化内化于人们的潜意识中，才能使追责主体在日常的工作行为中自觉地、主动地利用其追责的权力和机会，真正发挥追责的监督制约作用；才能使责任主体更能积极面对社会的安全诉求和迅速回应社会的安全需要，真正为自己的履职行为承担责任。

培养追责文化，需要加强全社会的追责文化建设，增强全社会的安全生产追责意识。考虑到追责文化的建设具有长期性，而且需要有一定的社会文化基础，我们应当制定长期的安全生产追责文化发展战略。追责文化发展战略的制定应该具有前瞻性和全局性的战略眼光，不仅仅着眼于各种责任主体，而且要从更高更广的角度着眼于从整体上提高全民的责任意识，为追责制的推行提供广泛而深厚的追责文化底蕴。打造和谐型追责文化，构建监管机构与监管对象和谐互动的机制，处理好政府监管与生产经营单位落实安全主体责任的关系。打造创新型追责文化，建立监管信息及时迅捷沟通机制，处理好监管成本与监管收益的关系。打造学习型追责文化，构建责任主体自觉、主动学习机制，处理好监管素质提高与监管事业发展的关系。

一、破除"官本位"思想

追责文化建设的重点是破除"官本位"思想，塑造"以民为本"思想为核心的新政治道德。在社会主义条件下，我们反对官僚主义，破除官本位，始终没有停止过。但由于体制和认识的原因，官本位依旧存在。久而久之，不但为官者理直气壮，而且老百姓也习以为常，这又反过来助长了它存在的"合理性"。所以，要根除这一历史顽症，必须多管齐下，综合治理。

一是进行世界观、人生观、价值观教育，提高行政官员的思想道德修养和广大群众的思想意识，这是破除和克服"官本位"意识的思想基础。行政官员的权力是人民赋予的，只能用来为人民谋利益。要切实加强对行政官员的思想教育，通过教育使之彻底摆脱封建思想残余并演化为自觉行动，解决好如何正确行使手中权力的问题；对人民群众来说，通过宣传教育和逐步学习，树立社会主义的民主意识、公民的权利和义务观念、社会主义的平等和公平意识，使其自觉认识到"官本位"意识的危害，有效抵御"官本位"意识的侵袭。

二是有效地监督好权力的运作，防止权力异化。构建有效的监督机制，加强对各级官员的监督，使他们即使有利己之心也不能不恪守职业道德的边界，"不敢为、不能为、不愿为"。在全方位、多层次的监督下，官本位意识及各种现实表现没有藏身之地。

三是切实转变政府职能，建立起科学规范的行政管理体制。加快政社、政企、政事分开的改革步伐，让政治权力从微观经济领域中退出来，弱化权力在资源配置中的绝对性作用，堵塞行政官员的经济经营行为，促进政府管理的有效性。

四是加强法治建设。这是破除和克服"官本位"意识的法律保障。依法治国方略的提出，有力地推动了我国的立法、执法工作，大量法律法规的相继颁布，必将把行政管理纳入法制化的轨道，矫正行政官员头脑之中的人治观念，彻底摆脱"官本位"意识。

五是建立新型的政府文化。在宏观领域，应当用市场经济的理念和方法构建新型的政府文化。积极倡导能力、道德、社会效益等价值评价标准，实现由"官本位"向"民本位"思想的转变，由"金钱本位"向"能力本位"的转变，最终建立符合社会主义市场经济的多元化的价值评价体系。

在公共行政领域，要实现从全能行政文化、人治行政文化、管制行政文化向有限行政文化、法治行政文化和服务行政文化的转变，培养行政人员的道义责任，使其更加主动自觉地承担责任，使追责制最终建立在官员道德自觉的基础之上。

二、提升责任主体的责任意识

责任主体对责任的心理支持程度即责任意识与责任认同程度，在整个责任机制中占首要地位。责任主体的责任意识和责任认同水平主要是指与安全职业相联系的道德认识、道德意志、道德信念与道德习惯等。在道德认识上，责任主体要深刻了解自身对国家对人民负有重大责任，其权力的行使目标是最大化地实现安全目标；在道德意志上，责任主体在安全生产实践中要有克服内外部障碍的毅力和坚韧不拔的精神，在任何时候都要摒弃私心杂念，把人民利益放在第一位；在道德信念上，责任主体要有强烈的全心全意为人民服务的责任感，要把安全职业义务转化成内心情念与追求；在道德习惯上，要从安全生产工作的点点滴滴入手，在一定的道德模式支配下，渐渐定性化、习惯化、自觉化，成为一种自觉自愿的行为方式。

责任主体的责任意识蕴含着责任主体的职业认同、职业忠诚和职业荣誉感。它作为一种价值观念与信仰，对责任主体的安全生产活动产生深远的影响。责任主体只有具备强烈的责任意识和责任认同，才能自觉主动地去履行自己的职责，才能不仅积极采取有效的措施"正确地做事"，而且从自己的良知与信念上努力去做"正确的事"。从一定意义上说，责任本身就是一种道义上的责任，它要求责任主体在道德水平和个体素质上是社会的"典范"。

三、培育责任主体的道德自律能力

道德自律能力是指责任主体在对社会伦理准则广泛认同的基础之上，树立坚定的伦理信念，实现自我意志对行为的自我立法、自我约束的能力。当前，安全生产工作中存在的诸如认识不到位、监管不到位、责任不到位、投入不到位等现象，究其根本原因就在于部分责任主体自律能力的缺失。因而，如何采取行之有效的措施，培养和提高责任主体的道德自律能力，杜绝不良现象尤其是行政伦理失范现象的发生，成为当今社会特别是安全生产领域亟待解决的问题。

（一）强化自律意识，正确认识"三个善待"

善待权力：就是各责任主体要正确认识自己手中权力，正确地行使权力。手中的权力是人民赋予的，只能用来为人民谋利益，绝对不准以权谋私。善待生产经营单位：一切言行都要以人民群众"满意不满意""高兴不高兴""答应不答应"为根本是非标准。善待事业：就是责任主体要有强烈的事业心和责任感，献身于安全生产事业，与时俱进，开拓创新，朝气蓬勃，做出实绩。

（二）增强规范意识，自觉遵守安全道德规范

规范性是道德的又一重要特征。安全生产工作作为一个特殊的职业，它必须具有完备的职业道德规范。各责任主体要提高道德自律能力，就必须增强自己的规范意识，自觉遵守安全道德规范。

一是勤政为民。各责任主体要勤于安全生产事务，发展要有新思路，改革要有新突破，开放要有新局面，工作要有新举措，尽心竭力，恪尽职守。二是坚持原则。坚持原则是安全生产特殊的职业性质所决定的必须遵守的道德规范。各责任主体要在公仆职业活动中坚定不移地贯彻国家关于安全生产的方针和政策。要勇于同有损安全的思想和行为做斗争，决不屈从于各种人情、压力和权势。三是谦虚谨慎。以自尊和自律的态度对待自己，以尊重和礼貌的态度对待生产经营单位。四是遵纪守法。它是一种最基本的道德要求。各责任主体要自觉严格遵守党纪国法，不做任何违法乱纪的事情。五是开拓创新。开拓创新是责任主体职业道德规范中最能反映时代特征和时代精神风貌的重要规范。要不满足现状并且勇于打破和改变现状，克服一切困难，在现有条件和已有成绩的基础上奋力前进，不断创造新的业绩。

（三）认真加强道德修养，努力提高道德自律能力

责任主体的道德发展大致包括行政道德义务、行政道德良心及其两者的统一三个过程。所谓行政道德义务，是指行政主体对他人或社会做自己应当做的事情，是现实的社会关系与利益关系的产物，在行政伦理规范中表现为对他人和社会应尽的道德责任，是一种间接的他律性规范。

行政道德义务是行政道德行为的开始。对行政行为的约束仅依靠来自行政道德主体之外的行政道德义务是不够的，也就是说行政道德义务必须转化为行政道德良心，即行政道德必须从行政道德义务的他律阶段向行政道德良心的自律阶段转化或升华，才是行政道德发展的必然要求。

行政道德良心是存在于责任主体内心深处的，对自己行为应负的道德责任的自我认识和自我评价能力，是责任主体意识中各种道德观念、道德心理因素的有机整合，表现为责任主体对行政责任的自觉意识，也就是道德责任感，其本质特征是具有自律性，这种自律具体地体现于行政道德良心的作用之中。行政道德良心的作用主要表现在：在行政行为前对行为选择的动机起制约作用；在行政行为进行中起监督作用；在行政行为完成后对行为的后果和影响起着道德评价作用。

总之，培养和提高责任主体道德自律能力是一个长期的、复杂的系统工程，它不仅依赖于责任主体对自身行为进行自我约束、自我立法，而且它必须与各种硬件性的约束机制相结合。

四、强化民主法治意识

进一步强化安全生产民主法治意识应做好的几项工作：

首先，通过法制宣传教育使法律至上的社会主义法治理念根植于人们的灵魂深处。就我国国情而言，公众民主法治理念的增强除了市场经济的自身培育外，主要靠法治教育。我国已进行了多年的安全生产普法教育，广大公民的安全生产法律素质有了普遍提高，目前正在进行的"五五"普法教育，以培养公民社会主义法治理念为中心内容，继续到学校、企业、社区和农村深入开展安全生产普法教育，持续强化广大群众的法制观念，促使法律至上的理念根植于人们灵魂深处，在全社会形成崇尚法治的社会氛围。

其次，进一步树立民主法治意识必须创造一个良好的法治环境。一是要有法可依。要以科学发展观为指导，根据形势发展的需求，及时对安全生产法律法规及标准进行立、改、废，达到"全面、切实、适时"的社会要求；立法要立"良法"，坚持以人为本的原则，反映人民的根本利益，体现便民、快捷和效益，营造人人可用法、事事可依法、处处可见法的法治氛围。二是要实现有法必依。一方面要帮助公众自觉用法，依法解决安全生产纠纷，表达安全生产诉求，维护安全生产权益。同时，提高执法者的法律操守，做到依法决策、依法行政、依法管理和依法办事。要完善法律服务和违法追究机制，引导整个社会迈入有法必依的轨道。三是要做到执法必公。加快法治程序建设，积极推行执法责任制、执法公示制、执法过错责任制和执法督察制，使安全生产执法严格按照法定的权责和程序行使职权。四是要落实违法必究。要在全社会强化"法律面前人人平等""法律至上"的现代法治理念，

再次，进一步树立民主法治意识，领导应高度重视，全社会要积极参与。各级党委政府必须把树立安全生产民主法治意识作为一项长期的战略任务来抓，列入经济社会发展的总体规划，明确相关部门做好进一步树立安全生产民主法治意识工作的责任，充分发挥职能部门在树立安全生产民主法治意识工作中的作用。要做到有组织领导、有目标任务、有方法要求、有检验标准、有保障措施。要动员社会各层面和广大公民积极参与到进一步树立安全生产民主法治意识的工作中去，渗透到社会的各个层面，使每一个公民进一步树立安全生产民主法治意识，为安全生产创造良好的民主法治基础。

第三节　加强安全生产责任追究配套制度建设

从目前责任追究现状来看，重点须加强以下几项配套制度建设。

一、加强追责监督

以公民社会、权力、权利制约追责权力共同构成一个权力制约体系。以公民制约追责权力是对后两种追责权力制约方式的批判继承。以权利制约追责权力给予公民社会制

约追责权力以合法性支持；以权力制约追责权力为公民社会制约追责权力提供效力保障。三种权力制约方式的融合，就可以形成一个比较完善的权力制约体系，不同的制约方式在相应的环节发挥各自的作用，最终形成一种制约的合力。

在开展追责监督工作中坚持"依法监督、有效监督、重点监督"三项原则。依法监督，就是在法律规定的框架下立足于追责工作职能，遵循法纪规律开展监督，依法督促追责主体履行职责，开展立案监督活动，查办追责背后的职务犯罪。有效监督，就是在追责领域和手段中，选定问题较多或者案情复杂的追责个案进行监督，集中精力对追责活动进行有效监督。重点监督，就是围绕安全生产中心工作、围绕保障民生民利和围绕追责的程序、原因、处置结果及其他相关情况等方面开展监督。把党委、政府高度关注的事项、群众反映强烈的问题、责任主体异议较多的事项作为监督重点。

二、健全信息公开机制

由于安全生产事故具有不可预知性、过程的震撼性、后果的严重性，以及可能危及公共安全和利益等特点，对事故的责任追究常常会成为社会公众关注的焦点。因此，建立责任追究的信息公开机制，及时将追究信息公开，是事故处置中极为重要的一环。就信息公开的效果而言，信息公开得越早、越多、越准确，就越有助于维护社会的稳定和安全监管的威信。当然，责任追究信息公开本身既是保障公民知情权的时代要求，也是通过社会监督有效防止乱追责错追责的现实要求。

信息公开必须依据主动及时的原则、真实性原则、对外口径一致的原则进行，逐步建立起科学的信息公开机制。一是建立健全信息主动发布机制，通过政府网站、电视、报纸、广播主动公开政务信息。二是优化信息沟通、协调、联动机制，做好跨地区、跨部门、跨行业与新闻媒体之间的协调互动。三是完善信息专家解读机制，建立由主要负责人、新闻发言人、专家学者构成的三级解读机制，对一些重大责任追究做出权威解读。四是舆情监测、收集、处理和回应机制，收集公众、第三方评估机构对信息公开的情况反映和数据统计，借助随机抽样问卷调查、访谈、来信来访等方式对问题进行统计分析，对于反映强烈的问题及时做出回应和解答。

三、建立安全绩效评估机制

绩效追责是指把绩效评估活动与追责活动的有机结合，通过绩效评估活动来考察安全生产绩效水平，并依据绩效目标对责任主体进行追责的一种制度。追责的前提和依据就是履职行为的效益。对责任主体履职行为效益要进行科学的评定有赖于安全生产绩效的评估。鉴于目前我国安全生产绩效评估工作的现状、存在的问题，建立起规范化、制度化、系统化、科学化的安全生产绩效评估体系具有极为重要的现实意义。

（一）树立正确的绩效评估导向

绩效评估最终要体现在让民众得到实实在在的安全利益。是否符合民众安全利益，民众满意不满意、赞成不赞成、拥护不拥护是绩效评估的根本标准。

要坚持群众公认、注重实绩原则，正确处理好以下几方面的关系：一是开拓进取与实事求是的关系。在为民众推进安全生产工作中，一定要做到量力而行，尽力而为，既要防止不思进取守摊子，又要防止不顾民意乱铺摊子。二是对上负责与对下负责的关系。既要对上负责，更要对下负责。三是"显绩"和"潜绩"的关系。"显绩"是见效快、看得见的业绩，"潜绩"则是周期长、基础性的业绩，比如改善安全生产环境、提高国民安全素质等。要协调好两者的关系。四是成效与成本的关系。只有既评估成效，又评估成本，才能得出真正客观的评估效果，才能防止为追求业绩不计代价、不惜成本之举。

（二）建立符合安全生产实际的绩效评估指标体系

建立科学的安全生产考核评价指标体系，充分发挥考核评价的激励、导向、监督作用，不但是改善评价设计、提高评价质量的需要，也是理顺安全生产监督监察工作、改善安全生产管理、提高监督监察效率的需要。

安全考核评价涉及价值评判，安全考核评价的结果必然要与好坏联系在一起。安全考核评价指标体系作为评价的标准，必须要保证考核评价的结果公平公正。这就要求在确定考核评价指标的时候必须充分考虑各种可考核评价的因素，寻找能普遍反映安全状况的有代表性的指标，抛弃有地域偏见或者文化差异的指标。

在公正的基础上，对指标的选取要科学。指标确定的科学原则来源于两点：一是指标要能确实反映安全的状况。二是要保证指标收集的数据能用科学的方法来处理。指标的针对性是建立在对安全基本情况总体把握的基础上的，它要体现出与安全直接相关的、带有必然性的因素。而指标采集的数据，必须便利于我们的计算和分析。

有效是我们设立安全考核评价指标体系的最终目的。安全考核评价指标体系作为一个应用系统，其目的理所当然要运用到社会中，作为所有相关方面做社会评价的标准和依据。这就要求指标的设定要有整有分，整体上要能反映社会整体的安全状况，而每一部分都能单独使用反映对应领域的安全水平。我们可以采用多级别综合考核评价的指标设立方式。细化的每个指标，是可量化的标准，而将细化指标处理后，就可以得到定性的结论。有效性还要求设立的指标必须具有可操作性，这就要求所选取的指标必须有数据的支撑。我们可以通过访谈、调查等方式取得部分数据，也可以在选择指标时采信部分国家权威部门公开发布的数据。国家各部门、各行业有一些基本的统计指标，这些指标的统计具有权威性及延续性，从这些指标中选取一些与安全相关的指标，既可以保证我们考核评价数据的可靠性，也在一定程度上减轻考核评价工作的难度，让考核评价工作更易操作。

（三）开发科学的绩效评估方法

任何绩效评估都是带有主观色彩的行动，在具体工作时很多环节甚至包括很多数据本身会受到主观因素的影响。追求绝对的客观是不可能也不现实的。在这种情况下为使我们的绩效评估指标样本更具典型意义，必须处理好主观观念与客观数据、定性研究与定量分析、动态变化与静态数据的关系。

一是主观观念与客观数据相结合。安全考核评价是一个将主观和客观结合起来的过程，是力图在"是"与"不是"两个领域架起桥梁的工作。选取安全绩效评估的指标时，要充分考虑人们的主观观念和客观数据对绩效评估结果的影响，走客观性和主观性相结合的路子。客观性体现在各指标应对的数据上，我们能够收集各指标所需要的相关数据，并根据一定的标准，折合成数值，并进行量化计算。主观性体现在对普遍观点的调查上，每个人对安全水平都有自己的观点，这种观点无论正确与否，都体现出一种姿态。如何处理这些主观意见并将其加入我们的指标体系中，也是一个重要的问题。

二是定性分析与定量分析相结合。坚持定量与定性考核并重。定量考核是以某些指标的有或无，以及实现情况的好坏为基础。定量分析是安全的基本工作，所有指标都要以量的形式体现出来，包含公众主观观念的调查，最终也必须以数值的形式体现出来，参加到整体的安全绩效评估中来。但定量必须与定性结合起来。把定性分析作为定量分析的基本前提，把定量分析作为定性分析的科学依据，注重以定性标准量化细化考核内容和考核指标。坚持分类定量、综合定性，注重通过统计数据来支撑和反映定性分析，通过定性分析来甄别和验证统计数据，切实做到既有数据，又有分析。要坚持结果与过程并重。把平时考核作为定期考核的有益补充和重要依据，把平时考核结果按一定比例计入年度考核结果。要坚持"显绩"与"潜绩"并重。按照辩证、发展的原则，把当前利益与长远利益结合起来，既做纵向比较，又做横向参考；既看监管的现状，又看监管的历史；既看事故指标，又看基础管理指标；既看安全条件改变状况，又看安全发展变化态势；既看当前的监管，又看监管的可持续性。要坚持实绩和成本并重。坚持把监管效率的高低作为判断和衡量工作实绩的重要标准，引入成本分析机制，既看所取得的工作实绩，还要看取得工作实绩所付出的投入和代价。

三是动态变化与静态数据相结合。安全绩效评估的指标有些是动态发展的，有些是相对稳定的。对安全评价指标的设置必须坚持动态与静态相结合的方法。安全绩效评估指标的静态性保证了我们考核评价的可能性，以定量的方法来研究变动的东西是十分困难的，我们不能今天给予安全状况很好的结论，明天就给出很差的评价。安全的相对稳定性使我们有可能分析某一时间段的安全状况，而关注安全绩效评估指标的动态性，可以对不同时间段同一地区和单位的安全状况进行考察，用发展的眼光考察安全变化的原因和采取有效的对策。安全绩效评估的动态变化与静态稳定相结合，决定安全绩效评估本身还具有预测未来的性质。我们可以根据各指标的静态数据，预测安全的未来发展状况。

四、建立责任主体追责救济制度

现阶段，我国责任主体救济无论是制度设计层面还是实践操作层面，都还存在种种不足，未能充分有效地保障公民、法人或其他组织的合法权益。

针对现有的缺失，首先是在制度上下功夫，完善责任主体追责的司法救济和行政救济，使追责救济制度趋向完善和健全。就形态来说，追责制主要有两种，一种行政性追责，另一种程序性追责。前者的依据是行政性的，每一个责任主体的责任比较模糊，缺乏明确的法律依据，追责往往取决于领导人的意志，被追责的责任主体往往处于十分消极被动的地位，是免职或是撤职等处分，都由上级来确定。因此，我们在实行追责制度的时候，一定要完善制度规范，防止一些责任主体逃脱法律制裁。

与此不同，程序性追责的依据都是法律性的，每一个责任主体的责任都非常明确，都有充分的法律依据，是不是被追责不取决于临时性的行政决策。行政性追责往往是责任政府运作的开始，但要使责任政府稳定而有效地运转，就需要进一步走向程序性追责：完善责任制度的法律基础，通过程序保障在责任面前人人平等，尽可能减少追责过程中的"丢车保帅""替罪羊"问题。因此，追责制度必须与现行的法律、行政法规有机地衔接，必须将地方政府和国务院有关部门颁布的追责制度看作是现行法律和行政法规的有机补充，并通过不断完善追责制度，将国家的各项法律规范落到实处。而被追责的责任主体如果认为追责不公或是违法，可以通过司法程序向相关上级机构申请行政复议，也可以向法院申请行政诉讼，以司法手段来维护自己的合法权益。要明确规定在做出行政追责处理决定前后，赋予责任主体以陈述和申辩的权利。尤其是对于主动引咎辞职的领导干部，可以予以适当安排并建立跟踪机制，对进步较快、在新的岗位上做出成绩的可根据工作需要来提拔使用，努力形成一种领导干部既能上能下又能下能上的良好机制。

第四节　规范安全生产责任追究的运行程序与责任清单

一、规范安全生产责任追究的运行程序

安全生产责任追究机制的完善，依赖于一套符合时代发展需要的、设计合理完备、操作性充足的程序。通过程序追究这种"看得见的正义"，可以最大限度地实现安全生产责任追究的公平公正。2016 年 12 月份中共中央、国务院出台了《关于推进安全生产领域改革发展的意见》，其中第八条有这样一句话"依法依规制定各有关部门安全生产权力和责任清单，尽职照单免责、失职照单问责"。

（一）责任追究程序的环节

根据中共中央办公厅、国务院办公厅发布的《关于实行党政领导干部问责的暂行规定》，安全生产责任追究程序应包括以下四个环节：一是责任追究的启动程序，责任追究机关应于做出受理决定之日起三个工作日内，成立调查组；二是安全生产责任的调查

认定程序，责任追究决定机关根据单位人员管理权限对相关事件进行调查，然后由责任追究决定机关领导班子进行集体讨论，整合认定责任追究对象的归属，从而保证责任认定的正确性和科学性；三是责任追究的回应程序，要启动完善纪检、监察、组织和人事责任追究处理协调机制，会商探讨整合处理意见，避免重大失误的发生，保障责任追究的公正性；四是追究的申诉程序，有权力，就必须有救济，调查结果要与追究对象本人见面并听取其陈述申辩，并且可以依法在规定时期内提出异议，再进行处理。

（二）责任追究程序的保障

在安全生产追责制度中，首要的运行环节是对责任主体有无行为失范的事实判断，以及是否需要启动安全生产追责机制。这是运行安全生产追责的首要条件和基本前提，也是构建安全生产追责制度中最为关键的一个环节。这是由于，并非所有的行为失范行为都要通过追责来追究行政责任。另一方面，安全生产追责又不能仅仅局限于重大伤亡事故的责任追究上，而更应该包括行政机关及其行政人员的隐性失职、决策失误和其他一些领域的"延时"等问题和事故。

行为失范问题的发现有赖于常态化的责任监督机制有效的保障：一是一套科学的、精确的责任标准体系。有了这一体系，任何行政行为都可以放在其中，并以具体化的指标或参数体现出来，从而准确有效地认定该行为是否属于行政失范行为，即是否需要启动追责机制。二是广泛的参与主体。来自各个领域的代表可以提供覆盖面较广的信息，反映较为深刻和广泛的问题。广泛的公众参与对于安全生产改革领域中问题的发现这一环节尤为重要。只有社会各个领域和阶层的公众群体，才最了解改革进程中产生的问题，最了解法律、法规和政策在基层的执行状况。因此，公众理应成为安全生产改革的动力源和信息反馈源。三是一个完整且相对独立的协调机构。通过组织这样一个可以将现有的和新创建的监督机构统一组织起来的协调机构，并对其上报、反馈的信息进行综合分析，能够从更深刻、更宏观的视角去审视和挖掘安全生产改革中产生的问题和难点。

加快推进追责制的法制化进程，把安全生产追责与依法行政结合起来。要构建完善安全生产追责的法律依据，通过构建完善的法律依据，规范追责主体及其权力，确定行政追责客体、规定行政追责事由、完善行政追责程序、明确行政追责方式。要健全组织法制和程序规则，保证追责机关按照法定权限和程序行使权力、履行职责。要研究把安全生产追责制纳入法治化轨道，切实做到有权必有责、用权受监督、违法受追究、侵权要赔偿；推行安全生产追责制要与宪法、国务院组织法的规定相衔接，并有所区别；要进一步缩小行政执法层级，完善执法程序，优化执法环境，提高执法水平。

二、科学实施责任追究清单制

安全生产责任追究存在主体多元、事项复杂以及追责周期较长等特点，这给责任主体及其责任份额的认定带来了不少困难。就当前我国安全生产责任追究的现实而言，以建立"责任清单"和"追责清单"为切入点，把追责制的制定、执行及其追责情况通过清单的形式加以规范，由此不断推进安全生产责任追究的可操作化，不失为破解问题的一种科学思路。

追责法治化的基本理念是权责一致，其具体体现就是权责罚相一致。其中，权力是一种行为能力，主要表现为控制能力；责任是一种行为要求，主要表现为合法要求；惩罚是一种行为评价，主要表现为否定评价。

就安全生产责任追究来说，实现权责一致，重点要建立与"权力清单"相对等的"责任清单"和"追责清单"。"权力清单"强调"应该做什么""不能做什么"，法无授权不可为。"责任清单"强调"做了什么""做得怎样"，法定职责必须为。然而"追责清单"是"权力清单"和"责任清单"的必要延伸，强调的是"什么人因什么行为应当承担怎样的后果"，它要解决的根本问题是，当安全生产责任追究制的制定、实施及其结果出现与"权力清单"和"责任清单"规定所不相符的行为时，该如何追究责任主体的责任。

通过建立"权力清单""责任清单"和"追责清单"，并把三者对接起来，有助于促成职责罚的统一、前程控制与后程控制的统一、责任追究惩戒职能与预警倒逼机制的统一，有利于推动安全生产责任追究的常态化、规范化。此外，清单制尤其是"责任清单"和"追责清单"对于责任追究事项的梳理、记录、公开等，使得决策责任主体与责任份额的辨识变得更加容易，确保安全生产责任追究依据更加充分、程序更加规范。通过清单制建立以"明责、查责、对责、追责"机制为核心的履职行为可追溯体系，确保履职行为全程留痕、全程监控、全程可溯，使原本模糊的责任变得清晰，为事后倒查追责提供了书面依据，有效破解了责任追究的发现难、查证难、处理难等问题。

（一）编制"责任清单"与"追责清单"

建立安全生产责任追究"责任清单"和"追责清单"制度是政府治理的一个创新，相关理论探讨和实践探索尚处于起步阶段。"权力清单"制度的试点工作开展相对较早，相关经验可以借鉴，但因为清单属性及规约方向不同，这一借鉴也是相对的。编制"责任清单"和"追责清单"是建立安全生产责任追究清单制度的中心环节，也是进行责任追究和责任倒查的前提基础。

围绕监管事实编制"责任清单"，用以明确责任主体和细化责任份额。主要内容包括：标明监管事项，明确项目名称、承办单位、实施单位以及时间期限等；标明监管目标，明确监管项目的经济效益、社会效益及政治影响；标明监管主体，明确行政首长、主管部门、直接责任人、间接责任人及其责任份额；标明监管程序，明确监管建议、公众参与、专家论证、风险评估、合法性审查、集体讨论，以及方案批准、报备、执行、监督与评估等环节的操作流程及其直接责任人与参与对象。

围绕责任结果编制"追责清单"，用以明确追责对象和责罚标准。这主要包含：标明责任类型，明确何种责任，如政治责任、行政责任、法律责任以及道德责任等；标明追责机构，根据责任的不同类型明确追责机构，如立法机构、行政机构、司法机构以及专业协会等；标明追责对象，根据"责任清单"中的监管主体，明确主要追责对象、次要追责对象以及连带问责对象等；标明追责程序，明确责任追究启动、调查、取证、决定、审理、送达、申诉、公开等流程及其实施机构；标明责罚标准，联系决策目标，明确责罚依据、尺度及其形式；标明追责期限。

尽管"责任清单"和"追责清单"具有不同的规约指向，但是两张清单是一个相互承继而非彼此分立的过程，而且，追责实践也需要两者的整合对接。

（二）实施清单制度的关键在执行

清单的执行是清单制度转化为现实效力的关键，也是安全生产责任追究的保证。在此过程中，有三个问题需要引起重点思考。

1. 法理依据

它指向的是清单执行的"合法性"问题。安全生产涉及重大社会公共利益且影响面广，其责任追究关涉的权利义务关系也较为复杂，因此务必严肃审慎。清单问责制度相关事项设立、标准确定以及责罚认定等都需要在法律上做统一规范，因此为了避免清单编制与执行陷入无章可循的境地，就必须推动追责依据的法理化。就当前安全生产立法现实而言，可考虑整合、完善现有的地方性、条例性规章制度，出台一部全国性的安全生产责任追究法律，用以指导安全生产责任追究相关制度机制的设计与运行。

2. 执行机构

它指的是"谁来执行"的问题。一个相对独立的执行机构是确保清单制度得以有效执行的关键。当前我国安全生产责任追究基本上还是一种"同体等级"的问责模式，即在政府机构内部由上级机关来追究下级机关的责任。综观我国现有的地方性安全生产责任追究办法，可以发现：几乎所有的责任追究主体都是当地人民政府或监察部门。毋庸置疑，依靠这种追责模式来执行责任清单难以做到权威、公正和有效。但若为此专门成立一个新的机构，不现实也没必要，这里可借鉴其他国家经验，建立监督专员制度，提升我国现有监察部门的独立性与专业化水平，把该机构原有的行政监督职能与责任追究以及清单管理执行职能融合起来，使追责由纯粹后程控制转化为全程化、常态化控制。

3. 执行手段

它指向的是"执行的方式方法"问题。安全生产责任清单的编制、核查、公开、存档以及调取等工作需要方法手段的创新，在现代信息技术快速发展的今天，引入大数据的思维与方法，推进清单追责制度的智能化与"智慧化"，将成为一种趋势。

第五节　建立科学的容错机制

安全生产监管离不开创新。但创新就意味着风险与失误。面对安全生产的严峻形势，如果各种责任主体在严厉的安全生产责任追究制面前顾虑重重、缩手缩脚，必然会影响监管效果；面对追究制中的责任不清等问题，如果没有科学的容错机制，必然会影响创新动力和监管活力。因此，建立新常态下的安全生产容错机制势在必行。

一、容错机制的内涵

容错是计算机行业的专业术语，即指发生一个或若干个故障，程序或系统仍能正确执行其功能。其功能指三方面内容：一是约束故障，防止故障影响继续扩大；二是检测故障；三是恢复系统。如当计算机出现"程序未响应"的情况时，几秒钟后会恢复正常状态，这就是容错机制在发生作用。从上述定义来看，容错机制应该包括纠错的过程，而不是简单的宽容错误。2016年，国务院《政府工作报告》中提出的"建立健全容错纠错机制"后，"容错"被逐步应用到管理领域。目前行政管理方面的容错机制通常指：在创新发展过程中，宽容改革创新者在探索性实践中出现的错误和偏差，通过相应的机制，控制风险的进一步传播，及时纠正错误和偏差，保证事业的健康发展，并对相应的责任人实施豁免。

容错机制的基本内涵：一是容错的基本前提是坚持依法秉公用权。这里的"错"不是一般性的违法乱纪，而是依法秉公用权中的"探索性偏差"和科学决策基础上的"探索性失误"。所谓依法，即符合法律法规和政策规定，反之，则为违法或违纪。以依法与否来准确区分失职与失误、敢为与乱为的界限。所谓秉公，即不以谋取私利为目的，若反之，则为徇私或腐败。以秉公与否来准确区分负责与懈怠、为公与为私的界限。只有在"依法"和"秉公"范围内的"偏差失误"才可能得到合理包容，才可能不做负面定论或从轻减轻处理。二是"容错"是为了更好地"纠错"。出台容错机制的同时，也应该强化"纠错机制"。任何人、任何政策都无法做到先知先觉，一旦行为不当或决策不正确，就应当由纠错机制来发挥作用。容错不是出于偏袒或护短，而是让责任主体卸下精神包袱，直面矛盾和问题，根据矛盾的普遍性和特殊性及时调整实践方案和工作思路，努力实现预期目标。容错是一种化解潜在问题和矛盾的缓冲机制，而不是无目的、无原则、无根据的包庇和纵容。三是坚持"他者容错"与"自我纠偏"的权责统一。容错的主体主要是权力组织部门及其法律制度依据，而不是当事人的自我解脱和责任推卸。纠偏的主体主要是行为当事人，而不是指向相关组织领导部门。

从一定意义上说，容错机制是运用法治思维来破解难题的微观制度装置。对于什么样的"错"能"容"，不是某一领导说了算，而是要依据相应法律法规和政策规定。建容错的法规机制及其评价指标，对偏差失误的程度做出明确的规定。关于"错"究竟如何来"纠"，不能由当事人说了算，而是要严格遵循法律法规和政策规定。对偏差失误的具体评判要依据"法"，如何具体纠错改正也要遵循"法"。针对不同类型、领域、层次，对于纠错改正的责任主体、基本依据、纠偏进度、过程考核、奖惩举措、保障机制等予以明确规定。推进容错机制的常态化，不是短期个别之举，需要在法律制度和政策规定的基础上，探索一些微观机制来落地生根，从而形成安全生产治理法治化的标签。

二、构建科学的安全生产容错机制

关于安全生产容错机制的构建，目前全国有一些试点地区在做探索性的试验，还没有形成较为统一的模式，更没有全国统一规范的纠错机制。如何科学建立容错机制，需要理论与实践相结合，既不与法律相矛盾，也不与当前逐步强化的追责制相冲突，使容错机制更科学化、可操作化。构建科学的安全生产容错机制必须遵循以下原则：

一是依法容错原则。划清容错机制的制度条款与法律法规、地方党政领导干部安全生产责任制规定、党的纪律处分条例等的界限，使之与这些条款不存在悖论和冲突，让容错机制与法律法规、党的纪律之间相互配合，相得益彰，从而保证容错机制长期稳定发挥作用。责任主体因不可抗力，致使未达到预期效果或造成负面影响和损失，符合以下条件者可减责或免责：法律法规没有明令禁止、符合中央和本地党委政府决策部署、经过集体民主决策程序、没有为个人或单位谋取私利、积极主动采取措施消除影响或挽回损失的。

二是对象"三个区分"原则。把责任主体在推进改革中因缺乏经验、先行先试出现的失误和错误，同明知故犯的违纪违法行为区分开来；把上级尚无明确限制的探索性试验中的失误和错误，同上级明令禁止后依然我行我素的违纪违法行为区分开来；把为推动改革的无意过失与为谋取私利的故意行为区分开来。这"三个区分"实际上提供了对安全创新中出现错误或失误的性质进行客观公正的辨别和区分的标准，明确了哪些错误和失误是可以纳入容错机制的，哪些错误和失误是要接受处罚的，从而清楚地划分容错机制的适用范围和排除标准。

三是与纠错有机融合原则。容错与纠错不可相互分割。容错本身要有纠错的功能。当错误出现后，首先要约束错误，防止错误的影响继续深化；其次还应有必要的补救措施，发挥纠错功能，使工作朝着正确的方向发展，并保持政策的连续性。因此，在构建容错机制的过程中，要把容错与纠错有机融合起来，形成科学的容错机制。建立健全民主决策机制、负面清单制度、监督机制、纠错机制、免责机制、激励机制等，一旦发现错误，立即启动纠错程序，阻止错误的继续扩散，并及时纠正错误，使创新性实践活动沿着正确的方向发展。

四是鼓励创新原则。最大限度地调动责任主体的积极性、主动性、创造性，激发创新活力。在推进安全发展的过程中，难免会因为安全发展的客观规律等因素的影响，以及由于对这些规律认识不足而出现一些差错，如果没有必要的保护措施，创新者的积极性、主动性、创造性就会受到挫伤。所以，需要一种科学的容错机制来允许试错、犯错、改错，能够鼓励和保护改革创新者，激发他们的创造活力。

基于以上原则进行制度设计和制度安排，建立健全民主决策机制、负面清单制度、监督机制、纠错机制、免责机制、激励机制等。建立健全民主决策机制，对探索性的重点工作进行风险评估，组织民主决策，就是要尽量避免重大决策失误，从而使创新性实践活动在正确的轨道上进行；建立负面清单制度，就是明确什么是禁止的，什么是可为的。这样，在创新过程中就可以依据负面清单，依据"法无禁止皆可为"的原则，进行大胆尝试，提高创新实践的效率；建立监督机制，就是确立监督主体，并对创新实践者及创新过程进行监督制约和控制，减少创新失误的概率；建立纠错机制，包括错误预警、错误识别、错误应急反应、错误认定、纠错效果检验等机制，就是要及时发现、纠正创新过程中的错误，减少试错给经济社会发展造成的损失；建立免责机制，包括免责条件、对错误或失误性质的认定、容错免责组织认定等程序，对容错主体实行免责处理，就是要对改革创新未达到预期目标，或者造成负面影响和损失的，只要是在容错范围内的，就实施免责。构建激励机制，就是要对探索性创新实践主体进行免责，免责即激励，在此基础上，还可以通过一定的形式对创新实践予以鼓励。

容错机制确立后，还应将容错机制的组织架构、运行流程、实施细则、免责条款、适用对象等详细内容公开发布，一方面彰显党和国家宽容探索性失误、包容尝试性失败、鼓励大胆创新的主张，另一方面也能起到调动全社会监督和参与改革实践的热情，进而为党的改革创新事业营造环境，赢得广泛舆论支持的作用。

三、厘清容错机制与追责制之间的关系

安全生产的容错机制与追责制是一对矛盾的统一体。容错机制为追责制明晰了追责界限，追责制为容错机制确定了底线范围，两者互为影响互为补充。两者的主要区别在于：

一是目的不同。追责制主要是为了加强对责任主的管理和监督，提高责任主体的安全风险与责任意识，更好地履行安全生产的主体责任，不断提高安全管理水平。而容错机制主要是为了激发和保护责任主体，特别是改革创新者的热情，为改革创新者撑腰，让创新者放开手脚大胆干，从而推动社会的安全发展。

二是针对性不同。安全生产追责制主要是对决策严重失误、工作失职、监督管理不力、滥用职权、对重特大事故处置不当等行为造成重大损失或恶劣影响的予以追责。从这些追责的内容来看，与容错机制的限定是不相悖的。容错机制的"错"是指在探索性实践中出现的非主观性的错误，是政策、法律法规所允许的范围内的错误。这种探索性实践不是改革创新者随心所欲的实践，是在一种科学的决策机制下、一定的制度框架内的实践活动；这种探索性实践是因缺乏经验、先行先试出现的失误和错误，而不是明知故犯的违纪违法行为，是上级尚无明确限制的探索性实践中的错误，而不是上级明令禁止后依然我行我素的行为，是为推动改革的无意过失，而不是为谋取私利的故意行为。只有在这样的约束条件下改革创新者发生的错误或偏差才可以受到宽容和免责处理，才适用于容错机制。所以，容错机制中这些错误和偏差所造成的影响不及追责制中的恶劣影响。

三是处理方式不同。追责制的追责方式是责令公开道歉、警告、记大过、停职检查、免职、开除等处分，是一种惩戒机制；而容错机制则是免责处理，是一种激励机制。

厘清容错机制与追责制的关系，对于容错机制的构建具有重要意义。首先，有助于容错机制的政策稳定。容错机制主要针对由于错误而造成效率损失的情形。在探索性监

管创新实践中，目标失当、措施不合理、执行过程中存在问题等都会导致效率损失。容错机制不仅仅宽容创新者的错误，而且要及时纠正错误，弥补损失，使监管朝高效前行。容错机制本身是个新生事物，在纠错的过程中，要通过错误预警机制、错误应急反应机制、错误认定、错误纠正、效果检验等环节，尽可能地减少对社会安全的影响，需要对原有一些政策条款做相应的纠偏改正，不应该因试错而全盘否定经过科学决策的相关政策。

其次，有助于宽容文化氛围的培育。容错机制不仅需要构建科学的机制，更需要营造相应的宽容文化氛围。宽容文化呈现出来的是宽松、包容的氛围，有了宽松、宽容、和谐的干事业的环境，责任主体的积极性就会最大限度地被调动起来，从而推进安全主体责任的全面落实。

再次，有利于培育责任主体的担当精神。当前，虽然部分责任主体大胆创新、敢作敢为，在改革实践中取得了一些创新成果，但是，有相当一部分责任主体或者得过且过、无所作为，或者因惧怕犯错而不敢担当，为官不为。构建科学的容错机制，有利于责任主体消除不作为、不当作为、乱作为及慢作为等行为，推动全社会形成想作为、敢作为、善作为的良好风尚，推动责任主体愿干事、敢干事、能干成事的良好氛围。

四、可以参考的容错内容

按照容错的内涵与原则，再结合与安全生产责任追究制的关系，能对以下情形进行容错：在落实上级决策部署中出现工作失误和偏差，但经过民主决策程序，没有为个人、他人谋取私利，且积极主动消除影响或挽回损失的；在安全生产监管执法中，因先行先试出现探索性失误或未达到预期效果的；法律法规没有明令禁止，因政策界限不明确或不可预知的因素，在创造性开展工作中出现失误或造成影响和损失的；在安全生产监管执法中，因大胆履职、大力推进出现一定失误或引发矛盾的；在服务企业、服务群众中，因着眼于提高效率进行容缺受理、容缺审查出现一定失误或偏差的；因国家政策调整或上级决策部署变化，工作未达到预期效果或造成负面影响和损失的；在处置生产安全突发事故或执行其他急难险重任务中，因主动揽责涉险、积极担当作为，出现一定失误或非议行为的；在化解矛盾焦点、解决历史遗留问题中，因勇于破除障碍、触及固有利益，造成一定损失或引发信访问题的；工作中因自然灾害等不可抗力因素，致使未达到预期效果或造成负面影响和损失的；按照事发当时法律法规和有关规定，不应追究责任或从轻追究责任的；在起草文稿、编发信息、公众号发布、调查研究等方面，因经验不足、考虑不周出现失误或偏差，但经过集体讨论或经上级领导审阅的；其他符合容错情形的。

第六章 规避安全生产责任追究的策略

第一节 履职状况及运用

安全生产责任追究主要针对的是不履职或者不认真履职导致产生严重后果的行为，因此，履职状况是责任追究最基础的因素。履职的把握涉及的内容十分多，从责任主体规避责任的策略层面来说，执法检查的把握是关键面，安全底线和安全极限的把握是核心支撑点，而所有的点面都在吃透安全生产法律法规的基础上构成。

一、防止执法越位

执法检查是安全生产责任主体履职最基本手段，是发现安全隐患，堵塞安全漏洞，强化安全管理的重要措施。执法检查的目的是识别潜在的危险，确定危害的根本原因，对危险源实施监控，最终采取纠正措施，保证安全生产、职业健康、稳定发展。执法检查要有领导、有计划、有重点地进行。从规避责任的角度考虑必须防止执法越位。防止执法越位主要是以防以下几种表现：执法要求越位、执法部署越位、执法职责越位、行政处罚越位、事故查处越位。

二、防止超越极限

极限思想是指用极限概念分析问题和解决问题的一种安全底线管理思想。用极限思想解决安全问题的一般步骤可概括为：对于被考察的未知量，先设法构思一个与它有关的变量，确认这变量通过无限过程的结果就是所求的未知量，最后用极限计算来得到这结果。极限思想揭示了变量与常量、无限和有限的对立统一关系，是辩证唯物主义的对立统一规律在安全领域中的应用。借助极限思想，人们可以从有限认识无限，从不变认识变，从量变认识质变，从近似认识精确。从责任落地层面来说，对极限思想的把握是责任主体应用于履职实际的重要诀窍。

安全生产极限主要包含部署极限、整改极限、查处极限、许可极限与打非极限，其中重点是部署与整改极限。

（一）安全部署极限

安全工作部署的核心要素主要有三个：

①法律政策要求，即法律政策赋予的明确职责。

②现实或现状的客观需求，即客观现状存在亟须解决的安全问题。

③依据实情需要对安全工作成果做出检验与衡量。安全工作部署的条件是部署的资源与条件状况。只要部署的资源与条件状况均满足部署的要求，核心要素中任何一个要素存在，都必须做出工作部署，这就是安全工作部署的极限。上述案例就是突破安全工作部署极限的一个典型表现。

（二）安全整改极限

首先，是整改的有效性问题。这是突破极限最常见的问题。如对某企业进行安全检查时，发现该企的车间动火作业违反规定，于是下发整改指令，要求该企业健全动火作业制度。整改复查时，企业拿出一份刚从网络上抄录的制度，复查验收就通过了。其实这样的制度是无效的，原因在于它不符合 2001 年最高人民法院《关于审理劳动争议案件适用法律若干问题的解释》规定，规章制度是否合法并向员工公示将作为文件有效与否的重要标准。2002 年，中共中央办公厅、国务院办公厅《关于在国有企业、集体企业及其控股企业深入实行厂务公开制度的通知》规定，企业重大决策必须通过厂务公开听取职工意见，并提交职代会审议通过，否则视为无效，最后必须以文件形式颁布实施才有效。

其次，是整改的持续性问题。如《烟花爆竹经营许可实施办法》（国家安监总局65号）第四条规定：烟花爆竹零售点不得与居民居住场所设置在同一建筑物内。我们在许可审查时发现申报单位违反这一规定，申报单位必须完成整改。一般情况下，居住人员和相关居住设施搬离拟许可点的建筑物外就算整改了。这就没考虑整改的持续性，一两天搬离就可以一两天搬进，要确认是不是居住场所，不仅仅要看现场有没有人居住，关键还要看法定资料或者是其他如租住协议、邻居证明等有效材料。

再次，是整改的规范性问题。如某企业没有建立安全生产责任制，怎么整改？按《中华人民共和国安全生产法》第二十一条规定，建立健全并落实本单位全员安全生产责任制是生产经营单位主要负责人的法定职责。要求企业建立责任制度（覆盖所有人员的岗位职责），这是第一步。第二步要有实施的平台或手段，如层层签订责任状。第三步要结合奖惩有考核、考评。完成这三步叫健全责任制。因为健全责任制是生产经营单位主要负责人的法定职责，造成没有建立安全生产责任制是主要负责人的问题，所以最后还须完成对主要负责人的警告、谈话等。

在安全工作中，我们要用"望远镜"总揽全局，用"放大镜"抓检查，用"显微镜"看隐患，用"透视镜"看整改。为什么用"透视镜"看整改？因为整改是安全极限把握的核心环节。搞些安全检查不难，发现一些安全隐患也不难，难就难在整改上。整改的"难"体现在"改"字上，没有改就无所谓整改。改要改好改彻底，就是彻底改变存在事故隐患、明显违反法律法规、未履行安全法定职责等不安全现状，达到一定标准的安全水平。这就是安全整改的工作极限。为了防止突破极限，必须克服因整改不力造成整改不了隐患、整改后留有隐患及整改后产生新隐患等现象。同样用上例分析，仅仅建立责任制，当然叫整改不了隐患；若责任状中忽视了交叉地带的内容必定会留有隐患；如果职责定位错误，还会产生新隐患。所以，整改的工作极限要求是非常高的。我们要在原因分析基础上，按照隐患整改"四定"（定措施、定人员、定资金、定期限）原则予以落实。

三、防止突破底线

底线原指"足球、篮球、羽毛球等运动场地两端的界线"，后来引申为人们社会活动范围不能超越的纵横两端界线，如权限界线与义务责任界线、活动结果的成功代价与失败后果的认定界线等。现指人们在社会实践活动中对于某种事情、事件或事态的认识及发展变化的承受极限线，或者危险临界线。在哲学中是由量变到质变的危险临界点，一旦量变突破底线，事物的性质就会发生根本性的变化，出现危险的质变；在生命学中是力量支撑的承受极限线，万一施压力超越承受极限，事物的体系会受到功能性破坏，也许会永远无法修复。

在履职中，一旦突破底线，也就处在了临近追责状态。因为一旦突破底线，其行为必然是超出了法律或政策的界限，而且其行为结果必然具有不可预知的实质危害性。一旦这种行为造成了危害事实，也就具备了追责的客观条件。因而，要规避责任追究，在履行安全生产职责和义务时必须防止突破底线。

要防止突破哪些底线和怎样防止突破底线呢？在此只列举其中核心观点不再做详细论述。

（一）安全认识底线

没认识、认识不够、认识比较到位、准确认识，这四种安全认识的表现也就是安全认识的四条界线。到底哪一条界线才是安全认识底线？准确认识属于安全认识的顶层界线，它不是底线。没认识处在最坏结果的中心，事实上超越了安全认识的底线。认识不够处在最坏结果的边缘，它与风险、危机并存，也已突破了安全认识的底线。因此，认识比较到位才是我们要坚守的第一条底线。只有安全认识比较到位，才能把握安全的主动权，不至于出现最差的结果。

坚守安全认识底线，就必须不断提升安全认识。要提升安全认识：一要与时俱进。作为安全工作者，应当审时度势，与时俱进。力图顺应国家或民众对安全的要求，跟上科学管理、安全发展步伐。二要从严要求。无论是内部管理，还是外部协调，都要紧紧围绕安全与经济两大主题，尽可能做到万无一失。三要深刻剖析。提升认识是一项大工程，真正提升有许多细致而具体的工作。要想做好这项工作，就一定要找准安全认识中的种种问题表现，进行根源性剖析。四要彻底整改。面对实际，不搞花架子，不唱高调，一切从实际出发，一切从现状开始，将安全隐患整改到位。五要不断创新。如何预防与控制事故，无论在理论上还是在实践上，都有待于进一步地探索、丰富和完善。我们必须深入研究学习，持续总结经验教训，确立安全新理念、新思路、新措施。六要加大试验。要想知道观点对不对，想法好不好，点子新不新，必须进行科学的试验。因为试验是检验真理的唯一标准。只有经过试验，才能得出正确的认识。

（二）安全利益底线

任何主体在均衡协调的基础上追求自己最大的安全利益无可厚非。但若在损害或严重损害他人利益之下获取自己的安全利益那就是自私，这种利益也必然是短暂的利益。在安全利益上，最大限度减小事故风险和降低事故损失，必须以不损害他人的安全利益为底线。

要想坚守这条底线，必须处理好上述分析的三个安全利益关系，即企业在国家、社会、市场中的安全利益交叉关系，企业在安全事故中发生的安全利益关系，安全风险要素间的利益关系。处理好这三个安全利益关系，意味着突出了安全利益的均衡性和整体性。我们在进行底线思维时，必须牢牢记住：追求自身的安全利益绝不能以牺牲利益关系人的安全利益为代价。

（三）安全权责底线

权责统一是与权力与生俱来的本质要求，安全职责是安全职权不可分离、不可或缺的伴生物。主体授予安全职权的同时，实际上已经赋予了相关的义务和责任，即权责同授；责任者在接受职权的同时，也接受了义务和责任，即权责同承。安全职权与安全职责不可分离是一个统一体的两个侧面。任何责任者在行使安全职权时，都必须履行相应的安全职责；在履安全职责时，也应当享有安全职权。没有无职责相伴的职权，也没有无职权相伴的职责。职权可以保障职责的履行，职责又对职权的行使进行监督制约。无数事故表明，只有科学的安全权责分配，才能将安全监管工作做到位，才能真正做到预防和控制事故。在安全权责分配上，权责对等是关键。安全责任问题、安全权力问题以及权责关系上产生的问题都与权责不对等有着直接或间接的关系。因此，权责对等才是我们对待权责问题要始终坚守的一条底线。

要坚守这条底线，责任者所拥有的安全职权与其承担的安全职责必须相适应。不能只拥有责权，而不履行其职责；也不能只要求责任者承担职责而不予以合理授权。突破这条底线，都会带来安全管理上的重大隐患，最终产生危险的结果。

（四）安全秩序底线

任何秩序都有两个系统，一个是物质能量系统，即物质能量在时空中按照一定的秩序排列组合而成的系统。这一系统侧重的是客观因素，难以改造但必须改造，一旦改造成功，便形成比较固定的优良秩序。另一个是信息控制系统，即建立于物质能量系统之上的，由人脑的主观信息引导、流通而形成的系统。它更侧重的是主观因素，如通过建立制度、人的教育、管理等构建秩序，这种秩序容易变动，容易发生形态转变，但通过一些硬化措施，可以实现相对稳定。不管是构建安全公共秩序，还是安全个体基础秩序或安全个体特殊秩序，都应利于这两个系统。物质能量系统和信息控制系统的完善程度决定着秩序的水平与质量。构建安全秩序，最重要的底线就是达到国家或行业的标准。低于标准，物质能量系统和信息控制系统必然存在隐患与漏洞，当然也就谈不上安全秩序的优良问题。

要守住安全秩序底线，首先要保证物质能量在物质能量系统中安全释放、流通、运转，最大可能降低有毒有害物质的危害和设备运转能量的危害。其次，要加强信息控制系统，从人员素质和现场定置着手优化管理尤其是优化重大危险源和重大安全隐患的管理。第三，要树立安全大秩序观念，把个体安全的秩序放在整个社会安全大局之中去构建。第四，要抓住控制环节，研究多变量复杂系统的最优控制，建立安全秩序新常态。

（五）安全查处底线

查处不是目的，而是手段。其本质目的在于还原真实、纠正错误、消除危险。还原真实、纠正错误、消除危险才是安全查处要坚守的底线。

第一，要守住这条底线，首先要树立过硬的求真观。不查明事件或事故经过、原因、性质不放过。违法违规行为或事故的查处过程就一个探求真理的过程。违法违规行为或事故证据采实了、行为处罚了不等于查处结束了。违法违规行为或事故为什么会发生？怎样发生？这必须还原真实。如一台特种设备未经检测就投入常规运行，这是一种违法行为，是一种表层事实，可以依法立案处罚。但这种表层事实背后有多种事实情形，决策层为节省投入不检测，这是领导层造成的问题；领导交代了，部门忘了按时检测，这是中层管理上的问题；员工自行启动运行，这是违规操作问题，等等。只有还原客观真实，才能实行高效查处。

第二，要实现纠正错误、消除危险的最终目的。查处不是为了处罚，处罚只是一种手段，目的是安全。要铲除违法违规行为或事故发生的条件，切断违法违规行为或事故发生的客观链条。要透过现象看本质、通过处罚促整改，不整改到位坚决不放过。

第三，要有规范的查处理念。《生产安全事故报告和调查处理条例》对查处的职责和程序规定十分明确，尤其是查处职责中要求查明事故原因、认定事故性质和责任、提出处理建议、总结教训并提出防范与整改措施，这些职责的履行，容易守住底线。但对于非事故案件查处包括现场处罚，因为法律法规或政策尚没有特殊要求，多数案件就体现不出"教育与惩处相结合"的原则，可能就无法达到还原真实、纠正错误、消除危险的目的。

（六）安全投入底线

生产安全，是企业最大的效益，是企业生存的保障。始终把安全工作放在第一位，是实现企业经济效益的前提条件。从哲学的角度看，在任何一对矛盾的事物间都可找到一个最佳的平衡点。一方面，安全投入不足，就解决不了各种隐患或风险存在的危险，进而无法满足安全生产的需要。另一方面，安全投入也不是越多越好。合理的安全投入，可以与经济效益成正比例增长。一旦超过某种限度，就变成了无谓的浪费，甚至可能降低企业效益。正常的安全投入都应该在安全失稳点与安全保障点之间，超过安全保障点的安全投入可能就是盲目的投入。这种盲目的投入不但会增加安全管理难度，还可能降低企业的经济效益。因此，按需投入才是安全投入要坚守的底线。

要守住安全投入的底线，首先要加强安全技术标准的研究，制定既经济又适用的安全技术标准，努力用较少的投入获得较大的安全保障。其次，要运用科学方法，广泛开展预评价、现状评价等安全评价工作，全面排摸安全隐患，减少安全投入盲目性。最后，要加大对安全投入的管理力度。在对安全投入进行科学的预算规划，通过审计、监督监察等手段，对安全投入和使用进行监督检查。加强科学技术的应用和培训力度，制定切实可行的安全投入管理制度，努力提高自身的安全生产能力和管理水平。力争把有限的人力物力做最合理的投入，最大限度地发挥安全投入的作用，降低事故经济损失，以最少的资金投入取得企业最大的经济效益。

（七）安全风险底线

从安全风险发生的可能性、风险强度、风险持续时间、对风险后果的界定来看，安全生产最大的风险是系统性风险和区域性风险。系统性风险是指一个事件在一连串的机构构成的系统中引起一系列连续损失的可能性。风险的溢出和传染是系统性风险发生时最为典型的特征，另一个重要特征就是风险和收益的不对等性。区域性风险往往是由个别或部分机构的风险在该区域内传播、扩散引起，或者是其他经济联系密切的区域风险向本区域传播、扩散而引起关联性风险。在这样的环境下，潜藏的风险存在进一步集聚扩散的可能，一旦风险爆发并产生交叉传递，整个区域甚至实体经济都将遭受重大影响。如危险化学品泄漏事故，不但会造成人员伤亡，还会造成环境污染，影响整个区域。因此，不发生系统性风险和区域性风险是安全风险一条重要底线。

风险防范是安全发展永恒的主题。做好安全生产工作，必须增强忧患意识、责任意识，居安思危、未雨绸缪，坚持将防范化解风险作为安全工作生命线，把存在的问题分析得更透彻一些，把应对的措施准备得更充足一些，紧紧抓住坚守风险底线这个根本，紧紧抓住系统性风险与区域性风险防范这条主线，紧紧抓住加强有效监管这个关键，从思想观念上、从制度建设上，增强监管的针对性和前瞻性，采取有效措施防范系统性风险与区域性风险的发生。

（八）安全法律法规底线

法律对所有责任主体具有普遍约束力，是每个责任主体必须遵守的行为规范。守住法律底线，首先要知法，继而懂法，最终做到守法。每个责任主体都应增强安全法律意识，提高明辨是非能力，养成良好的行为习惯。法律法规底线主要指"三个不能"。不能违反法律的强制性规定，强制性规定是国家通过法律调整社会生活的警戒线，不允许任何公民、法人和其他组织违法逾越。不能违反公序良俗原则，责任主体的行为应遵守公共安全秩序，符合善良风俗，不得违反国家的公共安全秩序和社会的一般道德。不能违反法定程序。

四、吃透法律精神

在安全生产工作中，依法履职几乎已形成共识。然而很多的责任主体拘泥于法律的条条款款，认为把握好这些条条款款就是依法履职，其实这是一种机械思维。法律法规是我们依法履职的依据和前提条件，法无明文不可为，为者称乱作为；法有规定必须为，不为者称不作为。乱作为和不作为属于党纪国法明令禁止的行为，那么，具体在安全生产工作中怎样才能做到善作为，本文首要的是吃透法规精神。

张某是某街道分管安全的副主任，2006年在甲地投资购买了三套房子（4幢底层的营业用房和二层及三层的商品房），并进行了简易装修，2009年将三套房子一并租给当地商人使用。2013年3月其商品房起火，发生一起造成第五层住户二人死亡和320万的直接经济损失的火灾事故。事后，张某及当地承租方范某分别以重大事故责任罪被判处三年有期徒刑。经查，此起事故是因营业用房的一处电线损坏产生火花而引发的。因为双方在租房协议中没有任何安全监管方面的职责规定，事故责任由双方共同承担。

我们知道，在《安全生产法》中涉及安全协议的有三个条款，即第四十八条规定："两个以上生产经营单位在同一作业区域内进行生产经营活动，可能危及对方生产安全的，应当签订安全生产管理协议，明确各自的安全生产管理职责和应当采取的安全措施，并指定专职安全生产管理人员进行安全检查与协调。"第四十九条规定："生产经营项目、场所发包或者出租给其他单位的，生产经营单位应当与承包单位、承租单位签订专门的安全生产管理协议，或者在承包合同、租赁合同中约定各自的安全生产管理职责，生产经营单位对承包单位、承租单位的安全生产工作统一协调、管理，定期进行安全检查，发现安全问题的，应当及时督促整改。"第五十二条规定："生产经营单位与从业人员订立的劳动合同，应当载明有关保障从业人员劳动安全、防止职业危害的事项，以及依法为从业人员办理工伤保险的事项。生产经营单位不得以任何形式与从业人员订立协议，免除或者减轻其对从业人员因生产安全事故伤亡依法应承担的责任。"

《安全生产法》中的这些条款对张某的租房协议适用吗？这些法律条款的适用对象是生产经营单位，张某不属于生产经营单位，明显不适用。张某作为多年分管安全生产工作的领导，曾对企业关于上述条款的内容要求落实过。但在自己的租房协议中却没有规定双方的安全管理职责。这说明张某没有吃透这些条款的立法精神，如果弄清了为什么《安全生产法》要给生产经营单位规定这些条款，那么他也就会在自己的租房协议中给承租方写上"负责在承租期间安全隐患的排查、治理和控制"的职责，也就避免被追究责任。

因此，在履职中，记住法律条款，并依法律条款监管是重要的，但更为重要的要吃透法律精神。只有吃透法律精神，才能真正做到依法履职。

第二节　心智技能及运用

安全生产监管的目标之一是促进责任主体有效地监管，实现责任主体认知和情感素质的和谐发展。而要促进责任主体有效监管，揭示责任主体监管的心理机制十分必要。责任主体的监管成效始终是人们关注的一个重要的结果性变量。影响责任主体监管成效的因素主要有两大方面：一是环境因素，即与监管相关的社会环境与自然环境；二是责任主体自身的心智因素，如智力、监管动机、自我效能感等。责任主体的心智因素是影响监管成效的内因，环境因素是外因，外因需通过内因才能发挥作用。心智技能既与履职密切相关，也与履职结果的运用密切相关。因此，探索影响责任主体监管的心智因素及其内在关系是揭示责任主体监管心理机制的关键。

一、心智技能的常识

心智是人的一种行为标志的基础。有什么样的监管思想，就会有什么样的监管行为；有什么样的监管行为，就会有什么样的监管结果。人的监管心智虽然无形，却能决定监管结果。安全生产监管心智技能主要是指责任主体对安全世界反映到人脑中来的种种现象进行整理加工，形成支配个体思考问题和采取行为的思维定式和假设。人对其关注的安全生产方面的运动规律以及自身感受偏好大都有着较为固定的认识及选择，人的心智活动因而沿着大致稳定的轨迹进行。对安全生产发展规律的不同认识以及对自身偏好的不同选择形成不同的心智模式。

对于心智概念的界定，有许多不同的观点。有人认为，心智就是自我开发心理能量。"心"是指对人和社会充满爱和诚，它不仅仅是物质的也是意识的，是"真、善、美"的统一体，是安全监管的基础。"智"是智商、知识、方法等要素的集合体。心与智尽管包容的境界以及涵盖的内容有所不同，但在深层底蕴和价值取向上则是沟通、互补和融合的，共同的目标就是指向真善美的境界。也有人认为，人的心智包括感情、意志和感觉、知觉、表象、思维等在内的全部精神活动。心智是人们对已知事物的沉淀和储存，通过生物反应而实现动因的一种方式。还有人提出，心智是人的一种本能，体现着人的潜意识。结合这些观点总结出心智是指个体拥有的智力与心理模式的总和。人的心智可以分为心态和智力两个维度。其中，心态维度是人对自身偏好的选择及坚持，主要包括态度、动机、情绪等；智力维度是人对事物活动规律的认识及坚持，主要包括知识和技能。智力维度虽具有相对独立性，但在实质上受制于心态维度。

心智的产生来源于自然的和必然的两种属性。心智的产生源于"物积"效应。"物"是对物质、事物的认识、分解和观点。"积"是指对"物"的沉淀、积累、累加。"物积"效应是心智的中心源，可分解为"正物积"和"负物积"。"正物积"是指表现出来积极的、向上的、前进的、有益于他人的；"负物积"则是指表现出来消极的、下降的、倒退的、有害他人的。心智产生的自然性包括唯物性和唯心性两部分。唯物性是指来源于对物质的认识过程所折射的、改变的。"物积"效应的产生是唯物性的依据。心智产生的唯心性，则是指来源于人的思维对物质的任意改变和创造，没有依据、没有理由、自发的、本能的。心智的必然性主要指心智由外部条件的作用，改变与改善内部因素而发生变异作用。

人的心智活动是多方面的，解读一个人的心智活动，就要全面地了解他的觉醒、认知、情感和意向等各个方面，也就是说，不但要了解他的认知活动，而且要知道他的觉醒、情感和意向状态。心智解读是通过个体的各种外部表现，推测他的觉、知、情、意表象以及他的觉、知、情、意实质。

一位资深的管理学家曾说过，只有人心和哲学才是完成伟大事业的原动力。因此我们必须首先培养这种心智。心智模式将隐藏于认知个体内心的各种独特的看待、思考、处理问题的方式和对某些事物的概括性看法及假设进行了概括。认为心智模式是根深蒂固于心中，影响人们如何了解世界，以及如何采取行动的许多假设、成见或图像、印象。人总是因各自的个人经历、工作经验、知识素养、价值观念等形成较为固定的思维认识方式和行为习惯。而心智模式一旦形成人们将自觉或不自觉地从某个固定的角度去认识、思考问题，并用习惯的方式予以解决。

二、心智技能与履职的密切相关

安全是一个特殊的专业领域，责任主体需要具备多种心智技能，其中最基本的心智有：专门领域知识心智、标准判断心智、内在动机心智、问题发现心智、说服传播心智及多元文化融合心智。

以上是责任主体应具备的六种基本心智，这些心智的有无和多少可能会影响责任主体的成长和发展。这六种心智有一定的阶段性和动态性，专门领域知识心智和多元文化融合心智，是责任主体获得必要知识经验的重要基础，而专门领域判断标准心智、内在动机心智和问题发现心智是责任主体做出创造性成就的动力，对责任主体有方向性的引领作用，说服传播心智则使责任主体将个体化的经验让更大范围的群体所接纳和传播。它们在责任主体成长过程中相互依存、相互影响。责任主体在履职初期，主要任务是完成对安全生产领域基础知识、基本概念、原理和方法的学习，并获得其他文化、其他知识领域的相关经验，在此阶段起主导作用的是领域知识心智和文化经验心智；当知识经验积累到一定程度的之后，责任主体会逐步掌握判断监管对象安全水平高低的标准，形成领域标准判断心智；接下来责任主体则有机会在领域标准判断心智、内在动机心智和问题发现心智的联合作用下，形成创新性的履职方案；最后这些履职方案仍然要靠责任主体的说服传播心智去让相关的社会领域或履职对象采纳，从而转化为成果。责任主体经过这六大心智的运用，最终实现安全生产履职目标。

三、心智技能与履职结果的运用

譬如在 XX 公司实验生产噻唑烷过程中发生甲硫醇等有毒气体外泄，致当班操作人员中毒，造成 3 人死亡、2 人受伤。事故调查组认定，这是一起企业在不具备安全生产条件下，擅自组织人员进行冒险实验生产而造成的一起较大生产安全责任事故。事故发生的直接原因是：XX 公司合作工业化实验噻唑烷过程中，使用了不成熟的生产技术，并且工艺设计也存在缺陷，从而造成副产品甲硫醇等有毒混合气体外泄，致使主操作工中毒，现场人员施救不当，造成事故扩大。事故发生后，XX 市安全生产监督管理局局长艾某某、监管负责人胡某某、XX 公司产业园区副主任马某、安监站站长魏某某四人被以玩忽职守罪追究刑事责任。

起诉书中，检察院指控上述四人在任职期间，没有按照相关法律、法规规定及其工作职责，对辖区 XX 公司进行认真、全面的安全生产监督检查工作，对 XX 公司采用合作公司不成熟的技术，擅自组织职工冒险进行噻唑烷工业化实验失察，安全生产监督检查不到位，对打非治违职责履行不到位，未能发现 XX 公司在不具备安全生产条件下，擅自组织人员冒险实验生产，致使在违规进行噻唑烷工业化试验过程中发生有毒气体外泄，造成 3 人死亡、2 人受伤，直接经济损失约 500 万元的安全生产责任事故。

胡某某、艾某某等四名安监人员被控玩忽职守罪案件在 XX 人民法院开庭。

检方：四名被告人未能发现 XX 公司在不具备安全生产条件下，擅自组织人员冒险实验生产，履行职责不认真、不全面、不到位。

辩护人：被告人并无发现隐患的职责，特别是被告人胡某某没有检查也谈不上是否应当发现问题。

辩护人认为，检方起诉书中指控四名被告人构成玩忽职守罪的理由是统一的：从"不认真""不全面"，"不到位"到"失察""未能发现"，可以看出检方起诉四名被告人的核心词都是"未能发现"，检方是从"未能发现"直接推出四名被告人履行职责"不认真""不全面""不到位"结论的。从侦查阶段的讯问笔录中也可以看到，办案人员反复盘问被告人艾某某为什么没有检查发生事故的那个车间，进而将"未检查发生事故车间"与"未进行全面检查"两个概念相混淆，对被告人进行反复诘难，所以，检方在侦查阶段和起诉阶段的办案思维是一脉相承的。

作为一种渎职犯罪，国家机关工作人员只有违反了岗位职责，才可能构成玩忽职守罪，而按照相关法律、法规规定，被告人并没有"发现隐患""发现违法"的职责。我国《安全生产法》规定：生产经营单位应当建立健全并落实生产安全事故隐患排查治理制度，采取技术、管理措施，及时发现并消除事故隐患。事故隐患排查治理情况应当如实记录，并通过职工大会或者职工代表大会、信息公示栏等方式向从业人员通报。《安全生产事故隐患排查治理暂行规定》第八条规定：生产经营单位是事故隐患排查、治理和防控的责任主体。我国《安全生产法》规定负有安全生产监督管理职责的部门的工作人员"在监督检查中发现重大事故隐患，不依法及时处理的"，能追究刑事责任，并没有规定"未发现隐患"要追究刑事责任。因为"发现隐患""发现违法行为"并非负有安全生产监督管理职责的部门的工作人员的职责，而是生产经营单位的责任，负有安全生产监督管理职责的部门要对生产经营 单位排查治理隐患工作进行监督检查，而不是越俎代庖。

对起诉书中指控胡某某没有对 XX 公司"进行认真、全面的安全生产监督检查""安全生产监督检查不到位""对 XX 公司擅自组织职工冒险进行噻唑烷工业化实验失察"，辩护人进一步指出：2016 年 1 月、8 月的两次安全检查，胡某某并没有参与，没有检查，又何谈是否到位、能否发现问题？作为监管二科科长，胡某某虽然负责抓全面工作，但并不意味着他要对辖区内的每一家企业都要去检查。监管二科总计三人，2016 年上半年只有胡某某、种某某两人，人少事多，主管副局长艾某某经常都要参与对企业的执法检查。在主管副局长已经带队检查 XX 公司两次的情况下，胡某某不再去查并无不妥。2016 年，胡某某虽然没有对 XX 公司进行检查，但是并不存在无所事事、玩忽职守的情况。他在 2016 年度共参与对 15 家危险化学品企业、1 家烟花爆竹企业的执法检查，总计检查 19 频次，共查出问题数 196 个。此外，他还承担了"三同时"审查、安全生产许可证申请资料审查、编制事故应急预案、上级部门下达文件阅办等职责范围内的大量其他工作。XX 公司虽然发生了事故，但不能将责任归咎于胡某某没有放下手中的工作，到 XX 公司去检查，这种"马后课"式的思维，对胡某某是不公平的。

检方：对安全生产重点单位应当每季度检查一次，监管二科 2016 年度对 XX 公司只检查两次属于失职；

辩护人：XX 公司并非安全生产重点单位，监管二科在计划外安排检查两次应当得到肯定，且两次检查均尽职尽责。

辩护人认为，开发区安监分局监管二科 2016 年度执法计划中本来并不包括 XX 公司。2016 年 2 月 24 日，为吸取天津港"8·12"重大火灾爆炸事故的教训，开发区安委办下发《2016 年安全生产工作要点》，要求加强危险化学品安全监管，深入开展危险化学品企业隐患排查治理"风暴行动"，于是，监管二科将处在项目建设期的 XX 公司也纳入"风暴行动"检查计划中。2016 年 1 月 16 日，开发区分局副局长艾某某、监管二科的种某磊在专家陪同下，对 XX 公司罐区、库房、三嗪酰胺车间进行执法检查，共检查出安全生产操作规程不完备、未制订安全生产教育培训计划、氯丙酮有毒气体报警系统未并入 DCS 系统等 11 项问题，下达了责令限期整改指令书，并到期进行了复查。

2016 年是企业安全生产主体责任落实年，为了贯彻落实安委办 2016 年 5 月 16 日的《关于推进全区生产经营单位安全生产主体责任落实的实施方案》，开发区分局聘请第三方服务机构，下企业开展帮扶活动，指导辖区内的企业（含 XX 公司）建立健全十大体系。帮扶活动结束后，2016 年 8 月份开展"回头看"行动，检查企业主体责任落实情况。2016 年 8 月 18 日，艾某某副局长、种某磊在专家陪同下，第二次对 XX 公司进行执法检查，共检查出危险化学品库各类化学品没有在储存现场张贴安全技术说明书、未标明其化学特性及应急处置方法、三嗪酰胺车间外污水地坑无盖板、三嗪酰胺车间有害气体报警仪损坏等共计 20 项问题，并且下达了责令限期整改指令书，进行了复查。

作为一个未取得危化品许可证、尚处于项目建设期的企业，XX 公司并不属于安全生产重点单位，不列入执法计划无可厚非，但监管二科还是本着认真负责的态度，在计划外对 XX 公司安排了两次检查，并查出 31 项问题，督促 XX 公司进行整改，监管二科的工作应当得到正面评价。XX 公司共有两个在建项目，均按规定履行了危险化学品建设项目"三同时"手续，其中三嗪酰胺项目处在竣工验收阶段，农药系列产品搬迁技改项目处于安全设施设计审查阶段，而发生事故的噻唑烷项目则没有履行"三同时"手续。在没有接到任何违法举报的情况下，监管二科将检查重点放在三嗪酰胺车间上，没有去查噻唑烷项目所在的车间，并无不妥。

检方：两次检查中没有查事故发生的实验车间属于失职。

辩护人：即便查到事故发生的噻唑烷实验车间也不可能查到 XX 公司冒险进行工业化实验行为。

辩护人认为，XX 公司共有两个在建项目，均按规定履行危险化学品建设项目"三同时"手续，其中三嗪酰胺项目处在竣工验收阶段，农药系列产品搬迁技改项目处于安全设施设计审查阶段。这两个项目报到了监管二科，而发生事故的噻唑烷项目没有履行"三同时"手续、未报到监管二科。这种情况下，2016 年监管二科对 XX 公司的两次检查的地点均安排在三嗪酰胺车间，便成为情理之中的事情。当然，如果监管二科接到 XX 公司违法开展噻唑烷实验项目的举报，不去检查另当别论，但本案显然不属于这一情况。尤其需要说明的是，两次检查的时间分别是 2016 年 1 月和 8 月，而 XX 公司进行噻唑烷实验的时间是在 2016 年 10 月 8 日以后，因而，即便两次检查中安排对噻唑烷车间进行检查，也不可能检查到 XX 公司冒险进行工业化实验行为。

检方：被告人打非治违职责"履行不到位"。

辩护人：指控被告人打非治违职责"履行不到位"无事实依据。检方认为，被告人虽然开展了"打非治违"专项行动，但打非治违职责"履行不到位"。

辩护人认为，自 2016 年 10 月至 11 月底属于"打非治违"集中打击整治阶段。2016 年 10 月初，开发区分局监管二科开始对辖区内除加油站之外的 20 家企业（含 XX 公司）进行"打非治违"行动，直至 2016 年 11 月 19 日 XX 公司发生事故前，共计检查 14 家企业，尚余 6 家企业没有查完，其中包括 XX 公司。监管二科按部就班地开展"打非治违"行动，没有理由要求他们一定在事故发生前检查到 XX 公司。所以，指控被告人胡某某"对打非治违职责履行不到位，未能发现"，没有事实依据。

2018 年 3 月 8 日，市人民法院做出裁定，检察院指控被告人胡某某、艾某某等四人犯玩忽职守罪，于 2017 年 9 月 13 日向本院提起公诉，在审理过程中，检察院以证据发生变化为由，申请撤回对四人的起诉。法院认为，检察院以证据发生变化为由，撤回对四名被告人的起诉，符合法律规定，特予准许。

本案中的法院能够公平公正的审理，检察机关知错即改，最终撤回对四名安监人员的起诉，这反映了法律做到共同体在最后一刻达成了共识，值得为之点赞。但从规避责任角度而言，案件当事人与辩护人的心智技能运用十分关键。

心智技能的运用是非常广泛的，其中也涉及履职结果的运用。许多责任主体因为没有被追责的经历，在检察、监察等追责主体面前十分紧张，不能客观地描述自身的履职事实，致使追责的"铁证"与客观的履职事实之间滋生不合理甚至是不合法的距离。这种距离结果常常会造成责任主体的失落与痛心，是责任主体心智技能不足的必然结果。像该案出现在法院的庭审中，更是公诉方与被告方的一种客观事实与心智技能的大比拼。比拼的结果，既可能撤诉，也可能坐实犯罪事实。在规避责任追究的策略运用中，责任主体的心智技能发挥着独特的作用。

第三节　人脉水平及运用

中国是礼仪之邦，研究规避安全生产责任追究策略，就必须关注礼仪的核心要素——人脉。良好的人脉水平既有助于推进履职工作、减少履职失误，也有利于消除履职风险。人脉水平在规避责任的策略运用中具有特殊的意义。

一、人脉的内涵

人脉即人际关系、人际网络。根据辞典里的说法，人脉的解释为"经由人际关系而形成的人际脉络"。它是以自己为圆心，以亲疏远近为半径，把自己周围的人聚拢而成的一个圆圈：最里面一圈是自己的父母、兄弟、姐妹，稍外一圈是自己的亲朋好友，再外一圈是自己的邻居、同事、熟人，最外围是一些素不相识的人。与一般的人际关系相异，人脉关系着重强调社交方面形成的人际关系网络。这种人际关系的稳定程度不一定很高，不像亲情那般持久，也不一定都像友情那般可靠。人脉关系中的人们，可以是亲人、兄弟或者一面之缘的朋友，它对人的关系并没有一定的限定。但是，人脉关系中每个人之间都有一定的利益联系，这是组成人脉关系的基础。

二、建立起良好的人脉

很多人都认为人脉是"讲人情、走后门"的同义词。实际上，这种看法是片面的。责任主体在追求成功或遭受失败过程中，人脉均起着非常重要的作用。社会就是一张巨大的网，每一个人都是向上的一个结点，这张网上的每一个结点，无时无刻不在以某种方式与其他结点发生联系。对于每一个人，不论想要做什么，人脉网络建得好与坏，直接影响着他在这个结点的价值。

每个责任主体需明确职业生涯规划。职业生涯规划是指个人和组织相结合，在对职业生涯的主客观条件进行测定、分析、总结研究的基础上，对自身的兴趣、爱好、能力、特长、经历及不足等各方面进行综合分析与权衡，结合时代特点，根据安全生产的职业倾向，确定其最佳的职业奋斗目标，并为实现这目标做出行之有效的安排。

在做职业生涯规划时要弄清楚以下几个问题：职业方向是什么？发展目标是什么？履职重点在哪里？职业生涯分为哪几个阶段？然后制定人脉资源规划。

制订人脉资源规划的步骤是：评估人脉资源现状 —— 明确人脉资源需求 —— 设计人脉资源结构 —— 制订人脉资源规划 —— 制订行动计划。在制订人脉资源规划时，应注意以下几个问题：

一是人脉资源的结构要科学合理。比如性别结构，年龄结构，行业结构，学历与知识素养结构，高低层次结构，内外结构，现在和未来的结构等。如果人脉圈子结构太单一、单调，会导致人脉资源的质量不高。比如，有的责任主体只重视单位内部的人脉资源，而忽视了外部的人脉资源，造成圈子狭窄，信息闭塞，坐井观天。有的责任主体只重视眼前的人脉资源，而忽视了未来的人脉资源，结果，随着事业的发展以及环境的变化，造成关键时刻人脉资源缺位断档。

二是人脉资源要兼顾安全生产事业和生活的需要。不能只顾事业的发展而忽视生活的丰富多彩和应急需求。例如，有的人尽管在责任主体的事业上起不到什么作用，但是，他们却是日常生活中的好帮手。

三是人脉资源要平衡物质和精神方面的需要。每个责任主体应该有一两个善于倾听的伙伴，他们是制订人脉资源规划倾诉的对象，成功时一起分享，挫折时一起分忧。

四是人脉资源要重视心智方面的需要。应当结识一些安全生产方面的专家、学者、教授等，定期与他们交流。

在拓展人脉资源的过程中，要注意人脉的深度、广度和关联度。人脉的深度即人脉关系纵向延伸的情况，达到了什么级别；人脉的广度即人脉关系横向延伸的情况，范围有多广；人脉的关联度指人脉关系与个人所从事行业的相关性。人脉资源既要有广度和深度，又需要关联度，利用朋友的朋友或他人的介绍等去拓展人脉资源，不能有"近视症"，需要关注成长性和延伸空间。要按重要程度建立起核心人脉资源、紧密人脉资源、备用人脉资源。核心人脉资源指对安全生产事业能起到核心、关键、决定作用的人脉资源。紧密人脉资源指对安全生产事业能起到重要作用的人脉资源。备用人脉资源指根据安全生产事业生涯规划，在将来可能对自己有重大或者一定影响的人脉资源。

这些资源根据责任主体所处的职业位置、事业阶段以及未来的发展方向不同而不同。

三、人脉水平的运用

从现实工作看，安全监管要处理各种人际关系。面对自己，面对监管对象，面对有权力的人，摆正位置、处理好关系是每个责任主体开展安全监管的基本要求。面对自己，针对复杂的对象、复杂的环境，不能仅凭过去的经验去处理时刻在变化的安全隐患。当前与安全相关的法律法规及标准就有上千部，而各类新型技术、管理方法更是数不胜数。我们所知晓的只是冰山一角。每个责任主体必须终身学习，只有告别昨天的自己、不断丰富今天的自己，才能在危险与危机面前不乱、在突发事件来临时不乱、在责任追究面前不乱。面对监管对象，要敢于得罪与善于得罪，安全监管得罪人是难免的。遇见安全生产中的种种违法行为，一定要按章办事，不搞特殊。人情世故，要分场合。绝不让事故在暖床中滋生，让管理沦为形式。面对有权力的人，要牢记生命至上、安全第一，当领导做出安全上的错误决策时，要敢于说不，比如因为怕惹领导不悦而不作为乱作为，那么安全监管就会丢失其本质意义。

通过朋友圈的资源，加强对法律政策方面的探讨。在行政执法上加强与其他部门探讨对接，特别要加强与执纪执法部门交流。隔行如隔山，通过各种人脉上的探讨交流，对安全生产方面的法律法规及政策的理解及适用上达成共识。在追责案例中，有异议有碰撞是正常的。问题是通过异议碰撞要有共识。

通过扩展人脉，加强安全专业技术的研究。安全生产的事故是复杂的，其背后的原因链是一个复合体。每个责任主体从专业技术视角寻找突破口是最有效的方法。当然，这种专业技术的分析需要专业人才的支撑，这就需要责任主体人脉圈中真正懂安全的人参与进来，只有专业的意见才会有专业的影响。

通过沟通，加强追责主体相关人员的理解了解。在安全生产中，许多案件尤其是事故案件是十分复杂的。许多追责案件的法律适用、客观事实及证据调查是存在异议的。我们的责任主体，需要从揭示真相、还原事实角度总结原因与依据，与追责主体相关人员进行充分沟通。当然在许多场合下，责任主体与追责主体相关人员是不对等的，有时连沟通的机会都没有。这时便需要通过人脉关系，将自己对案件的声音传递给追责主体相关人员，取得他们的理解。例如2011年某县一企业发生一起粉尘爆炸造成六人死亡事故。事故后，市里对该县安监局的一名副局长及一名科长进行责任追究。县安监局对这次事故调查提出九大异议、对责任追究提出两大想法。由于这起事故是由市人民政府调查的，这些异议与想法上传后几乎没有任何作用。后来由省安监局领导将这些声音传递到市里，使这起追责案件得到妥善处理。对这种积极沟通运用，绝不是"走后门，搞暗箱"，对于安全生产工作有其特殊的积极意义。

第四节　其他技能的运用

一、职责状况及运用

当安全生产责任追究即将来临时，第一要考虑的是职责状况。安全生产监督管理的职责十分复杂，也存在着许多问题。从责任主体规避责任的策略层面来说，每个责任主体应明晰自身的职责。

（一）职责的来源

安全生产监督管理的职责主要源自三个方面：

一是法定职责即法律、法规及标准规定的职责。安全生产法律法规是指调整在生产过程中产生的，同劳动者或生产人员的安全与健康，以及生产资料和社会财富安全保障有关的各种社会关系的法律规范的总和。它的内容极其丰富，包括各种法律：基础法律（如安全生产法、职业病防治法等）、专门法律（如矿山安全法、道路交通安全法等）、其他法律（如刑法、消防法、建筑法、行政诉讼法等）、国际公约（如建筑业安全健康公约、工作场所安全使用化学品公约、预防重大事故公约等）；各种安全生产行政法规（如国务院颁布生产安全事故报告和调查处理条例等）；各种安全生产规章（如安监总局的建设项目安全设施"三同时"监督管理办法、危险化学品重大危险源监督管理暂行规定等部门规章，如浙江省安全生产条例等地方政府规章）；各种安全生产标准（包括国家标准、行业标准、地方标准及企业标准）。这些法律法规及标准中规定的职责均属于法定职责。

二是各级人民政府的"三定方案"（即指定职能、定机构、定编制方案）规定的职责。如山东省应急管理厅主要职责：负责应急管理工作，指导全省应对安全生产类、自然灾害类等突发事件和综合防灾减灾救灾工作。负责安全生产综合监督管理和工矿商贸行业（煤矿除外，下同）安全生产监督管理工作；贯彻执行应急管理、安全生产、防灾减灾救灾有关法律法规和方针政策。组织编制全省安全生产和综合防灾减灾、应急体系建设规划，起草相关地方性法规、政府规章草案以及有关地方标准和规程并监督实施。指导、监督市县安全生产行政执法工作；指导应急预案体系建设，建立完善全省事故灾难和自然灾害分级应对制度。组织编制全省总体应急预案和安全生产类、自然灾害类专项预案，综合协调应急预案衔接工作，组织开展预案演练，推动应急避难设施建设；牵头建立全省统一的应急管理信息系统，负责全省信息传输渠道的规划、布局和建设。建立监测预警和灾情报告制度，健全自然灾害信息资源获取和共享机制，依法统一发布灾情；组织指导协调全省安全生产类、自然灾害类等突发事件应急救援。综合研究突发事件发展态势并提出应对建议，协助省委、省政府指定的负责同志组织重大灾害应急处置工作；统一协调指挥全省应急救援队伍，建立应急协调联动机制。推进指挥平台对接，衔接解放军和武警部队参与应急救援工作；统筹应急救援力量建设，负责省级专业应急救援力量建设和管理，指导市县专业应急救援力量以及全省社会应急救援力量建设；负责消防工作，指导市县消防监督、火灾预防、火灾扑救等工作；指导协调森林和草原（地）火灾、水旱灾害、地震和地质灾害、海洋灾害等防治工作，负责自然灾害综合监测预警工作，指导开展自然灾害综合风险评估工作；组织协调灾害救助工作，组织指导灾情核查、损失评估、救灾捐赠工作，下达指令调拨救灾储备物资，管理、分配各类救灾款物并监督使用。组织开展自然灾害类突发事件的调查评估工作；依法行使安全生产综合监督管理职权，指导协调、监督检查省政府有关部门和各市政府安全生产工作，组织开展全省安全生产巡查、考核工作。依法依规组织指导生产安全事故调查处理，监督检查事故防范和整改措施的落实情况，参与事故责任追究落实情况的监督检查。负责全省应急管理、安全生产、防灾减灾的统计分析工作，通报有关情况；依照分级、属地原则，依法监督检查工矿商贸生产经营单位贯彻执行安全生产法律法规情况及其安全生产条件和有关设备（特种设备除外）、材料、劳动防护用品的安全生产管理工作。监督检查重大危险源监控和重大事故隐患排查治理工作，依法查处不具备安全生产条件的工矿商贸生产经营单位。负责监督管理省管工矿商贸企业安全生产工作，指导监督中央驻鲁工矿商贸企业安全生产工作；负责全省非煤矿山企业和危险化学品、烟花爆竹生产企业安全生产准入管理工作，依法组织并指导监督实施安全生产准入制度。负责危险化学品安全监督管理综合工作和烟花爆竹安全生产监督管理工作；负责监督检查职责范围内新建、改建、扩建工程项目的安全设施与主体工程同时设计、同时施工、同时投产使用情况；指导协调全省安全生产检测检验工作，监督安全生产社会中介机构和安全评价工作。负责实施注册安全工程师职业资格制度有关工作；会同有关部门制定应急物资储备和应急救援装备规划，建立健全应急物资信息平台和调拨制度，在救灾时统一调度，保障救灾工作；负责全省应急管理、安全生产宣传教育和培训工作，组织指导应急管理、安全生产的科学技术研究、推广应用和信息化建设工作。开展对外交流与合作；承担防汛抗旱、抗震救灾、森林防火相关指挥部日常工作，承担省政府安全生产委员会日常工作；完成省委、省政府交办的其他任务。通常来说，"三定方案"的职责既包含了法定职责，又增加了法律尚未规定的职责，它比法定职责更广。

三是政府的规范性文件规定的职责。通常，这种职责充分结实部门与行业实际，它既是对法定职责和"三定方案"的职责的传承，又是对法定职责和"三定方案"的职责的一种完善与补充。

（二）确定职责的影响

在安全生产监督管理职责的三大来源中，法定职责是最严谨最权威的，"三定方案"的职责是最广泛最细致的，而政府的规范性文件确定的职责是最具体最单一的。从影响的深度来说，法定职责的固定性和持久性可使责任主体行使职权趋于可靠的稳定和规范性，"三定方案"的职责可使责任主体行使职权更具操作性，然而政府的规范性文件确定的职责因为科学性、程序性及合法性不足对安全监管的影响最深。

如2016年某市人民政府出台了《关于进一步加强我市消防安全的决定》的规范性文件，文件对各部门的消防安全职责做出规定，如其中对当地安监局的职责规定：负责矿山企业、化工企业和中密度人员密集企业的消防安全。文件出台后，在当地安监系统产生巨大震动，许多人认为消防法已规定消防安全属于消防部门的监管职责，市政府的文件要求与消防法规定是有冲突的，法显然大于文件，文件的规定是违法的甚至无效的。

这种认识是片面的，事实上人民政府出于实际监管需要，对法定职责和"三定方案"的职责进行调整，这在司法界和行政界的理论中是允许的，根本理由在于各部门的职能都是由人民政府确定的。这种调整称为职能转移，即将法律或"三定方案"中已规定的一个部门的职责通过文件形式转移给另一个部门。也正因如此，检察、纪检等追责主体常常将政府的规范性文件作为确定责任主体的职责依据。

政府的规范性文件规定的职责对监管的影响更为深远，也容易产生许多弊端：一是与法律或"三定方案"中已规定的职责衔接不够，容易造成监管职责冲突。二是将一个部门的监管职责转移到另一个部门，因为监管专业性影响，常常达不到预期效果。三是职责难以落地。一般情况下，这种规范性文件规定的职责应与法定职责、"三定方案"的职责相一致，如果需要做出必要调整，应充分考虑监管实际。

二、事故关联性及运用

安全生产责任追究主要针对的是不履职或不认真履职导致产生严重后果的行为。"导致"表明责任主体的履职行为与事故之间存在着必然的因果关系。责任主体的履职行为与事故之间这种内在关系是安全生产责任追究的关键因素。

（一）事故关联性的含义

事故关联性指的是责任主体的履职行为和事故之间的内在关系。

关联分析是一种简单、实用的分析技术，就是发现存在于大量履职行为数据集和事故数据集中的关联性或相关性，从而描述了履职行为的某些属性给事故带来的影响轨迹和模式。从数据库中通过关联分析，既可寻求诸如"由于某些行为的发生引起与它相关的一些事件的发生"之类的规则，又可确定此与彼的关联性质、种类及层级。

（二）事故关联性的启示

从以往安全生产追责实例来看，许多责任主体被追责的根据是"履行安全生产监督管理职责不到位"或"工作指导、督促不力"等。"履行安全生产监督管理职责不到位"或"工作指导、督促不力"均是一种宽泛的概念，它们由多种具体的情因组成。这些具体的情因才是追责的关键证据。如果具体的情因缺乏客观事实和法律或政策事实说服力，仅以"履行安全生产监督管理职责不到位"或"工作指导、督促不力"等予以处理，既有违法理又难以使当事人诚服。

"履行安全生产监督管理职责不到位"或"工作指导、督促不力"这种履职行为表现与后果究竟有什么关联？这需要进行科学的相关性分析。相关性分析包括相关分析、方差分析、列联分析等。

其中相关分析可划分为简单相关分析、偏相关分析、距离相关分析等；方差分析有单因素方差分析与多因素方差分析；列联分析有列联表、卡方检验等。

通过具体的相关性分析，确认履职行为与事故这种后果之间的本质联系。从责任追究的规范要求来看，这种联系必须是内在的因果关系。当责任主体的履职行为与事故之间构成主要因果关系时，责任主体对事故就应承担主要责任；如果是次要因果关系，那就承担次要责任；如果是直接因果关系，那就承担直接责任；如果是间接因果关系，那就承担间接责任。如果构不成因果关系，责任主体的履职行为一般不承担事故责任。

（三）事故关联性运用分析

××县××萤石矿因换发安全生产许可证工作，从 2012 年 6 月 29 日至 7 月 30 日被停产整顿。2012 年 8 月 1 日，××萤石矿矿长钟某某组织工人进行开工前隐患排查工作，发现 365 中段风门处挡墙坍塌且顶板存在浮石。365 中段作为安全通道应保证安全畅通，钟某某向矿山负责人吴某某汇报了排查情况，吴某某要求治理隐患后才可恢复生产。8月2日，矿长钟某某安排副矿长兼安全员邵某某带班，扒渣工李某某、王某某等三人下井进行隐患治理。在365中段风门处，邵某某先进行敲帮问顶工作，把巷道的浮石敲下之后，邵某某指挥李某某、王某某等三人开始清理巷道的废渣。在10时30分左右，一块长约5米宽约2米厚约0.8米的石块受地压应力影响突然松动从顶板掉了下来，邵某某发现叫大家快跑，王某某反应迅速跑到了安全位置，但当时在这块石块底下清理废渣的李某某等二人来不及反应，当场被石块砸中压在了下面。事故发生后，邵某某马上升井跑出洞口向矿长钟某某报告了事故，钟某某立即叫人打120安排医护人员前来救治，并组织人员下井抢救被压人员。钟某某带领救援人员到达事故现场后，见事故现场还在发生小冒顶，因此安排人员用木头把巷道支护起来，在确保安全后开始用手把压在两人身上的石头一块块搬开，大概过了半小时，一人先被挖了出来，但是已无生命迹象，再过了半个小时，李某某也被挖了出来，但是已经被石头砸得不成人形。救援人员把两人抬出洞口，经等候在外的120随车医生诊断两人已经死亡。

在这起事故调查期间，该县检察院派人到县安监局及事故发生单位进行调查取证，拟对相关责任人员进行刑事责任追究。县安监局的同志认为矿山科的工作人员近年来对矿山企业的安全检查是认真的也是专业的，如被追究，感觉很冤。经过对事故关联性分析，提出如下理由：这是一起矿山冒顶事故，而冒顶的是一块长约5米、宽约2米厚约0.8米的石块。按照对矿山企业现有的法规和技术规范要求，矿山企业应配备相应的敲帮工并用规定的工具（如敲帮锤等）作业，这种技术要求对敲帮工来说根本无法发现几十吨重的石头存在隐患，况且从事故现场看，这块石头从地质层面分析也不可能判断出有剥离掉落的征兆。就算是矿山专家在场也难以发现隐患。这起事故可以说属于矿山技术局限造成的。如果该矿山未按规定配备敲帮工或敲帮工未按规定开展敲帮问顶作业，那么安监局工作人员的监管是有缺失的，但该矿山并没有违反相关法律与标准行为。因此，安监局工作人员的监管行为与这起事故之间不存在必然的因果关系，这起事故处于不可预见、不能避免并不能克服状态，安监局工作人员不应承担此起事故的法律责任。通过事故相关性分析得出的这条理由最后让检察院终止了调查，避免了一起冤案的发生。

三、条件与资源状况及运用

任何履职都是建立在一定的条件与资源基础之上的。只有满足了履职的条件与资源，责任主体才能完全承担履职的责任。

（一）机构与人员是全面履职的基础

安全生产监管力量的配置是责任主体履职必不可少的支撑条件。自安全生产监管系统形成以来，其力量虽逐步有所增加，但远远适应不了安全生产监管工作范围扩大及工作量增加的需要，最为突出的表现在四个方面：

一是人员数量不足的问题相当突出。从全国情况看，应急管理机构的人员配置自上而下呈倒三角形、逐级衰减的状况，在市、县两级安全生产监管机构力量十分薄弱，由于应急管理部门又直接承担矿山、危险化学品安全的直接监管，而这部分对于应急管理部门来说所承担的监管责任又较为直接和较大，势必要投入相对较多的力量加以保障，投入面上协调、直接从事综合监管工作的人员则少之又少，人员的严重不足是直接导致一些综合监管工作难以及时到位和保持应有力度的主要原因。

二是人员总体结构亟待改善、总体素质有待提高。目前各级尤其是市、县两级应急管理部门中相当部分没有独立的人事权，法律、建筑、化工、交通、矿山、机械及综合方面等急需的人才又不太大愿意到应急管理部门来工作，所配的人员有相当部分并不适应安全生监管工作的需要，相当部分人员对安全生产有关法律法规，对综合监管范围内行业或领域的基本情况及相关规定和相关知识、对进行综合监督管理工作应把握的角度、内容及方式，对组织事故调查处理的相关规定、程序及应有的技巧等还不够了解和熟悉，难以发挥监管工作应有的作用和效果，这也在某种程度上影响了安全生产监管工作的权威性。

三是安全生产监管的日常工作条件较差。受多方面因素影响，现有各级应急管理部门日常工作经费总体不足，安全生产综合监督管理的效能受到很大影响。

四是安全生产监管还缺乏有力的技术支撑和中介服务体系。应急管理部门现有所从事的工作中有相当部分诸如安全生产培训、技术服务、政策咨询、相关的检验检测及有关审核项目中的一些技术性、事务性内容，能交由技术支撑机构或中介服务机构承担，但安全生产的技术支撑体系和中介服务体系建设明显滞后，尤其是中介机构数量不足、个别中介机构违规从业、垄断业务、收费过高、服务水平及质量低下等问题还较为突出，还无法真正成为安全生产监管工作的有力帮手和有效的支撑工具，在一定程度上分散了安全生产监督管理部门的时间和力量。

正因监管力量普遍不足，在安全生产责任追究中不乏出现"有限职权、无限责任"的案例。这些案例给规避责任提供了新的突破口。目前已在一些地方出现从履职的条件与资源入手破解责任追究的案例。

（二）提高执行力是全面履职的根本要求

执行力属责任主体履职素质问题。由于安全生产工作专业性、技术性较强，对履职素质要求很高。因为大多数责任主体没有接受过矿山、危化等方面的专业学习培训，在安全生产工作的执行力上是有天然缺陷的。

执行力，针对个人而言，就是把想干的事情干成功的能力。对于一个单位，执行力就是一套有效的系统、体系、组织、文化和技术操作方法等把决策转化为结果的能力，是一步步实现目标的能力。没有执行力，无论战略蓝图多么宏伟或者单位组织结构多么科学合理，都无法发挥其本身的威力。

我们每年都会制订具体的年度计划和方针目标，人人头上有指标，人人有事做，事事有人做，可以说各级单位、各个部门不是目标不明确，不是措施不得力，不是制度不健全，但还是会有工作目标不能按预期实现，很多只是基本实现或勉强达到。问题出在哪里呢？问题在于落实每项计划、方案、要求时打了折扣，最关键的因素之一还是缺乏执行力，简言之，执行没到位，我们是履职了，但没有全面履职。

（三）条件与资源状况的运用

2013年12月2日，某钢铁有限责任公司1280立方米高炉按计划预休风，在炉顶安装探尺后，进行安全检查工作。9时20分左右，开始送风降料面，3日4时30分炉温超出控制指标，强行休风停炉，停炉时料面降至17米，8时左右，1280立方米高炉作业区按分工组织炉前工卸风口牛头直管和风口套，11时30分，炉前人员停止作业安排吃饭。高炉南北出铁场的外协工队依旧继续组织尤某某等人在南出铁场清理撇渣器残铁。12时20分左右，高炉内部突然发生塌料，喷出的热料将经过风口平台的尤某某和谷某某烧伤，丁某某与刘某某由炉前吊装口坠落死亡。后经县政府事故调查组调查，查明事故的直接原因为：炼铁厂1280立方米高炉在检修作业过程中，对料面降至距风口水平1.2米，炉温超出控制指标，强行休风停炉，存在随时塌料的危险，虽有预测但实施的有效防范控制措施不够，且外协工队员工随意进入风口平台区域，致使高炉发生塌料时将现场人员烧伤。间接原因中有一条为：街道安监站长期未对该企业开展安全检查，监管明显不到位。

2014年2月11日，县检察院开始对街道安监站站长进行有关渎职的调查取证。检察院调查人员认为，事故发生企业属于高危企业，根据市政府安全生产相关规定，街道安监站应将其列为重点监管对象并每季度开展一次安全检查，街道安监站站长对该企业已21个月未安排人员开展安全检查，存在渎职行为。在县检察院的调查取证过程中，街道安监站反映了两条主要意见：一是街道共有生产企业231家，其中属重点监管企业122家，而街道安监站只有2人（包括站长），人员不足导致无法按要求开展全覆盖检查；二是街道安监站一直按照批准、备案的安全监察执法工作计划、现场检查方案和法律、法规、规章规定的方式、程序履行安全生产监管监察职责，并没有不履职行为。

最后，县检察院取消了对街道安监站站长的刑事责任追究。

案例中的责任主体的责任之所以得到规避，主要得益于安全生产履职条件与资源状况及运用。我们知道，任何履职都受条件与资源限制，只有条件与资源满足了履职的要求，履职才能承担相应的责任。履职的条件与资源与履职责任存在严密匹配性。

第七章 精准履行安全生产监职管责的方法

第一节 竭力创新履职方式

安全生产履职方式创新，是指以现有的思维模式提出有异于常规或常人思路的见解为导向，利用现有的知识和物质按理想化履职需要而改进或创造新的方法、路径、环境，并能获得一定的履职效果的行为。这种创新不仅取决于职能转变到位、配置到位，而且取决于职能是否履行到位。安全生产责任追究倒逼着安全生产履职方式的改革和创新。研究安全生产履行职能方式的改革和创新，有利于继续深化安全生产职能转变，有助于责任主体切实把该做的事情做好，做到尽职到位不缺位、准确履职不错位、限定范围不越位。逐渐形成一套与社会主义市场经济体制相适应，与社会主义民主法治国家相协调的安全生产履职方式体系,是建设新时代中国特色的安全生产监管模式的重要组成部分。

一、安全生产履行职能方式的基本问题

安全生产履行职能方式是指安全生产监督管理部门将拥有的职权和承担的责任通过监管、服务、执法予以实施的方法、制度、过程和结果。其履职方式具体表现为监管方式、服务方式、执法方式。由于安全生产履职方式既具体又抽象，且数量众多、类型复杂，导致分门别类的研究多，综合性的研究少；实践研究较多，理论研究较少，将理论与实践切实结合的研究更少。

根据不同的安全生产体制、职能、责任、义务，安全生产履职方式的分类多种多样。

如两分法：有直接管理方式和间接管理方式，静态管理方式和动态管理方式，源头管理方式和过程管理方式，管制型方式和服务型方式，计划经济下的履职方式和市场经济下的履职方式。三分法：事前、事中和事后监管方式，经济、行政和法律监管手段。四分法：教育指导、制度推行、互动交流和控制约束方式。五分法：行政规划、行政指导、行政合同、行政协调、行政命令方式。

总之，安全生产职能履行方式是一个复杂的体系。在具体运用的实践中，也显现出丰富多样性：有独立应用一种履职方式的，有综合运用多项履职方式打"组合拳"的；中央和省一级使用得多的是宏观管理和指导性的手段，地方尤其是基层则微观管理和操作性手段使用多一些；实体性机构运用行政审批方式多一些，督办性机构运用行政监察方式多一些；有些职能要强调应急，可能采取单向命令方式，而有些属于保障性的职能则采取行政指示与相对人沟通并举的方式。履职方式的选择往往与履职主体的资源、履职任务的性质、行政对象的情形、履职效果的预期等因素有直接关系，常常因履职情势而变化。

二、建立与安全生产职能转变相适应的履职方式

履职方式创新是解决安全生产管理不适应经济社会发展需要的关键环节之一。伴随安全生产管理体制改革与安全生产管理创新的不断深入，我国安全生产改革和创新履职方式坚持管理与服务结合、处置与疏导结合、动机与效果结合、目标与流程结合，努力实现由直接方式、微观干预管理方式为主向间接方式、宏观管理方式为主转变，由单纯行政性的管理方式向综合运用多种手段转变，由强制性管理方式、封闭型管理方式为主向服务、合作和开放的管理方式转变。这些改革和创新，已经并将继续发生着深刻的变迁，有力推动了安全生产职能和作风的转变。然而，我国安全生产履职方式还需要进一步创新。改革和创新安全生产履职方式的重点应放在服务于转变职能上，建立与经济调节、市场监管、社会管理、公共服务相契合的履职方式，是改革和创新的主要方向。

改革和创新是安全生产履职的一个永恒命题，基于现代安全生产管理的科学原理，履职的改革和创新能够从以下几个要素入手。一是安全生产监管理论，从事故致因理论向风险管理理论过渡；二是监管方法，从基于表象、规模、能量的监管转变为基于风险、本质规律的监管；三是监管目标，从以事故或事故追究为监管目标的方式转变为以事故隐患、危险源、危害因素等为监管目标的方式；四是监管过程，从事后型监管模式向预防型监管模式过渡；五是监管指标，从以事故指标为主转变为以预防指标、防范能力指标、绩效指标为主；六是监管手段，依靠行政、经济、科学、文化等单一手段监管转变为综合监管、科学监管。安全生产履职方式的改革和创新方向体现在：变经验监管为科学监管，变结果监管为过程监管，变事后监管为事前监管，变静态监管为动态监管，变投入监管为价值监管，变效率监管为效益监管，变约束性负强化监管为激励性正强化监管，变纵向单因素监管为横向综合全面监管等。

安全生产履职方式的创新与变革要落实在行政手段、法律手段和经济手段三种典型

的履职方式中。行政手段要运用现代新载体，加强绩效管理。行政手段具有灵活性特点，需要有健全的绩效评估作为支撑，才能降低"人治"和随意性。法律手段要重视柔性执法，把依法行政与依政策行政有机结合起来。法律手段是责任主体履行安全生产职能的基本途径。从性质上来看，这一履职手段属于制度性的安排，运用法律手段履职的目的，是为了在履行职能中保护公众包括责任主体自身的权益。运用法律手段并非仅仅运用法律强制方式限制社会权利，要更多地运用"柔性"执法方式，提高公众履行义务的自觉性。经济手段要善于综合运用市场化、社会化治理方法，打破"以罚代管"等惯性思维。在充分有效运用经济手段过程中，责任主体的履职需要走合作治理的道路，需要提高运用社会资源和力量，特别是市场机制的力量，去解决安全生产问题的能力。

三、构建安全生产履职方式创新体系

构建与安全生产职能相适应的履职方式创新体系，要依照"适应职责性质、优化人员素质、提升治理品质"三位一体的要求，以及"履职效率、管理效能、服务效果"三位一体的标准，建设规范有序、公开透明、便民高效的现代安全生产履职方式。首先，改革和创新安全生产履职方式要依据安全生产职责的性质来定位。履职方式是由职责决定的，有什么样的职责就有什么样的履职方式，但是安全生产职责与履职方式不是一一对应的，同样的职责可以通过不同的履职手段实现，而履职方式的选择和创新又可以对职责有积极的影响。一方面，新的"三定"规定按照建设服务型政府的要求明确了各级政府和部门的职责，选择什么样的职能实现方式就必须强调要与职责相适应。另一方面，履职方式的改革和创新又会反作用于职责本身，形成新的安全生产改革动力。当今安全生产领域不断涌现新的知识群和"新业态"，从绩效管理、追责制到网格化管理，从压力管理、冲突管理到合作治理等，都要求责任主体在新的条件下回应社会诉求，所以通过履职方式的创新推动职能转变，在吸纳和运用新事物的过程中实现安全生产职责的再创新，也是符合新时代安全生产管理体制改革要求的。

第二节　精准把握监管重点

安全生产监管以预防和控制事故确保生产安全为目的。从不同的角度审视，会形成不同的监管重点。从行业看，矿山、危化、冶金、建筑、道路交通等高危行业是重点；从环节看，有限空间作业、涉尘作业、涉氨等危化作业、登高等特种作业等是重点；从场所看，人员密集场所、居住生活生产"三合一"场所等是重点；从现状看，存在重大安全隐患的是重点；从发展趋势看，没有进行安全检查与整治或整治尚未取得预期效果的是重点；从事故原因看，违章作业、违章指挥等不安全行为是重点。因为本书是专门研究责任追究的，所以本节主要是从责任追究视角思考监管重点。要规避责任追究，防止严重后果尤其是预防重特大事故的发生是一条根本路径。因而，遏制事故发生最重要最有效的内容才是需要把握的监管重点。

一、对人的安全管理

事故的主要原因或者是由于人的不安全行为，或者是由于物的不安全状态，没有一起事故是由于人的不安全行为和物的不安全状态共同引发的。他的结论是，几乎所有的企业伤亡事故都是由于人的不安全行为造成的。

从事安全生产监管的同志都清楚，安全生产事故是由人的不安全行为和物的不安全状态共同作用的结果。据工伤统计资料表明，我国企业工伤事故产生的原因有50% ~ 85%与人的不安全行为有关。物的客观因素与人的主观因素相比，人的行为对事故的影响更大。对人的安全方面的监管才是安全生产监管的核心。随着科学技术的进步和生产工艺的改进，不少生产经营单位在实现物的本质安全化方面已取得较大进展。但对人的安全方面的有效监管却进展迟缓甚至是理性偏失，这也是当前甚至今后中国安全生产事故风险本质存在的关键。

（一）对人的安全管理研究不足

只有系统科学的理论研究才能对人的安全的有效监管带来深厚的基础。目前我国对人的安全管理方面研究还十分薄弱，许多内容尚须科学界定和深入探讨。如对人的监管到底重点监管到哪一层面的研究，有人提出对人的安全监管主要是三圈：第一圈是人的安全的直接圈——人的行为规范。第二圈是对与人直接关联的资质条件（取证、培训、师傅带徒弟等情况）、设备设施（如安全防护、标志警示、检验检测等情况）、作业条件（尘毒噪、个体防护、安全距离、安全通道等情况）等。第三圈是与人的安全相关的安全技术措施、生产工艺水平、设备设施与材料的可靠性。负有安全生产监督管理职责的部门对人的安全监管职责主要是对第二圈的监管，第一和第三圈则由落实主体责任的生产经营单位负责。

（二）法规对人的安全方面要求欠缺

纵观当前安全生产的法律法规，对人的安全方面要求还是比较欠缺的。主要表现在：

一是欠缺一些总的法律精神。当前多数生产经营单位的不安全状况难以根本扭转的主要原因，在于其技术人员的缺乏和安全管理员素质不高。为了提高技术人员与安全管理员的岗位水平，安全生产方面的法律法规包括《安全生产法》只对培训等比较单一的方面做出规定，既没有人才开发上的规定，如"鼓励生产经营单位大专院校开设安全技术与安全管理专业，为生产经营单位培养安全专业人才""鼓励生产经营单位落实校企合作办学、对口单招、订单式培养等政策培养自身专业人才"等法律法规上的要求。也没有实操管理等方面的规定，比如"完善和落实师傅带徒弟制度。高危企业新职工安全培训合格后，要在经验丰富的工人师傅带领下，实习至少两个月后方可独立上岗。要组织签订师徒协议，建立师傅带徒弟激励约束机制"。校企合作办学、师傅带徒弟等只是国家各部委办局的一些文件要求，在安全生产的法律法规上并没有任何体现。事实上，许多有关人的安全方面的内容只有在法律法规上予以倡导，在人的安全管理方面才能产生真正的方向性指导作用。在这些法律精神的指导下，生产经营单位的安全管理才能逐渐打下坚实的安全基础。

二是缺少系统的规范要求。目前的安全生产法律法规，对人的安全方面要求主要集中于培训、人员机构的配备、三项人员的职责、个体防护、违章指挥以及违章操作，等等，对于其他方面的规定甚少，而且又散落于各个法律法规之中，比较零乱。从规范要求角度考虑，需要国家出台如《员工从业的安全行为规范》等规章或标准，使各级应急管理部门和生产经营单位对人的安全监管形成一个比较统一的目标。同时，对人的安全监管需要进行更细致更深入的分析和研究，进一步完善相关的法律法规。如违章指挥、违规作业和违反劳动纪律是当前由人的因素引发事故的核心因素，在安全生产的法律法规之中，只对违章指挥、违规作业在相关人员职责和法律责任中做出规定，对违反劳动纪律情形未见有规定，如《安全生产法》第二十二条对生产经营单位的安全生产管理机构以及安全生产管理人员履行的职责中规定："制止和纠正违章指挥、强令冒险作业、违反操作规程的行为。"事实上，脱岗、串岗、睡岗等违反劳动纪律的问题与违章指挥、违规作业的危害程度相近，这些方面在确定法定职责时应当予以进一步完善和补充。

三是法律责任尚不够明晰。在安全生产的法律法规之中，有关人的安全方面的法律责任尚不够明晰，许多违反劳动纪律的隐患及一些违反规范的不安全行为，很难找到相应的处罚条款。一些严重的不安全行为，只有在导致安全生产事故后才承担相应的责任。这给负有安全生产监督管理职责的部门和生产经营单位对人的安全监管方面带来一定困难。

（三）对人的安全监管软弱

安全生产是一项繁杂、复合的系统工程。要想保证安全生产，就必须从人、物、环境着手，正确处理好人、物、环境三者之间的关系，全面、认真做好对人、物、环境三个基本因素不安全状态的有效控制，最大限度地控制、消除安全隐患，努力营造人、物、环境三者之间相互和谐的氛围，目前无论是负有安全生产监督管理职责的部门还是生产经营单位，在实施安全监管时却忽视了对安全中最核心的要素——人的安全的有效监管，对人的安全管理都比较软弱。

先说生产经营单位对人的安全管理软弱情况，生产经营单位对人的安全管理软弱的表现多种多样，其中表现最突出的是多数生产经营单位的安全管理员（以下称安管员）不能适应岗位水平、能力的需要。他们大多没有经过安全管理的专业学习，对人的安全管理缺乏科学的理论指导和管理规范。

事实上，安管员队伍是一个庞大的需要职业化的队伍，其职业需求并不比财会等专业人员少，许多企业实际配备的安管员远远超于法律的规定。如财会等专业，高等、中等院校为其培养了大批人才。然而目前高等、中等院校极少开设安全专业。据粗略统计，中等以上院校开设安全专业的不超100所，而且其专业均为工程安全技术或信息、食品、环保、水利、交通安全，缺乏以培养生产经营单位安管员为目标的生产安全管理专业，换言之，几乎没有专门为生产经营企业培养安管员的高等、中等院校。因此，履行安全主体责任的生产经营单位因为安全管理人才的缺乏，对安全管理特别是人的安全管理很难真正做到位，靠行政监管难以从根本上改变人的不安全现状。

再说负有安全生产监督管理职责的部门对人的安全管理也非常软弱，这当然与上述对人的安全管理方面研究不足、人的安全规范不够明晰、法规对人的安全方面要求欠缺等焦点问题存在密切相关。从当前负有安全生产监督管理职责的部门的安全监管实际来看负有安全生产监督管理职责的部门，很少把对人的安全监管列为工作重点。即使把对人的安全监管列为工作重点，在具体实施中也常常缺乏有效的抓手与方法。在开展日常监督检查、专项执法检查、安全隐患排查、非事故案件查处、安全专项整治工作时，针对人的安全监督工作部署甚少，有的甚至接近空白。

二、对未造成人员伤亡的一般事故的监管

《生产安全事故报告和调查处理条例》（以下简称《条例》）第二条规定："生产经营活动中发生的造成人身伤亡或者直接经济损失的生产安全事故的报告和调查处理，适用本条例。"在附则即第四十四条规定："没有造成人员伤亡，但是社会影响恶劣的事故，国务院或者有关地方人民政府认为需要调查处理的，依照本条例的有关规定执行。"这说明没有造成人员伤亡的事故除社会影响恶劣的以外，都不适用《条例》，即其事故报告、调查、处理及法律责任可以不按《条例》规定执行。

但《条例》第十九条规定："特别重大事故由国务院或者国务院授权有关部门组织事故调查组进行调查。重大事故、较大事故、一般事故分别由事故发生地省级人民政府、设区的市级人民政府、县级人民政府负责调查。省级人民政府、设区的市级人民政府、县级人民政府可以直接组织事故调查组进行调查，也可以授权或者委托有关部门组织事故调查组进行调查。未造成人员伤亡的一般事故，县级人民政府也可以委托事故发生单位组织事故调查组进行调查。"其调查权限的规定又包括了所有一般事故，既然没有造成人员伤亡而社会影响一般的事故不适用《条例》，为何在调查权限上不予以限定？不适用，为什么还要设定法定的调查职权？

另外，《条例》第三条第四款规定："一般事故，是指造成3人以下死亡，或者10人以下重伤，或者1000万元以下直接经济损失的事故。"这里，只规定了上限，没有下限。按正常，应当根据不适用情况设定下限。

可见，没有造成人员伤亡而社会影响一般的事故，依据《条例》第二条、第四十四条规定，我们应该不去管，因为它们不适用《条例》。但依据《条例》第十九条、第三条第四款规定，似乎又应该去管。究竟是管还是不管？没有造成人员伤亡而社会影响一般的事故与其他事故在性质及原因上常常是一致的，只是后果不同而已。如果不去管，则有违事故发生及管理的客观规律，也无法体现《条例》第一条指出的规范生产安全事故的报告和调查处理、落实生产安全事故责任追究制度、防止和减少生产安全事故三大

立法目的。所以应该去管，至于如何去管需要法规进一步去完善和从事安全监管人员进一步去探索与研究。

由于上述法规等方面原因，目前我国安全生产领域很少涉足小事故的监管。我们的现状是：高度重视死亡事故尤其是重特大事故又高度忽视小事故。事实上，预防事故首先要预防小事故，这是万古不变的定律。不消灭小事故如何防范大事故？

有研究者出于研究需要，曾与某县安监局共同探讨并实施对小事故的监管问题。实施监管前，该县每年（前三年平均数）发生死亡事故 11 起，一般工伤事故 3600 起。实施监管后，近两年每年发生死亡事故 4 起，一般工伤事故 1500 起。具体做法：一是将一般工伤事故数纳入对乡镇与部门的安全生产考核之中，以前三年辖区内发生的工伤事故平均数为基数，每增加一起扣 0.5 分。促使乡镇与部门加强对一般工伤事故的监管。二是按《条例》要求，凡发生一般工伤事故的，由县政府委托生产经营单位按事故"四不放过"原则进行查处，县安监局和乡镇安监站负责督办。如造成重伤的，由县政府事故调查组调查。三是凡年内发生 3 起以上一般工伤事故的生产经营单位被列入乡镇与部门重点监管对象，乡镇与部门每年对该生产经营单位进行安全执法检查不少于 4 次。四是凡年内发生 3 起以上一般工伤事故的生产经营单位都必须开展安全风险识别和安全隐患排查双重事故预防机制建设。这种把对未造成人员伤亡的一般事故的监管作为重点监管的做法既大大减少了事故，也明显减小了追责风险。

三、对职责模糊的领域的监管

当前在我国的安全生产领域，职责模糊交叉多头管理的现象还是普遍存在的。如工矿领域的煤气发生、储存、使用，目前该由谁来监督管理？是由建设主管部门，还是安全生产监督管理部门或者消防部门监督管理？没有明确的法律规定。又如，液氯使用企业，按照《危险化学品安全管理条例》规定，液氯储存场所必须向公安部门申报对剧毒化学品的审批，向消防部门申报对储存场所防火的审批，汽化器、缓冲罐、氯化釜必须向质量技术监督部门申报特种设备使用证并定期检测，产品的生产过程必须向安全生产监督管理部门申报安全生产许可证。整个审批过程都涉及安全生产，难道需要四个部门同时针对安全生产审批吗？日常安全监管由谁负责？而一旦这种职责模糊的领域发生事故尤其是重特大事故，启动责任追究的时候，一般会牵涉到多个责任主体。因此，从规避责任追究的角度考虑，对这种职责模糊的领域监管也应该是各个责任主体关注及履职的重点。

案例：2016 年 3 月，某县安监局执法人员在对某一生产企业开展日常执法检查时，发现该企业自建的分布式天然气供应装置在安全管理上存在重大隐患。这引起县安监局领导的高度重视，立即安排业务科室对全县此类装置情况进行摸底，结果发现：近年来受环保管理力度不断加大、淘汰落后产能工作有序推进、天然气价格持续走低等因素影响，不少企业实施了煤改气或油改气工程项目建设，用天然气来代替煤炭或者燃料油作为燃料。由于天然气需求量大、部分区域的天然气管道铺设未到位以及分布式供应装置安装方便、操作简单、成本低、短时间内即可投入运行，自建分布式天然气供应装置成为不少企业的用气选择。

现状情况：全县目前已有 6 家企业的分布式供应装置已通气投产，年内有 7 家在天然气管道供气范围内的企业明确表示了新建分布式供应装置的意向。

监管情况：对此类装置，燃气主管部门因种种原因未实施许可与监管；安监部门因其装置是做工业燃料使用的按相关法规职责不实施直接监管；供气与使用方监管职责不明，管理缺乏。

隐患情况：这种自建分布式供应装置大多未经有关政府部门许可，其安全距离、防护装置及管理职责存在缺陷；大多采用由燃气经营单位提供整套设施和技术支持，供应液化天然气，使用单位支付租用费和燃气费的办法，其主要的安全管理工作实际上是以经营单位为主，大多数使用单位本身并不具备日常管理力量和应急管理知识及能力，而且经营单位往往不在当地，一旦有紧急情况，很难应对和处置；分布式供应装置气源通过槽车运输的方式进行输送，无疑提高了在运输及卸料过程中的交通安全风险。自建分布式供应装置的企业为降低自建站运行成本，多数没有按规定配备持证上岗的生产运行人员，进行 24 小时不间断值班，甚至无专人值守。此外，企业也没有配备专门的燃气应急维抢修队伍和制订应急预案，一旦发生突发事件，后果不堪设想。

某县安监局对这些问题进行了分析，马上以安委办名义向县政府提交了《关于要求加强对 XX 县工业企业建设分布式天然气站监督管理的报告》，引起了县领导的高度关注。于是某县建立了由建设部门牵头的分布式天然气供应装置专项整治联席会议制度，并迅速开展了两项工作：一是专项检查，对 6 家企业检查中发现的 100 多个安全隐患实施限期整改，对部分装置发出暂停使用通知。二是对今后监管工作明确规范要求：严格落实燃气经营许可证制度。加大分布式供应装置规划管理。制定政策简化审批程序，加快推进天然气场站和市政管网设施建设。加强燃气行业安全管理。最后，县编办下发文件，对企业天然气装置的监管职责予以明确：县安监局负责对燃气作为原料使用的企业进行安全监管，燃气主管部门负责对燃气作为燃料使用的企业进行安全监管，县安监局负责综合监管。这样一来，厘清了监管职责，减少或避免了因监管真空而产生的风险。

四、对突出问题的监管

抓住安全生产中的突出问题开展工作是预防履职不良后果发生的最有效的方法之一。强化问题意识、坚持问题导向，是我们重要的思想方法和工作方法，也是安全生产工作的一个鲜明特点、一条成功经验。问题导向，即以解决问题为方向和目的。问题导向是坚持马克思主义认识论的基本要求，也是解放思想、实事求是、与时俱进、开拓创新的具体体现。强化问题导向，前提是正视问题。对着问题走，拿出"壮士断腕"的勇气，聚焦安全生产中的突出问题，始终盯着问题、深挖根源、找准症结。突出问题导向，关键是找准问题。问题是"有的放矢"的靶子，问题找不准，就无法做到有的放矢。强化问题导向，目的是解决问题。要加强分类指导，坚持从实际出发，区分不同层次，区别不同情况，分析具体问题，有针对性地提出不同目标要求和改进的措施，防止走过场和形式主义，切实把标尺立起来，把底线划出来，把形象树起来。

（一）突出问题是针对风险的

凡是突出问题必然是存在重大隐患或重大事故风险的。在安全生产中，绝对的安全是不存在的，任何时候都会有大大小小的隐患存在。若及时发现并消除隐患就能使系统处于一个安全的状态。要是存在隐患而没有及时处理，就会发生故障。故障不一定会有危险，可能只是丧失一些功能，但也有可能导致危险。而风险是指发生危险的可能性，不是指危险本身。因此，每个责任主体都应该把存在重大隐患或重大事故风险的行业、区域、场所、空间、环节或具体的生产经营单位列入监管或履职重点。

事故隐患是指作业场所、设备及设施的不安全状态，人的不安全行为和管理上的缺陷。它实质是有危险的、不安全的、有缺陷的"状态"，这种状态可在人或物上表现出来，也可表现在管理的程序、内容或方式上，如检查不到位、制度的不健全、人员培训不到位等。

而危险源是指一个系统中具有潜在能量和物质释放危险的、可造成人员伤害、财产损失或环境破坏的、在一定的触发因素作用下可转化为事故的部位、区域、场所、空间、岗位、设备及其位置。它的实质是具有潜在危险的源点或部位，是爆发事故的源头，是能量、危险物质集中的核心，是能量从那里传出来或爆发的地方。危险源存在于确定的系统中，不同的系统范围，危险源的区域也不同。例如，从全国范围来说，对于危险行业具体的一个企业就是一个危险源；而从一个企业系统来说，可能是某个车间、仓库就是危险源，一个车间系统可能是某台设备是危险源。因此，分析危险源应按系统的不同层次来进行。

一般来说，危险源可能存在事故隐患，也可能不存在事故隐患，对于存在事故隐患的危险源一定要及时加以整改，否则随时都可能导致事故。重大危险源实质上是管理的概念，体现了在事故预防中分清主次、抓住主要矛盾的思想，是国家或者地区对于可能发生重大工业事故的设备、设施、场所采取预先、重点、宏观和统一控制的思想。重大危险源主要针对的是物质危险源，是易燃、易爆、有毒、有害等危险物质的客观存在。当危险物质的量超过了规定的临界量时，也就是构成了应该着重关注、重点管理的重大危险源。

实际中，对事故隐患的控制管理总是与一定的危险源联系在一起，因为没有危险的隐患也就谈不上要去控制它；而对危险源的控制，实际就是消除其存在的事故隐患或防止其出现事故隐患。

按照上述对危险源的定义，危险源应由三个要素构成：潜在危险性、存在条件和触发因素。危险源的潜在危险性是指一旦触发事故，可能带来的危害程度或损失大小，或者说危险源可能释放的能量强度或危险物质量的大小。危险源的存在条件是指危险源所处的物理、化学状态和约束条件状态。触发因素虽然不属于危险源的固有属性，但它是危险源转化为事故的外因，并且每一类型的危险源都有相应的敏感触发因素。如易燃、易爆物质，热能是其敏感的触发因素，又如压力容器，压力升高是其敏感触发因素。因此，一定的危险源总是与相应的触发因素相关联。在触发因素的作用下，危险源转化为危险状态，进而转化为事故。

（二）突出问题是针对实际的

许多责任主体按照上级部署的重点工作来确定自身的履职重点，这是盲目的表现。如某县根据上级文件精神，将对矿山、危化企业的监管列为年度监管重点，而事实上该县并没有矿山企业，只有一家安全状况良好的危化生产企业。这样的履职重点显然脱离了实际。其实该县百分之八十以上的企业属于机械制造企业，而且就在上年就发生了机械伤害和高处坠落两起死亡事故，其机械制造企业存在的安全问题就十分突出。因此，突出问题是针对实际的，切实解决实际突出问题才是真正的履职重点。

（三）突出问题是动态的

安全是动态的，安全生产的突出问题也是动态的。责任主体的履职重点应根据这种动态变化而变化。如某县全年发生的安全生产责任事故中有两起是由非法动火作业引起的，这引起了该县安全生产监督管理部门的高度重视，立即把企业的动火作业作为全县的安全生产突出问题进行全面整治。通过整治，全县需要动火作业的企业都建立了规范的动火作业制度。然而该县在次年、再次年依然将动火作业作为安全生产突出问题列入监管重点。这样的履职不可能产生创新性成效，从长远看必定存在履职风险。事实上突出问题是动态的，不解决是突出问题，解决了就是一般性问题。

第三节　高效运用监管资源

从责任追究的现实后果和专业技术的客观要求来看，安全监管是一个高风险的行业。高效运用监管资源对解决安全生产重大问题、降低履职风险具有重大现实意义。能否高效运用监管资源是责任主体是否精准履职的一个重要衡量标尺。这些资源包括法律资源、政策资源、信息资源、人力资源及社会资源。

一、法律资源

目前我国的安全生产已形成一个比较完整的法律体系。这个体系是一个包含多种法律形式和法律层次的综合性系统，从法律规范的形式和特点来讲，既包括作为整个安全生产法律法规基础的宪法规范，亦包括行政法律规范、技术性法律规范、程序性法律规范。按法律地位及效力等同原则，安全生产法律体系分为以下五个门类：

（1）宪法。《中华人民共和国宪法》是安全生产法律体系框架的最高层级，"加强劳动保护，改善劳动条件"是有关安全生产方面最高法律效力的规定。

（2）安全生产方面的法律。一是基础法。《中华人民共和国安全生产法》是综合规范安全生产法律制度的法律，它适用于所有生产经营单位，是我国安全生产法律体系的核心。二是专门法律。如《中华人民共和国矿山安全法》《中华人民共和国海上交通安全法》《中华人民共和国消防法》《中华人民共和国道路交通安全法》等。三是相关法律。如《中华人民共和国劳动法》《中华人民共和国建筑法》《中华人民共和国煤炭法》《中华人民共和国矿产资源法》等。还有一些与安全生产监督执法工作有关的法律，如《中华人民共和国刑法》《中华人民共和国刑事诉讼法》《中华人民共和国行政处罚法》《中华人民共和国行政复议法》和《中华人民共和国标准化法》等。

（3）安全生产行政法规。如国务院组织制定并批准公布的《国务院关于特大安全事故行政责任追究的规定》和《煤矿安全监察条例》等和地方性安全生产法规及部门安全生产规章、地方政府安全生产规章。

（4）安全生产标准。安全生产标准是安全生产法规体系中的一个重要组成部分，同样也是安全生产管理的基础和监督执法工作的重要技术依据。安全生产标准大致分为设计规范类；安全生产设备、工具类；生产工艺安全卫生；防护用品类四类标准。

（5）已批准的国际劳工安全公约。国际劳工组织自1919年创立以来，一共通过了185个国际公约和为数较多的建议书，这些公约和建议书统称国际劳工标准，其中70%的公约和建议书涉及职业安全卫生问题。我国政府为国际性安全生产工作已签订了国际性公约，当我国安全生产法律与国际公约有不同时，应首先采用国际公约的规定（除保留条件的条款外）。目前我国政府已批准的公约有23个，其中4个是与职业安全卫生相关的。

所有这些法律法规及标准都是每个责任主体履职最重要最宝贵的资源。每个责任主体要充分利用好这些资源，取得最佳的履职效果。

二、政策资源

目前的政策资源极其丰富。从各个责任主体尤其是最基层的责任主体的履职情况和被追究责任的大量案例来看，部分责任主体缺乏运用政策资源的思维导向。如某街道安监站负责人及其工作人员因为辖区内的农村环保整治项目和水利建设项目发生死亡事故被追责，事后分析，如果该街道建立健全"党政同责、一岗双责"制度，由街道分管环保、水利的领导负责行业内的安全监管，安监站负责配合，其事故项目的安全监管现状可能完全不同，其事故责任追究结果也就会有差异。

落实"党政同责、一岗双责"制度是安全生产监管体制机制的又一重大创新。要通过宣传教育，使地方各级党委领导认识到，党的宗旨是全心全意为人民服务，保障人民生命财产安全也必须是党委的根本责任；实施"党政同责、一岗双责"是落实安全生产责任，为当地经济社会发展提供有力安全保障的必然要求；是践行"立党为公、执政为民"根本宗旨，提高坚守"红线"意识自觉性的有效途径；是深化安全生产管理体制改革，建立安全生产长效机制的重要内容。对这一制度建设一定要立足顶层设计，既要有前瞻性，又要有可行性；既要权责明晰，又要周密严谨；既要勇于实践，又要稳步推进，并力求上升到法律层面。这样的政策对深入推进区域或行业的安全生产工作和责任主体的精准履职具有其他资源不可替代的作用。

三、信息资源

信息对于责任主体来说，并不陌生。在实际履职中，每个人每时每刻都在不断地接收信息，加工信息和利用信息，都在与信息打交道。现代管理者在管理方式上的一个重要特征就是：每个责任主体很少同"具体的事情"打交道，而更多的是同"事情的信息"打交道。管理系统规模越大，结构越是复杂，对信息的渴求就越加强烈。实际上，任何一个组织要形成统一的意志，统一的步调，各要素之间必须能够准确快速地相互传递信息。每个责任主体对组织的有效控制，都必须依赖来自组织内外的各种信息。信息如同人才、原料和能源一样，被视为组织生存发展的重要资源，成了履职活动赖以展开的前提，一切履职活动都离不开信息，一切有效的履职都离不开信息的管理。

所谓信息管理，人类综合采用技术的、经济的、政策的、法律的和人文的方法和手段，对信息资源进行计划、组织、领导和控制，以提高信息利用效率、最大限度地实现信息效用价值为目的的一种社会活动。它既包括微观上对信息内容的管理，又包含宏观上对信息机构和信息系统的管理。

信息是事物的存在状态和运动属性的表现形式。"事物"泛指人类社会、思维活动和自然界一切可能的对象。"存在方式"指事物的内部结构和外部联系。"运动"泛指一切意义上的变化，包括机械的、物理的、化学的、生物的、思维的和社会的运动。"运动状态"是指事物在时间和空间上变化所展示的特征、态势和规律。

信息管理的过程包括信息收集、信息传输、信息加工和信息储存。既有静态管理，又有动态管理。信息收集就是对原始信息的获取。信息传输是信息在时间和空间上的转移，因为信息只有及时准确地传送到监管者的手中才能发挥作用。信息加工包括信息形式的变换和信息内容的处理。信息的内容处理是指对原始信息进行加工整理。经过信息内容的处理，输入的信息才能变成所需要的信息，才能被适时有效地利用。信息送到监管者手中，并非使用完后就无用了，有的还需留作事后的参考和保留，这就是信息储存。通过信息的储存可以从中揭示出规律性的东西，也可以重复使用。随着科学技术特别是信息工程、计算机技术等高科技技术的飞速发展和普及，当今世界已进入到了信息时代。安全生产监管要求信息处理的数量越来越大，速度越来越快。为了确保监管者及时掌握准确、可靠的信息，以及执行之后构成真实的反馈，必须建立一个功能齐全和高效率的信息管理系统。

信息管理的要求主要是：①及时。所谓及时就是信息管理系统要灵敏、迅速地发现和提供管理活动所需要的信息。这里包括两个方面：信息管理一方面，要及时地发现和收集信息。现代社会的信息纷繁复杂，瞬息万变，有些信息稍纵即逝，无法追忆。因此，信息的管理必须最迅速、最敏捷地反映出工作的进程和动态，并适时地记录下已发生的情况和问题。另一方面要及时传递信息。信息只有传输到需要者手中才能发挥作用，并且具有强烈的时效性。因此，要以最迅速、最有效的手段将有用信息提供给有关部门和人员，使其成为决策、指挥和控制的依据。②准确。信息不但要求及时，而且必须准确。只有准确的信息，才能使决策者做出正确的判断。失真以至错误的信息，不但不能对管理工作起到指导作用，相反还会导致管理工作的失误。为保证信息准确，首先要求原始信息可靠。只有可靠的原始信息才能加工出准确的信息。信息工作者在收集和整理原始材料的时候必须坚持实事求是的态度，克服主观随意性，对原始材料认真加以核实，使其能够准确反映实际情况。其次是保持信息的统一性和唯一性。一个管理系统的各个环节，既相互联系又相互制约，反映这些环节活动的信息有着严密的相关性。所以，系统中许多信息能够在不同的管理活动中共同享用，这就要求系统内的信息应具有统一性和唯一性。因此，在加工整理信息时，要注意信息的统一，也要做到计量单位相同，以防止在信息使用时造成混乱现象。

信息是履职的软资源。它具备如下特征：①可再生性。知识、文化、思想、理念等，不是越用越少而是越用越多。在使用中会不断得到增长。知识、技术、文化、理念等都是可以不断创新、不断发展、不断增加的。信息资源是有寿命的，随着时间的延长，信息的使用价值逐渐减少甚至完全消失。但是信息在不同的时间、地点和目的又会具有不同的意义。从而显示出新的使用价值。②共享性。知识、技术、文化、理念等都是可以进行学习和掌握的，是无边界的，靠的是一种学习的能力，而能力又是软资源，也是可以通过培养、训练而造就的。履职信息也可以为多方所利用。③边际成本递减。履职信息不会随着使用量的增加而使成本递增，相反随着使用者的增多、使用量的增加而使其成本递减。知识、技术、文化等是越学越多的，积累得越多，再学习的成本就越低，掌握新技术、新知识就会越来越快、越来越多。知识、技术、文化等是可以不断得到提升，其边际效益是递增的。④具有高附加值、强竞争力。履职信息由于技术含量多、文化品位高、社会效应大，难以被学习和模仿，具有一定的垄断性等。

四、人力资源

人力资源是安全生产监管的第一资源。只有以人为中心，把人力资源作为监管中最重要、最宝贵的根本资源，加强培训提升，坚持对人力资源的有效开发和科学利用，实施以提高人的能力、激发人的活力、提高责任主体整体素质为主要内容的人力资源开发战略，才能实现安全生产持续稳定发展的态势。

我国安全生产人力资源基本现状是：责任主体整体素质偏低，中高层次人才严重缺乏，缺少分配机制作动力、缺少履职文化做内核、缺乏风险防御体系做保障、缺乏适应环境做支撑，人力资源的不足与繁重的任务不对称。正因如此，许多责任主体倍感履职的压力。对此，我们可以从人力资源本身寻找缓解履职压力的途径：一是借助政策来缓解。制定"党政同责、一岗双责"等地方政策，形成安全生产的齐抓共管局面。二是借助社会力量来缓解。充分利用社会上的安全中介组织的专业技术力量来弥补专业监管的不足。三是借助一些临时组织来缓解。针对一些突出问题，成立临时组织，抽调人员开展专项整治。

五、社会资源

对安全生产而言，最重要的社会资源就是安全生产中介组织。安全生产中介组织是指那些介于政府与企业之间、生产者与经营者之间、个人与单位之间，依法设立并具有独立承担民事责任能力，为市场主体提供安全咨询、评估、培训、检验等各种服务的机构或组织。它有自身的独有特点，是安全监管中必不可少的环节，具有政府行政管理不可替代的作用。

安全生产中介组织的主要作用表现在：

一是协调政府与生产经营单位之间的关系。在我国深化经济体制改革、转变政府职能的背景下，安全生产中介组织所充当的政府与生产经营单位间的桥梁和纽带作用尤为突出。一方面，通过安全生产中介组织咨询、评估、培训、检验等服务，使得政府承担其对生产经营单位应履行的职能；另一方面，政府通过安全生产中介组织将国家对安全发展的宏观指导、管控意图传达给生产经营单位，促使生产经营单位不断调整自身生产经营行为。

二是提高安全监管效率，降低监管成本。经济的发展得益于分工的深化和由此带来的效率提高和成本降低，然而分工的深化却使不同分支之间的监管需要更多的专业知识，更为复杂的监管程序，同时分工的深化也提高了安全监管发生的频率，监管成本由此越来越大。社会中介组织通过向企业提供高度专业化服务，帮助企业完成日常经营过程中各种繁杂的事务性工作，最终达到降低监管费用，促进监管日趋规范之目的。

三是行使社会监督职能，维护正常社会秩序。目前我国经济快速发展，市场主体竞争日益激烈，少数的恶性竞争严重扰乱了正常市场经济秩序，影响了经济持续、快速、安全发展。安全生产中介组织在提供安全服务的同时，根据独立、客观、公正的原则，对发现的种种不安全问题进行揭露或举报，促进有关部门对相关生产经营单位予以调查并采取相应惩处措施，从而有效起到监督生产经营单位行为，维护正常社会安全秩序的作用。

具体要做好以下几方面的工作：一是适当增加安全生产中介服务机构的数量。要根据法律法规定的条件和安全生产综合监管需要，打破地域、部门垄断，加快认定一批门类齐全、条件较好、人员素质较高、分布合理的技术评价、培训教育、检验检测、咨询服务等中介机构。二是从现有的中介服务机构中，选择一至两家技术力量强、专业门类全、管理基础好、能够代表地方科研院所专业技术水平的单位作为安全生产技术支撑单位，通过加强指导、下达任务、委托职能、增加投入等支持其不断发展、壮大。三是加强安全生产中介服务机构的监管。安全生产中介服务机构的监管既是安全生产综合监管的重要内容之一，也是安全生产中介服务机构健康发展、综合监管体系有序运行的重要条件。应通过制定安全生产中介服务机构监管办法、公布安全生产中介机构黑名单及监督举报电话，实行违规从业中介机构黑名单及曝光制度等办法，重点查处安全生产中介机构无资质承揽业务，使用自己的资质承揽业务后分包或转包给无资质机构、超越资质范围开展业务，出具不实、不公正或虚假的评价、检验、检测、认证报告，乱收费等违法违规行为。

第八章 安全生产应急预案

第一节 应急预案的基础理论

由于工业活动中存在巨大能量和有害物质，加上自然或人为、技术等原因，事故或灾害不可能完全避免。应针对可能发生的各种事故类型，制定事故应急预案，组织及时有效的应急救援行动，最大限度地控制或减小其可能造成的后果和影响。事故应急预案已成为抵御事故风险或控制事故蔓延、降低危害后果的关键手段。

一、应急预案的概念、目的、作用和基本要求

（一）应急预案的概念

应急预案，亦称"应急计划"或"应急救援预案"，是指针对可能发生的事故灾难，为最大限度地控制或降低其可能造成的后果和影响，预先制定的明确救援责任、行动和程序的方案。应急预案实际上是标准化的反应程序，使得应急救援活动能迅速、有序地按照计划和最有效的步骤来进行。它最早是化工生产企业为预防和处置关键生产装置、重点生产部位和化学泄漏事故而预先制定的对策方案，在辨识和评估潜在重大危险、事故类型、发生的可能性及发生的过程、事故后果及影响严重程度的基础上，对应急机构职责、人员、技术、装备、设施、物资、救援行动及指挥与协调方面预先做出的具体安

排。应急预案明确了在事故发生前、事故过程中以及事故发生后，谁负责做什么，何时做，怎么做，以及相应的策略和资源准备等。

应急预案主要包括三方面的内容：一是事故预防。通过危险辨识、事故后果分析，利用技术和管理手段降低事故发生的可能性，或将已经发生的事故控制在局部，防止事故蔓延。二是应急处置。一旦发生事故，通过应急处理程序和方法，可以快速反应并处置事故或将事故消除在萌芽状态。三是抢险救援。通过编制应急预案，采用预先的现场抢险和救援方式，对人员进行救护并控制事故发展，从而减少事故造成的损失。

（二）应急预案的目的

为在重大事故发生后能及时加以控制，防止事故蔓延，有效地组织抢险和救援，政府和生产经营单位应对已初步认定的危险场所和部位进行风险分析。对认定的危险有害因素和重大危险源，应事先对其可能造成的事故后果进行模拟分析，预测重大事故发生后的状态、人员伤亡情况及设备破坏和损失程度，以及由于物料的泄漏可能引起的火灾、爆炸和有毒有害物质扩散对单位可能造成的影响。依据预测，提前制定重大事故应急预案，组织、培训应急救援队伍，配备应急救援资源，以便在重大事故发生后，能快速、有序、高效地按照预定方案进行救援，在最短时间内使事故得到有效控制。

应急预案的主要目的有以下两个方面：

①采取预防措施使事故控制在局部，消除蔓延条件，防止突发性重大或连锁事故发生。

②能在事故发生后迅速控制和处理事故，尽可能减轻事故对人员及财产的影响，保障人员生命和财产安全。

（三）应急预案的作用

应急预案是应急体系的主要组成部分，是应急救援工作的核心内容之一，是及时、有序、有效地开展应急救援工作的重要保障。应急预案的作用体现在以下几个方面：

①应急预案明确了应急救援的范围和体系，使应急准备和应急管理有据可依、有章可循，尤其有利于培训和演练工作的开展。

②应急预案有利于做出及时的应急响应，缩小事故后果。应急预案首先明确了应急各方的职责和响应程序，在应急资源等方面进行了先期准备，可以指导应急救援迅速、高效、有序地开展，将事故造成的人员伤亡、财产损失和环境破坏降到最低限度。

③应急预案是各类突发事故的应急基础。通过编制应急预案，可以对那些事先无法预料到的突发事故起到基本的应急指导作用，成为开展应急救援的"底线"。在此基础上，可以针对特定事故类别编制专项应急预案，并有针对性地制定应急措施、进行专项应急准备和演练。

④应急预案建立了与上级单位和部门应急体系的衔接。通过编制应急预案，可以确保当发生超过本级应急能力的重大事故时，及时与有关应急机构进行联系和协调。

⑤应急预案有利于提高风险防范意识。应急预案的编制、评审、发布、宣传、演练、教育和培训，有利于各方了解可能面临的重大事故及其相应的应急措施，有利于促进各

方提高风险防范意识和能力。

（四）应急预案的基本要求

编制应急预案是进行应急准备的重要工作内容之一，编制应急预案除了要遵循一定的编制程序，同时也应满足下列基本要求：

①针时性。要针对重大危险源、可能发生的各类事故、关键的岗位和地点，针对薄弱环节、针对重要工程。

②科学性。编制应急预案必须开展科学分析和论证，制定出决策程序和处置方案。

③可操作性。应急预案应具有实用性或可操作性，即发生重大事故灾害时，有关应急组织、人员可以按照应急预案的规定迅速、有序、有效地展开应急救援行动，降低事故损失。

④完整性。应急预案内容应完整，包含实施应急响应行动需要的所有基本信息。主要体现在功能（职能）完整、应急过程完整、适用范围完整等方面。

⑤符合性。应急预案中的内容应符合国家法律、法规、标准和规范的要求。

⑥可读性。预案中的信息应便于组织获取和使用，并具备相当的可读性。

⑦相互衔接。安全生产应急预案应相互协调一致、相互兼容。如生产经营单位的应急预案，应与上级单位应急预案、当地政府应急预案、主管部门应急预案、下级单位应急预案等相互连接。

二、应急预案分类

（一）我国突发公共事件应急预案体系

目前，我国各级人民政府以及有关部门、国有重点企业和高危行业生产经营单位的应急预案编制工作已基本完成，全国应急预案框架体系初步建立。如今，国家层面的专项预案和部门预案进一步健全，地方层面上安全生产应急预案进一步向基层延伸，企业层面上中央企业总部及其所属单位全部完成了预案编制工作，全国高危行业生产经营单位的预案覆盖率达到100%。

为了健全完善应急预案体系，形成"横向到边，纵向到底"的预案体系，按照"统一领导、分类管理、分级负责"的原则，根据不同的责任主体，我国突发公共事件应急预案体系划分为突发公共事件总体应急预案、突发公共事件专项应急预案、突发公共事件部门应急预案、突发公共事件地方应急预案、企事业单位应急预案、大型活动应急预案六个层次。

（1）突发公共事件总体应急预案是全国应急预案体系的总纲，是国务院为应对特别重大突发公共事件而制定的综合性应急预案和指导性文件，是政府组织管理、指挥协调相关应急资源和应急行动的整体计划和程序规范，由国务院制定，国务院办公厅组织实施。

（2）突发公共事件专项应急预案主要是国务院及有关部门为应对某一类型或某几

个类型的特别重大突发公共事件而制定的涉及多个部门（单位）的应急预案，是总体应急预案的构成部分，由国务院有关部门牵头制定，由国务院批准发布实施。目前，国家突发公共事件专项应急预案共有 25 件，其中，自然灾害类 5 件，事故灾难类 9 件，公共卫生事件类 4 件，社会安全事件类 7 件。《国家安全生产事故灾难应急预案》是 9 件事故灾难类应急预案之一。

（3）突发公共事件部门应急预案是国务院有关部门（单位）根据总体应急预案、专项应急预案和职责为应对某一类型的突发公共事件或履行其应急保障职责而制定的工作方案，由部门（单位）制定，报送国务院备案后颁布实施。

（4）突发公共事件地方应急预案主要指各省（自治区、直辖市）人民政府及其有关部门（单位）的突发公共事件总体预案、专项应急预案和部门应急预案；此外，还包括各地（市）、县人民政府及其基层政权组织的突发公共事件应急预案等。预案确定了各地政府是发生在当地的突发公共事件的责任主体，是各地按照分级管理原则应对突发公共事件的依据。

（5）企事业单位应急预案是各企事业单位根据有关法律、法规，结合各单位特点制定的，是本单位应急救援的详细行动计划和技术方案。预案确立了企事业单位是其内部发生的突发事件的责任主体，是各单位应对突发事件的操作指南，当事故发生时，事故单位应即刻按照预案开展应急救援。

（6）大型活动应急预案是指举办大型会展和文化体育等重大活动时，主办单位制定的应急预案。

（二）生产经营单位安全生产事故应急预案体系

生产经营单位安全生产事故应急预案是国家安全生产应急预案体系的重要组成部分。制定生产经营单位安全生产事故应急预案是贯彻落实"安全第一、预防为主、综合治理"方针，规范生产经营单位应急管理工作，提高应对和防范风险与事故的能力，保证职工安全健康和公众生命安全，最大限度地降低财产损失、环境损害和社会影响的重要措施。

生产经营单位安全生产事故应急预案可以由综合应急预案、专项应急预案和现场应急处置方案构成，明确生产经营单位在事前、事发、事中、事后的各个过程中相关部门和有关人员的职责。生产经营单位结合本单位的组织结构、管理模式、风险种类、生产规模等特点，可以对应急预案主体结构等要素进行调整。

1. 综合应急预案

综合应急预案是从总体上阐述事故的应急方针、政策，应急组织结构及相关应急职责，应急行动、措施和保障等基本要求和程序，是应对各类事故的综合性文件。综合应急预案的主要内容包括总则、生产经营单位概况、组织机构及职责、预防与预警、应急响应、信息发布、后期处置、保障措施、培训与演练、奖惩、附则 11 个部分。

2.专项应急预案

专项应急预案是针对具体的事故类别（比如煤矿瓦斯爆炸、危险化学品泄漏等事故）、危险源和应急保障而制定的计划或方案，是综合应急预案的组成部分，应按照综合应急预案的程序和要求组织制定，并作为综合应急预案的附件。专项应急预案应制定明确的救援程序和具体的应急救援措施。专项应急预案的主要内容包含事故类型和危害程度分析、应急处置基本原则、组织机构及职责、预防与预警、信息报告程序、应急处置、应急物资与装备保障7个部分。

3.现场应急处置方案

现场应急处置方案是针对具体的装置、场所、设施、岗位所制定的应急处置措施。现场应急处置方案应具体、简单、针对性强。现场应急处置方案应根据风险分析及危险性控制措施逐一编制，做到事故相关人员应知应会，熟练掌握，并通过应急演练，做到迅速反应、正确处置。现场处置方案的主要内容包括事故特征、应急组织与职责、应急处置、注意事项4个部分。

除上述三个主体组成部分外，生产经营单位应急预案要有充足的附件支持，主要包括：有关应急部门、机构或人员的联系方式；重要物资装备的名录或清单；规范化格式文本；关键的路线、标识和图纸；相关应急预案名录；有关协议或备忘录（包括与相关应急救援部门签订的应急支援协议或备忘录等）。

（三）其他分类或分级

应急预案根据不同的标准可以分为不同的种类。应急预案应当有相应的组织负责编制，根据预案责任主体的性质不同，应急预案可以分为企业预案和政府预案，企业预案由企业根据自身情况制定，由企业负责，政府预案由政府组织制定，由相应级别的政府负责。根据事故影响范围不同可以将预案分为现场预案和

场外预案，现场预案又可以分为不同等级，如车间级、工厂级等；而场外预案按事故影响范围的不同，又可以分为区县级、地市级、省级、区域级和国家级。各类各级预案各有侧重，但应协调一致。

根据可能的事故后果的影响范围、地点及应急方式，我国事故应急体系可将事故应急救援预案划分如下五种级别：

1. Ⅰ级（企业级）应急预案

事故的有害影响局限于某个生产经营单位的厂界内，并且可被现场的操作者遏制和控制在该区域内。这类事故可能需要投入整个单位的力量来控制，但其影响预期不会扩大到社区（公共区）。

2. Ⅱ级（县级）应急预案

事故影响可扩大到公共区，但可被该县的力量加上所涉及的生产经营单位的力量所控制。

3. Ⅲ级（市级）应急预案

事故影响范围大，后果严重，或是发生在两个县或县级市管辖区边界上的事故。应急救援需动用地区力量。

4. Ⅳ级（省级）应急预案

对可能发生的特大火灾、爆炸、毒物泄漏事故，特大矿山事故，以及属省级特大事故隐患、重大危险源的设施或场所，应该建立省级事故应急预案。它可能是一种规模较大的灾难事故，或是需要动用全省范围内的力量来控制的灾难事故。

5. Ⅴ级（国家级）应急预案

对事故后果超过省（自治区、直辖市）边界以及列为国家级事故隐患、重大危险源的设施或场所，应制定国家级应急预案。

三、应急预案文件体系

（一）应急预案结构

编制的应急预案只要适合实际状况，可以指导应急救援工作有效开展，就是实用的应急预案。不同类型、不同规模、不同风险的区域，可以针对自身的实际应急需要和管理模式，采取不同的应急预案结构框架。目前，应急预案的结构框架主要有四种形式：

1. "1+4"结构

所谓"1+4"结构就是"综合预案＝基本预案＋（应急功能设置＋特殊风险管理＋标准操作程序＋支持附件）"。"基本预案"阐明应急整体框架结构及应急原则；"应急功能设置"描述组织、领导层、部门、专业救援队伍以及关键人员等的应急职责和要求；"特殊风险管理"主要描述组织应急面临的各种风险状况及风险管理要求；"标准操作程序"是对"基本预案"的具体扩充，说明各项应急功能的实施细节，强调在应急活动过程中承担应急功能的组织、部门、人员的具体责任和行动；"支持附件"是与各类应急有关的技术资料、数据、信息等。应急预案的以上各部分相互联系、相互作用、相互补充，构成一个有机整体。

"1+4"结构层次清晰、可操作性强、应急内容全面，预案纵横都能有效使用，但相对结构比较复杂，存在部分重复之处，因而，比较适合风险较大的大型区域使用。

2. "总预案＋专项预案"结构

"总预案"阐明应急整体框架结构及应急的基本原则；"专项预案"是根据总预案的要求，在危险分析的基础上，根据事故的种类、现场区域位置等因素确定的子预案，如某区域的火灾应急救援专项预案、塌方应急救援专项预案；A1区应急救援专项预案、A2区应急救援专项预案等。

这种应急预案的结构及逻辑关系清晰，比较容易把握，操作性较强，针对特定风险或场所的应急程序比较明确，但各专项预案会有重复或交叉。因而，比较适合风险和范围较大的区域，或不同事故类型、应急流程差异较大的大中型区域。

3. "总预案 + 应急程序 + 应急行动说明书"结构

这是一种由整体到局部的结构。"总预案"概述应急体系框架和应急基本原则；"应急程序"明确各事故的应急流程或各应急部门的应急工作流程；"应急行动说明书"是具体的应急行动指导。

这种应急预案的结构与企业建立的质量、环保和安全健康管理体系的文件结构形式一致，层次清晰，不同层次的人员可以有选择地使用预案文本，可操作性较强，非常适合大中型区域或风险较大的小型区域使用。

4. 单一的应急预案结构

这种结构是指结合区域的实际情况，将应急预案从应急准备、应急响应到现场恢复等所有内容都融合成一个文本，该文本既表明了应急框架和原则，又细化到了具体的应急行动。

这种应急预案结构的文本简练，重复性小，操作性比较强，非常适合小区域以及风险较小的中型区域使用。

此外，还可以采用上述应急预案结构框架中的某两种或两种以上的结构形式，将其融会贯通，联合起来使用。如在"总预案 + 专项预案"结构中，可以将单一的应急预案结构融入专项预案，也可以将"总预案 + 应急程序 + 应急行动说明书"结构中的应急程序和应急行动说明书融入专项预案。

（二）应急预案文件

应急预案应该包括以下四类预案文件：

（1）一级文件 —— 总预案。一级文件包括对紧急情况的管理政策、预案目标、应急组织和责任等内容。

（2）二级文件 —— 程序文件。二级文件对应急行动的目的和范围进行说明，明确规定什么情况下该做什么、该如何做、由谁去做等等。其目的是为应急行动提供指南，但要求程序和格式简洁明了，以确保应急人员在执行应急步骤时不会产生误解。其格式可以是文字叙述、流程图表或是两者的组合等，应根据每个应急组织的具体情况选用最适合的程序格式。

（3）三级文件 —— 说明书。三级文件对程序中的特定任务及某些行动细节进行说明，供应急组织内部人员或其他人员使用，如应急队员职责说明书、应急监测设备使用说明书等等。

（4）四级文件 —— 与应急预案相关的一切记录。四级文件包括制定预案和执行预案时的记录，如培训记录、文件记录、资源配置记录、设备设施相关记录、应急设备检修纪录、消防器材保管记录、应急演练的相关记录、应急行动期间所做的通讯记录、每一步应急行动的记录等。

从总预案到记录，层层递进，构成了一个完善的应急预案文件体系。从管理的角度而言，可以根据这四类预案文件分别进行归类管理，既保证了预案文件的完整性，又因其清晰的条理性而便于查阅和调用，从而保证应急预案能得到有效的运用。

（三）应急预案文件要素示例——区域应急预案主要程序文件

不同类型的应急预案所要求的程序文件是不一样的，应急预案的内容取决于它的类型。一个完整的区域应急预案应包括以下内容：

（1）预案概况：对紧急情况应急管理提供简述并做必要说明。

（2）预防程序：对潜在事故进行分析并说明所采取的预防和控制事故的措施。

（3）准备程序：说明应急行动前所需采取的准备工作。

（4）基本应急程序：给出任何事故都能适应的应急程序。

（5）专项应急程序：给出针对具体事故危险性的应急程序。

（6）恢复程序：说明事故现场应急行动结束后所需采取的清除及恢复行动。

第二节　应急预案编制

一、应急预案编制的基本要求

编制应急预案必须以科学的态度，在全面调查的基础上，实行领导与专家相结合的方式，开展科学分析和论证，使应急预案真正具有科学性。同时，应急预案应符合使用对象的客观情况，具有实用性和可操作性，以便于准确、迅速地控制事故。

应急预案的编制应当符合下列基本要求：

（1）符合有关法律、法规、规章和标准的规定；

（2）结合本地区、本部门、本单位的安全生产实际情况；

（3）结合本地区、本部门、本单位的危险性分析情况；

（4）应急组织和人员的职责分工明确，并有具体的落实措施；

（5）有明确、具体的事故预防措施和应急程序，并与其应急能力相适应；

（6）有明确的应急保障措施，并能满足本地区、本部门、本单位的应急工作要求；

（7）预案基本要素齐全、完整，预案附件提供的信息准确；

（8）预案内容与相关应急预案相互衔接。

二、应急预案编制的步骤

应急预案的编制过程可分为以下 4 个步骤：

（一）成立预案编制小组

重大事故的应急救援行动涉及来自不同部门、不同专业领域的应急各方，需要应急各方在相互信任、相互了解的基础上进行密切的配合和相互协调。所以，编制应急预案需要有关职能部门和团体的积极参与，并达成一致意见，尤其是应寻求与危险直接相关的各方进行合作。成立应急预案编制小组是将各有关职能部门、各类专业技术有效集结起来的最佳方式，为应急各方提供了一个非常重要的协作与交流机会，有便于统一应急各方的不同观点和意见，同时也可有效地保证应急预案的准确性、完整性和实用性。

（二）危险分析和应急能力评估

开展危险分析和应急能力评估工作是编制应急预案的基础性工作，起到掌握基础、摸清底数的作用。为有效开展此项工作，预案编制小组首先应进行初步的资料收集，包括相关法律法规、已有应急预案、技术标准、国内外同行业同级行政区域同类工业区域事故案例分析、本地区本部门本单位技术资料、重大危险源等。

1. 危险分析

危险分析是应急预案编制的基础和关键过程，只有对控制对象进行了充分系统的分析，全面掌握有关危险信息，才可能制定出针对性、实用性强的应急预案。在危险因素辨识、分析、评价及事故隐患排查、治理的基础上，确定本地区本部门本单位可能发生事故的危险源、事故的类型、影响范围和后果等，并指出事故可能产生的次生、衍生事故，形成分析报告，其分析结果作为应急预案的编制依据。

2. 应急能力评估

应急能力包含应急资源（应急人员、应急设施、装备和物资）以及应急人员的技术、经验和所接受的培训等，它将直接影响应急行动的速度、有效性。应急能力评估就是依据危险分析的结果，对应急资源的准备状况和从事应急救援活动所具备的能力进行评估，以明确应急救援的需求和不足，为应急预案的编制奠定基础。制定应急预案时应当在评估与潜在危险相适应的应急能力的基础上，选择最现实、最有效的应急策略。

（三）应急预案的编制

应急预案编制过程中，应注重编制人员的参与和培训，充分发挥他们的专业优势，使他们掌握危险分析和应急能力评估结果，确定应急预案的框架、应急过程的行动重点以及应急衔接、联系要点等。同时，编制的应急预案应充分利用社会应急资源，考虑与政府应急预案、上级主管单位以及相关部门的应急预案相衔接。

（四）应急预案的评审与发布

1. 应急预案的评审

为确保应急预案的科学性、合理性以及与实际情况的符合性，应急预案编制单位或管理部门应依据我国有关应急的方针、政策、法律、法规、规章、标准和其他有关应急预案编制的指南性文件与评审检查表，组织开展应急预案评审工作，取得政府有关部门和应急管理机构的认可。

2. 应急预案的发布

重大事故应急预案经评审通过后，应由最高管理者签署发布，并报送有关部门和应急管理机构备案。应急预案编制完成后，应通过有效实施确保其持续有效性。应急预案实施主要包括：应急预案宣传、教育和培训；应急资源的定期检查和落实；应急演习和训练；应急预案融入本地区本部门本单位整体活动；应急预案的评审与修订等。

三、应急预案的核心要素

在编制预案时，人们会问，预案应包含哪些基本内容才能满足应急活动的需求呢？因为应急预案是整个应急管理工作的具体反映，它的内容不仅限于事故发生过程中的应急响应和救援措施，还应包括事故发生前的各种应急准备和事故发生后的紧急恢复，以及预案的管理与更新等。因此，完整的应急预案编制应包括以下六个一级关键要素：①方针与原则；②应急策划；③应急准备；④应急响应；⑤现场恢复；⑥预案管理与评审改进。

六个一级要素之间既具有一定的独立性，又紧密联系，从应急的方针、策划、准备、响应、恢复到预案的管理与评审改进，形成了一个有机联系并持续改进的应急管理体系。根据一级要素中所包括的任务和功能，应急策划、应急准备和应急响应三个一级关键要素，可进一步划分成若干个二级要素。所有这些要素构成了重大事故应急预案的核心要素，这些要素是重大事故应急预案编制应当涉及的基本方面。在实际编制时，根据企业的风险和实际情况的需要，也为便于预案内容的组织，可依据企业自身实际，对要素进行合并、增加、重新排列或适当的删减等。这些要素在应急过程中也可视为应急功能。

（一）方针与原则

不论是何级或何类型的应急体系，首先必须有明确的方针与原则，作为开展应急救援工作的纲领。方针与原则反映了应急救援工作的优先方向、政策、范围和总体目标，应急的策划和准备、应急策略的制定和现场应急救援及恢复，都应当围绕方针与原则开展。

事故应急救援工作在预防为主的前提下，贯彻统一指挥、分级负责、区域为主、单位自救和社会救援相结合的原则。其中预防工作是事故应急救援工作的基础，除了平时做好事故的预防工作，避免或减少事故的发生外，还要落实好救援工作的各项准备措施，做到预先有准备，万一发生事故便能及时实施救援。

（二）应急策划

应急预案最重要的特点是要有针对性和可操作性。因而，应急策划必须明确预案的对象和可用的应急资源情况，即在全面系统地认识和评价所针对的潜在事故类型的基础上，识别出重要的潜在事故及其性质、区域、分布及后果，同时，根据危险分析的结果，分析评估企业中的应急救援力量和资源情况，为所需的应急资源准备提供建设性意见。

在进行应急策划时，应当列出国家、地方相关的法律法规，作为制定预案和应急工作授权的依据。因而，应急策划包括危险分析、资源分析（应急能力评估）以及法律法规要求三个二级要素。

（三）应急准备

针对可能发生的应急事件，应做好各项准备工作。应急预案能否成功地在应急救援中发挥作用，取决于应急准备得充分与否。应急准备基于应急策划的结果，明确所需的应急组织及其职责权限、应急队伍建设和人员培训、应急物资的准备、预案的演练、公众的应急知识培训和签订必要的互助协议等。

（四）应急响应

企业应急响应能力的体现，应包含需要明确并在应急救援过程中实施的核心功能和任务。这些核心功能既具有一定的独立性，又互相联系，组成应急响应的有机整体，共同实现应急救援目的。

应急响应的核心功能和任务包括：接警与通知，指挥与控制，警报与紧急公告，通信，事态监测与评估，警戒与治安，人群疏散与安置，医疗与卫生服务，公共关系，应急人员安全，抢险与救援，危险物质控制等。当然，根据企业风险性质的不同，需要的核心应急功能也可有一些差异。

（五）现场恢复

现场恢复是事故发生后期的处理，比如泄漏物的污染问题处理、伤员的救助、后期的保险索赔、生产秩序的恢复等一系列问题。

（六）预案管理与评审改进

强调在事故后（或演练后）对于预案不符合和不适宜的部分进行不断的修改和完善，使其更加适合企业的实际应急工作的需要，但预案的修改和更新要有一定的程序和相关评审指标。

完整的应急预案可用表 8-1 简示。

表 8-1　应急预案的核心要素

应急预案的核心要素				
1	方针与原则	4	应急响应	
2	应急策划 2.1 危险分析 2.2 资源分析 2.3 法律法规要求		4.1 接警与通知 4.2 指挥与控制 4.3 警报与紧急公告 4.4 通信 4.5 事态监测与评估 4.6 警戒与治安 4.7 人员疏散与安置 4.8 医疗与卫生服务 4.9 公共关系 4.10 应急人员安全 4.11 抢险与救援 4.12 危险物质控制	
3	应急准备 3.1 机构与职责 3.2 应急设备与物资 3.3 应急人员培训 3.4 预案演习 3.5 公众教育 3.6 互助协议			
		5	现场恢复	
		6	预案管理与评审改进	

四、应急预案的主要内容

应急预案的主要内容基本都是围绕应急预案的核心要素展开的，主要内容如下：

（一）应急预案概况

应急预案概况主要描述生产经营单位概况以及危险特性状况等，同时对紧急情况下应急事件、适用范围提供简述并作必要说明，比如明确应急方针与原则，作为开展应急救援工作的纲领。

（二）预防程序

预防程序是对潜在事故、可能的次生与衍生事故进行分析并且说明所采取的预防和控制事故的措施。

（三）准备程序

准备程序应说明应急行动前应做好的准备工作，包含应急组织及其职责权限、应急队伍建设和人员培训、应急物资的准备、预案的演练、公众的应急知识培训、签订互助协议等。

（四）应急程序

在应急救援过程中，存在一些必需的核心功能和任务，如接警与通知、指挥与控制、警报与紧急公告、通信、事态监测与评估、警戒与治安、人群疏散与安置、医疗与卫生服务、公共关系、应急人员安全、抢险与救援、危险物资控制等，不论何种应急过程都必须围绕上述功能和任务开展。应急程序主要指实施上述核心功能和任务的程序和步骤。

1. 接警与通知

准确了解事故的性质和规模等初始信息是决定是否启动应急救援的关键。接警作为应急响应的第一步，必须对接警要求作出明确规定，保证迅速、准确地向报警人员讯问事故现场的重要信息。接警人员接到报警后，应按预先确定的通报程序，迅速向有关应急机构、政府及上级部门发出事故通知，以采取相应的行动。

2.指挥与控制

重大安全生产事故应急救援往往需要多个救援机构共同处理，因此，对应急行动的统一指挥和协调是有效开展应急救援的关键。建立统一的应急指挥、协调和决策程序，便于对事故进行初始评估，确认紧急状态，从而迅速有效地进行应急响应决策，建立现场工作区域，确定重点保护区域和应急行动的优先原则，指挥和协调现场各救援队伍开展救援行动，合理高效地调配和使用应急资源等。

3.警报与紧急公告

当事故可能影响到周边地区，对周边地区的公众可能造成威胁时，应当及时启动警报系统，向公众发出警报，同时通过各种途径向公众发出紧急公告，告知事故性质、对健康的影响、自我保护措施、注意事项等，以保证公众能够及时做出自我保护响应。决定实施疏散时，应通过紧急公告确保公众了解疏散的有关信息，如疏散时间、路线、随身携带物、交通工具及目的地等。

4.通信

通信是应急指挥、协调和与外界联系的重要保障，在现场指挥部、应急中心、各应急救援组织、新闻媒体、医院、上级政府和外部救援机构之间，必须建立完善的应急通信网络，在应急救援过程中应一直保持通信网络畅通，并设立备用通信系统。

5.事态监测与评估

在应急救援过程中必须对事故的发展势态及影响及时进行动态的监测，建立对事故现场及场外的监测与评估程序。事态监测在应急救援中起着非常重要的决策支持作用，其结果不仅是控制事故现场，制定消防、抢险措施的重要决策依据，也是划分现场工作区域、保障现场应急人员安全、实施公众保护措施的重要依据。即便在现场恢复阶段，也应当对现场和环境进行监测。

6.警戒与治安

为保障现场应急救援工作的顺利开展，在事故现场周围建立警戒区域，实施交通管制，维护现场治安秩序是十分必要的，其目的是要防止与救援无关的人员进入事故现场，保障救援队伍、物资运输和人群疏散等的交通畅通，并防止发生不必要的伤亡。

7.人群疏散与安置

人群疏散是控制人员伤亡扩大的关键，也是最彻底的应急响应。应当对疏散的紧急情况和决策、预防性疏散准备、疏散区域、疏散距离、疏散路线、疏散运输工具、避难场所以及回迁等做出细致的规定和准备，应考虑疏散人群的数量、所需要的时间、风向等环境变化以及老弱病残等特殊人群的疏散等问题。对已实施临时疏散的人群，要做好临时生活安置，保障必要的水、电、卫生等基本条件。

8. 医疗与卫生服务

对受伤人员采取及时、有效的现场急救，合理转送医院进行治疗，是减少事故现场人员伤亡的关键。医疗人员必须熟悉城市主要的危险，并经过培训，掌握正确的对受伤人员进行消毒和治疗的方法。

9. 公共关系

重大事故发生后，不可避免地会引起新闻媒体和公众的关注。应将有关事故的信息、影响、救援工作的进展等情况及时向媒体和公众公布，以消除公众的恐慌心理，避免公众的猜疑和不满。应保证事故和救援信息的统一发布，明确事故应急救援过程中对媒体和公众的发言人以及信息批准、发布的程序，防止信息的不一致。同时，还应处理好公众的有关咨询、接待和安抚受害者家属的事宜。

10. 应急人员安全

重大事故尤其是涉及危险物质的重大事故的应急救援工作危险性极大，必须对应急人员自身的安全问题进行周密的考虑，包括安全预防措施、个体防护设备、现场安全监测等，明确紧急撤离应急人员的条件和程序，确保应急人员免受事故的伤害。

11. 抢险与救援

抢险与救援是应急救援工作的核心内容之一，其目的是尽快地控制事故的发展，防止事故的蔓延和进一步扩大，从而最终控制住事故的负面影响，并积极营救事故现场的受害人员。尤其是涉及危险物质泄漏、火灾的事故，其消防和抢险工作的难度和危险性巨大，应对消防和抢险的器材和物资、人员的培训、应急方法和策略以及现场指挥等做好周密的安排和准备。

12. 危险物质控制

危险物质的泄漏或失控，将可能引发火灾、爆炸或中毒事故，对工人和设备等构成严重威胁。而且，泄漏的危险物质以及夹带了有毒物质的灭火用水，都可能对环境造成重大影响，同时也会给现场救援工作带来更大的危险。因此，必须对危险物质进行及时有效的控制，如对泄漏物的围堵、收容和洗消，并进行妥善处置。

（五）恢复程序

恢复程序是说明事故现场应急行动结束后所需采取的清除和恢复行动。现场恢复是在事故被控制住后进行的短期恢复，从应急过程来说意味着应急救援工作的结束，并进入另一个工作阶段，即将现场恢复到一个基本稳定的状态。经验教训表明，在现场恢复的过程中往往仍存在潜在的危险，如余烬复燃、受损建筑倒塌等，所以，应充分考虑现场恢复过程中的危险，制定恢复程序，防止事故再次发生。

（六）预案管理与评审的改进

应急预案是应急救援工作的指导文件。应当对预案的制定、修改、更新、批准和发布做出明确的管理规定，保证定期或在应急演练、应急救援后对应急预案进行评审，针对各种变化的情况以及预案中所暴露出的缺陷，持续完善应急预案体系。

五、企业事故应急救援预案的编制

发生事故时，事故单位积极实施自救是事故应急救援的最基本、最重要的形式，事故单位实施初期扑救，可尽快控制危险源。企业，特别是矿山、建筑施工企业及从事生产、储存、经营、运输危险化学品和处置废弃危险化学品的企业（单位），更应编制重大事故应急救援预案。企业事故应急救援预案是应急预案体系中的基本单位，区域应急预案和地方政府应急救援预案都有赖于辖区内的各个企业及其预案，并与其有效衔接。

企业事故应急救援预案的制定程序包括成立预案编制小组、预案编制准备、预案的编制、预案的评审与发布、预案的实施、预案的演练及预案的修订与更新等。

（一）成立预案编制小组

应急预案的编制工作是一项复杂的系统工程，涉及面广、专业性强，需要企业各级部门的广泛参与和通力协作，需要安全、工程技术、组织管理、医疗急救等各方面的知识，编制小组要求由各方面的专业人员或专家组成，熟悉所负责的各项内容。

预案编制需要投入大量的时间和精力，成立一个专门的预案编制小组以统筹、落实预案编制各个阶段的工作是必要的。企业的安全环保部门较其他部门更为了解企业的安全状况及应急管理模式，因此企业管理层应首先安排安全环保部门承担预案编制小组的筹建工作，当然也可专门成立预案编制小组，再精心挑选小组成员。

首先，委任预案编制小组的负责人。编制小组的负责人最好由高层领导担任，可增强预案的权威性，促进工作的实施。其次，确定预案编制小组的成员。小组成员应是在预案制定和实施过程中能发挥重要作用或是可能在紧急事件中受影响的人员。预案编制小组成员应来自企业管理、安全、生产操作、保卫、设备、卫生、环境、人事、财务、公共关系等相关部门，并且可涵盖来自地方政府机构应急救援部门的代表，以确保企业应急救援预案与地方政府应急救援预案的衔接；也可明确当事故影响到厂外时涉及单位及其职责。预案编制小组应对整个预案的编制过程制订详细周密的计划，使预案编制工作有条不紊地进行。

（二）预案编制准备

预案编制准备工作包括基础资料的收集与整理、风险分析和应急资源与能力评估等，准备工作越充分，预案就越充实、全面而有效。

1.基础资料的收集与整理

在编制预案前，需进行全面、详细的资料收集与整理。企业需要收集、调查的资料主要包括以下内容：

①适用的法律法规，包括适用的法律、行政法规、部门规章、地方性法规和政府规章、技术规程、规范性文件等。

②周边条件，包括地质、地形、周围环境、气象条件（风向、气温）、交通条件。

③厂区平面布局，包括功能区划分、易燃易爆有毒危险品分布、工艺流程分布、建（构）筑物平面布置、安全距离。

④生产工艺过程，包括危险性物料、工作温度、工作压力、反应速度、作业及控制条件、事故及失控条件。要重点关注涉及光气及光气化工艺、电解工艺（氯碱）、氯化工艺、硝化工艺、合成氨工艺、裂解（裂化）工艺、氟化工艺、加氢工艺、重氮化工艺、氧化工艺、过氧化工艺、氨基化工艺、磺化工艺、聚合工艺、烷基化工艺等危险工艺的生产单位。

⑤生产设备、装置，包括：化工设备（高温、低温、腐蚀、高压、震动、异常情况），危险性大的设备，特殊单体设备、装置（锅炉房、乙炔站、氧气站、石油库、危险品库等），特种设备。

⑥本企业、相关（相邻）企业及当地政府的应急救援预案。

⑦国内外同行业事故案例分析、本单位技术资料等。

2. 风险分析

风险分析的结果不但有助于确定需要重点考虑的危险，提供划分预案编制优先级别的依据，而且为应急救援预案的编制、应急准备和应急响应提供必要的信息和资料。风险分析包括危险源辨识、脆弱性分析和风险评价。企业可依据各自的实际情况、事故类型，选用合适的危险源辨识与风险评价方法。

（1）危险源辨识

利用科学方法对生产过程中那些具有能量的物质的性质、类型、构成要素、触发因素或条件以及后果进行分析与研究，作出科学判断，界定出系统中哪些部分、区域是危险源，其危险的性质、危害程度、存在状况，以及危险源能量与物质转化为事故的过程规律、转化的条件、触发因素等。危险源辨识应按照以下程序进行：分析系统的确定—危险源的调查—危险区域的界定—存在条件的分析——触发因素的分析—潜在危险性分析—危险源等级划分。危险源辨识应分析本地区地理、气象等自然条件，工业和运输、商贸、公共设施等的具体情况，总结本地区历史上曾经发生的重大事故，来识别出可能发生的自然灾害和重大事故。

危险源辨识应明确下列内容：①危险源（尤其是重大危险源）分布。②危险源事故类型。③厂内、厂外道路运输的危险化学品的类型和数量。④周边相邻企业的危险源分布及事故类型。⑤其他可能的重大事故隐患。⑥可能遭受的自然灾害，以及地理、气象等自然环境的变化和异常情况。

（2）脆弱性分析

脆弱性分析要确定的是：万一发生危险事故，哪些地方容易受到破坏或损害。脆弱性分析结果应提供下列信息：①受事故或灾害影响严重的区域，以及该区域的影响因素（如地形、交通、风向等）。②预计位于脆弱带中的人口数量和类型（如居民、职员、敏感人群、医院、学校、疗养院、托儿所等）。③可能遭受的财产破坏，包括基础设施（如水、食物、电、医疗等）和运输线路。④可能引发的环境影响。

（3）风险评价

风险评价是根据脆弱性分析的结果，评估事故或灾害发生时，造成破坏（或伤害）的可能性，以及可能导致的实际破坏（或伤害）程度。通常可能会选择对最坏的情况进行分析。风险评价应提供下列信息：①发生事故和环境异常的可能性，或同时发生多种紧急事故或灾害的可能性。②对人员造成的伤害类型（急性的、延时的或慢性的）和相关的高危人群。③对财产造成的破坏类型（暂时的、可修复的或永久的）。④对环境造成的破坏类型（可恢复的或永久的）。

要做到准确分析事故发生的可能性和事故后果的严重程度是不太现实的。通常不必过多地将精力集中到对事故或灾害发生的可能性进行精确的定量分析上，可以用相对性的词汇（如低，中、高）来描述发生事故或灾害的可能性，利用事故后果模型进行定量计算可估算出事故影响区域及其对人员和设备造成的伤害和损失。由于在建模、计算过程中设置了诸多假设条件，致使计算结果与现实危险程度存在差距。尽管如此，还是尽量要在充分利用现有数据和技术的基础上进行合理的评估。

3. 应急资源与能力评估

根据风险分析的结果，对已有的应急资源和能力进行评估，明确应急救援的需求和不足。应急资源包括应急人员、应急设施（备）、装备和物资等；应急能力包括人员的技术、经验和接受的培训等。应急资源和能力将直接影响应急行动的有效性。制定应急救援预案时，应当在评价与潜在危险相适应的应急资源和能力的基础上，选择最现实、最有效的应急策略。

（三）预案的编制

应急救援预案的编制必须基于风险分析和应急资源与能力评估的结果，遵循国家和地方相关的法律、法规和标准的要求。应急救援预案编制过程中，应重视全体人员的参与和培训，使所有与事故有关的人员均掌握危险源的危险性、应急处置方案和技能。此外，预案编制时应充分收集和参阅已有的应急救援预案，以最大限度地减少工作量和避免应急救援预案的重复与交叉，并确保与地方政府预案、上级主管单位以及相关部门的预案等其他相关应急救援预案协调一致。此阶段的主要工作包括：确定预案的文件结构体系；了解组织其他的管理文件，保持预案文件与其兼容；编写预案文件；预案审核发布。

企业可根据具体情况按以下各要素进行应急救援预案的编写：

1. 总则

①编制目的。简述应急救援预案编制的目的、作用等。

②编制依据。简述应急救援预案编制所依据的法律、法规、规章，以及有关行业管理规定、技术规范和标准等。

③适用范围。说明应急救援预案适用的区域范围，以及事故的类型、级别。

④应急救援预案体系。说明本单位应急救援预案体系的构成情况。

⑤应急工作原则。说明本单位应急工作的原则，内容必须简明扼要、明确具体。

2.企业基本情况

企业基本情况主要包括单位的地址、经济性质、从业人数、隶属关系、主要产品、产量等内容，周边区域的单位、社区、重要基础设施、道路等情况，危险化学品运输单位运输车辆情况及主要的运输产品、运量、运地、行车路线等内容。

3.危险目标及其危险特性和对周围的影响

该要素主要阐述本单位存在的危险源及其危险特性和对周边的影响。

4.危险化学品事故应急救援组织机构、组成人员及职责划分

事故发生时，能否对事故做出迅速的反应，直接取决于应急救援系统的组成是否合理。所以，预案中必须对应急救援系统精心组织，分清责任，落实到人。应急救援系统主要由应急救援领导机构和应急救援专业队伍组成。

应急救援领导机构应负责企业应急救援指挥工作，小组成员应包括具有完成某项任务的能力、职责、权力及资源的厂内安全、生产、设备、保卫、医疗、环境等部门负责人，还应包括具备或可以获取有关社会、生产装置、储运系统、应急救援专业知识的技术人员。小组成员直接领导各下属应急救援专业队，并向总指挥负责，由总指挥统一协调部署各专业队的职能和工作。

应急救援专业队是事故发生后，接到命令即能火速赶往事故现场，执行应急救援行动中特定任务的专业队伍。按所需完成的任务的不同可将其分为以下几种：

①通信队。确保各专业队与总调度室和领导小组之间通信畅通，通过通信指挥各专业队执行应急救援行动。

②治安队。维持治安，按事故的发展态势有计划地疏散人员，控制事故区域人员、车辆的进出。

③消防队。对火灾、泄漏事故，利用专业装备完成灭火、堵漏等任务，并对其他具有泄漏、火灾、爆炸等潜在危险的危险点进行监控和保护，有效实施应急救援、处理措施，防止事故扩大、造成二次事故。

④抢险抢修队。该队成员要非常熟悉事故现场、地形、设备和工艺，在具有防护措施的前提下，必要时深入事故发生中心区域，关闭系统，抢修设备，严防事故扩大，降低事故损失，抑制危害范围的扩大。

⑤医疗救护队。负责对受害人员实施医疗救护、转移等活动。

⑥运输队。负责急救行动和人员、装备、物资的运输保障。

⑦防化队。在有毒物质泄漏或火灾中产生有毒烟气的事故中，侦察、核实、控制事故区域的边界和范围，并掌握其变化情况；或与医疗救护队相互配合，混合编组，在事故中心区域分片履行救护任务。

⑧监测站。迅速检测所送样品，确定毒物种类，包括有毒物的分解产物、有毒杂质等，为中毒人员的急救、事故现场的应急处理方案以及染毒的水、食物和土壤的处理提供依据。

⑨物资供应站。为急救行动提供物资保证，包括应急抢险装备、救援防护装备、监

测分析装备和指挥通信装备等。

由于在应急救援中各专业队的任务量不同，且事故类型不同，各专业队任务量所占比重也不同，所以应按照各企业的危险源特征，合理分配各专业队的力量，应该把主要力量放在人员的救护和事故的应急处理上。

5. 预防与预警

①危险源监控。明确本单位对危险源监测监控的方式、方法，以及采取的预防措施。

②预警行动。明确事故预警的条件、方式、方法和信息的发布程序。

③信息报告与处置。按照有关规定，明确事故及未遂伤亡事故信息报告与处置办法。

信息报告与通知。明确24小时有效的内部、外部通信联络手段，明确运输危险化学品的驾驶员、押运员的报警方式、方法及与本单位、生产厂家、托运方联系的方式、方法，明确事故信息接收和通报程序。

信息上报。明确事故和紧急情况发生后向上级主管部门和地方人民政府报告事故信息的流程、内容和时限。

信息传递。明确事故和紧急情况发生后向有关部门或单位通报事故信息的方法和程序。

譬如，发现灾情后，现场人员应利用一切可能的通信手段立即向生产总调度值班室、电话总机或消防队报警，要求提供准确、简明的事故现场信息，并提供报警人的联系方式。企业发生化学事故，很重要的是前期扑救工作，应积极采取启动安全保护、组织人员疏散等措施。总调度或消防队值班室接到报警后，应第一时间报告应急救援领导小组，报告内容包括：事故发生的时间和地点，事故类型（如火灾、爆炸、泄漏等），是否为剧毒品，估计造成事故的物资量。领导小组全面启动事故处理程序，通知各专业队火速赶赴现场，实施应急救援行动。然后向上级应急指挥部门报告，根据事故的级别判断是否需要启动区域性化学事故应急救援预案。

6. 应急响应

①响应分级。依据危险化学品事故的类别、危害程度和单位控制事态的能力，将事故分为不同的等级。依照分级负责的原则，明确应急响应级别。

②响应程序。根据事故的大小和发展态势，明确应急指挥、应急行动、资源调配、应急避险、扩大应急等响应程序。

③应急结束。明确应急终止的条件。事故现场得以控制，环境符合有关标准，导致次生、衍生事故的隐患消除后，经事故现场应急指挥机构批准，现场应急结束。应急结束后，应明确：事故情况上报事项；需向事故调查处理小组移交的相关事项；事故应急救援工作总结报告。

7. 各种危险化学品事故应急救援专项预案（程序）及现场处置预案（作业指导书）的编制

（1）专项预案

针对单位可能发生的危险化学品事故（火灾、爆炸、中毒等）制定各专项预案，这些专项预案根据可能发生的事故类别及现场情况，明确事故报警、各项应急措施启动、应急救护人员的引导、事故扩大及同企业应急救援预案衔接的程序。专项预案在综合应急救援预案的基础上充分考虑了某特定事故的特点，具有较强的针对性，但在专项预案启动过程中要做好各种协调工作，防止在应急过程中出现混乱。

应急救援专项预案举例如下：

第一，受伤人员现场救护、救治与医院救治预案。依据事故分类、分级，附近疾病控制与医疗救治机构的设置和处理能力，制定具有可操作性的处置方案，应包括以下内容：接触人群检伤分类方案及执行人员；依据检伤结果对患者进行分类；现场紧急抢救方案；接触者医学观察方案；患者转运及转运中的救治方案；患者治疗方案；入院前和医院救治机构确定处置方案；药物、装备储备信息。

第二，现场保护与现场洗消预案。事故现场的保护措施；明确事故现场洗消工作的负责人和专业队伍。

第三，检测、抢险、救援及控制措施预案。依照有关国家标准和现有资源的评估结果，确定以下内容：检测的方式、方法及检测人员防护、监护措施；抢险、救援方式、方法及人员的防护、监护措施；现场实时监测及异常情况下抢险人员的撤离条件、方法；应急救援队伍的调度；控制事故扩大的措施；事故可能扩大后的应急措施。

（2）现场处置预案

现场处置方案应包括以下主要内容：

①事故特征。危险性分析，可能发生的事故类型；事故发生的区域、地点或装置的名称；事故可能发生的季节和造成的危害程度；事故前可能出现的征兆。

②应急组织与职责。基层单位应急自救组织形式及人员构成情况；应急自救组织机构、人员的具体职责，应同单位或车间、班组人员工作职责紧密结合，明确相关岗位和人员的应急工作职责。

③应急处置。

事故应急处置程序。依照可能发生的事故类别及现场情况，明确事故报警、各项应急措施启动、应急救护人员的引导、事故扩大及同企业应急预案衔接的程序。

现场应急处置措施。针对可能发生的火灾、爆炸、危险化学品泄漏、坍塌、水患、机动车辆伤害等，从操作措施、工艺流程、现场处置、事故控制、人员救护、消防、现场恢复等方面制定明确的应急处置措施。

明确报警电话及上级管理部门、相关应急救援单位联络方式和联系人员，事故报告基本要求和内容。

④现场急救。

在事故现场，化学品对人体可能造成的伤害为中毒、窒息、冻伤、化学灼伤、烧伤等。进行急救时，不论患者还是救援人员都需要进行适当的防护。

现场急救注意事项。选择有利地形设置急救点。做好自身及伤病员的个体防护。防止发生继发性损害。应至少 2 ~ 3 人为一组集体行动，以便相互照应。所用的救援器材须具备防爆功能。

现场处理。迅速将患者从现场移送至空气新鲜处。

呼吸困难时给氧，呼吸停止时立即进行人工呼吸，心脏骤停时立即进行心脏按压；皮肤污染时，脱去污染的衣服，用流动的清水冲洗，冲洗要及时、彻底、反复多次；头面部灼伤时，要注意眼、耳、鼻、口腔的清洗。

当人员发生冻伤时，应迅速复温，复温的方法是采用 40 ~ 42℃恒温热水浸泡，使其温度提高至接近正常，在对冻伤的部位进行轻柔按摩时，应注意不要将伤处的皮肤擦破，以防感染。

当人员发生烧伤时，应立即将患者的衣服脱去，用流动清水冲洗降温，用清洁布覆盖创伤面，避免创伤面被污染，不要任意把水疱弄破，患者口渴时，可以适量饮水或含盐饮料。

使用特效药物治疗，对症治疗，严重者送医院观察治疗。

注意：急救之前，救援人员应确信受伤者所在环境是安全的。此外，口对口的人工呼吸及冲洗污染的皮肤或眼睛时，要避免进一步伤害受伤者。

⑤泄漏处理。

危险化学品泄漏后，不仅污染环境，对人体造成伤害，如遇可燃物质，还有引发火灾爆炸的可能。因此，对泄漏事故应及时、正确处理，防止事故扩大。泄漏处理一般包括泄漏源控制和泄漏物处理两大部分。

泄漏源控制。如果可能，通过控制泄漏源来消除化学品的溢出或泄漏。

在厂调度室的指令下，通过关闭有关阀门、停止作业或通过采取改变工艺流程、物料走副线、局部停车、打循环、减负荷运行等方法进行泄漏源控制。

容器发生泄漏后，采取措施修补和堵塞裂口，制止化学品的进一步泄漏，对整个应急处理是非常关键的。能否成功地进行堵漏取决于以下因素：接近泄漏点的危险程度、泄漏孔的尺寸、泄漏点处实际的或潜在的压力、泄漏物质的特性。

泄漏物处理。现场泄漏物要及时进行覆盖、收容、稀释等处理，以使泄漏物得到安全可靠的处置，防止二次事故的发生。泄漏物处置主要有四种方法：围堤堵截。如果化学品为液体，泄漏到地面上时会四处蔓延扩散，难以收集处理。为此，需要筑堤堵截或者引流到安全地点。储罐区发生液体泄漏时，要及时关闭雨水阀，防止物料沿明沟外流。稀释与覆盖。为减少大气污染，通常是采用水枪或消防水带向有害物蒸气云喷射雾状水，加速气体向高空扩散，使其在安全地带扩散。在使用这一技术时，将产生大量的被污染水，因此应疏通污水排放系统。对于可燃物，也可以在现场施放大量水蒸气或氮气，破坏燃烧条件。对于液体泄漏，为降低物料向大气中的蒸发速度，可用泡沫或其他覆盖物品覆盖外泄的物料，在其表面形成覆盖层，抑制其蒸发。

收容。对于大型泄漏，可选择用隔膜泵将泄漏出的物料抽入容器内或槽车内；当泄漏量小时，可用沙子、吸附材料、中和材料等吸收中和。

废弃。将收集的泄漏物运至废物处理场所处置。用消防水冲洗剩下的少量物料，冲洗水排入含油污水系统处理。

泄漏处理注意事项。进入现场的人员必须配备必要的个人防护器具；如果泄漏物是易燃易爆的，应严禁火种；应急处理时严禁单独行动，必须有监护人，必要时用水枪、水炮掩护。

注意：化学品泄漏时，除受过特别训练的人员外，其他任何人不得试图清除泄漏物。

⑥火灾控制。

危险化学品容易引发火灾、爆炸事故，但不同的化学品以及在不同情况下发生火灾时，其扑救方法差异很大，若处置不当，不仅不能有效扑灭火灾，反而会使灾情进一步扩大。此外，由于化学品本身及其燃烧产物大多具有较强的毒害性和腐蚀性，极易造成人员中毒、灼伤，因此，扑救危险化学品火灾是一项极其重要而又非常危险的工作。从事化学品生产、使用、储存、运输的人员和消防救护人员平时应熟悉和掌握化学品的主要危险特性及相应的灭火措施，并定期进行防火演习，加强紧急事态时的应变能力。一旦发生火灾，每个职工都应清楚地知道他们的作用和职责，掌握有关消防设施、人员的疏散程序和危险化学品灭火的特殊要求等内容。

⑦警戒与人员疏散。

建立警戒区域。事故发生后，应根据化学品泄漏扩散的情况或火焰热辐射所涉及的范围建立警戒区，并在通往事故现场的主要干道上实行交通管制。构建警戒区域时应注意以下几项：警戒区域的边界应设警示标志，并有专人警戒；除消防、应急处理人员以及必须坚守岗位的人员外，其他人员禁止进入警戒区；泄漏溢出的化学品为易燃品时，区域内应严禁火种。

紧急疏散。迅速将警戒区及污染区内与事故应急处理无关的人员撤离，以减少不必要的人员伤亡。紧急疏散时应注意：如事故物质有毒时，需要佩戴个体防护用品或采用简易有效的防护措施，并有相应的监护措施；应向侧上风方向转移，明确专人引导和护送疏散人员到安全区，并在疏散或撤离的路线上设立哨位，指明方向；要查清是否有人留在污染区与着火区。

注意：为使疏散工作顺利进行，每个车间应至少设置两个畅通无阻的紧急出口，并有明显标志。

危险区的隔离。依据可能发生的危险化学品事故类别、危害程度级别，确定以下内容：危险区的设定；事故现场隔离区的划定方式、方法；事故现场隔离方法；事故现场周边区域的道路隔离或者交通疏导办法。

⑧制度与物质装备保障。

其一，有关规定与制度。责任制；值班制度；培训制度；危险化学品运输单位检查运输车辆实际运行制度（包括行驶时间、路线、停车地点等内容）；应急救援装备、物资、药品等检查、维护制度（包括危险化学品运输车辆的安全、消防装备及人员防护装备检查、维护）；安全运输卡制度（安全运输卡包括运输的危险化学品性质、危害性、应急措施、注意事项及本单位、生产厂家、托运方应急联系电话等内容）；演练制度。

其二，物资装备保障。

通信与信息保障。明确与应急工作相关联的单位或人员的通信联系方式和方法，并提供备用方案。建立信息通信系统及维护方案，确保应急期间信息通畅。

应急队伍保障。明确各类应急响应的人力资源，包括专业应急队伍、兼职应急队伍的组织以及保障方案。

应急物资装备保障。明确应急救援需要使用的应急物资和装备的类型、数量、性能、存放位置、管理责任人及其联系方式等内容。

经费保障。明确应急专项经费来源、使用范围、数量和监督管理措施，保障应急状态时生产经营单位应急经费的及时到位。

其他保障。根据本单位应急工作的需求而确定的其他相关保障措施，如交通运输保障、治安保障、技术保障、医疗保障、后勤保障等。

⑨应急培训与演练。

培训。明确对本单位人员开展的应急培训计划、方式和要求。若预案涉及社区和居民，要做好宣传教育和告知等工作。

演练。明确应急演练的规模、方式、频次、范围、内容、组织、评估、总结等内容。

⑩维护和更新。

明确应急救援预案维护和更新的基本要求，定期进行评审，实现可持续改进。

（四）预案的评审与发布

为确保应急救援预案的科学性、合理性以及与实际情况的符合性，预案编制单位或管理部门应依据我国有关应急的方针、政策、法律、法规、规章、标准和其他有关应急救援预案编制的指南性文件与评审检查表，组织开展应急救援预案评审工作。

应急救援预案评审通过后，应由企业最高管理者签署发布，并报送上级主管部门和当地政府负责危险化学品安全监督管理综合工作的部门备案。

（五）预案的实施

应急救援预案签署发布后，应做好以下工作：

（1）企业应广泛宣传应急救援预案，使全体员工了解应急救援预案中的有关内容。

（2）积极组织应急救援预案培训工作，使各类应急人员掌握、熟悉或了解应急救援预案中与其承担职责和任务相关的工作程序、标准等内容。

（3）企业应急管理部门应根据应急救援预案的需求，定期检查落实本企业应急人员、设施、设备、物资的准备状况，识别额外的应急资源需求，保证所有应急资源的可用状态。

（六）预案的演练

危险化学品从业单位应定期组织应急演练工作，以发现应急救援预案存在的问题和不足，提高应急人员的实际救援能力。

应急演练必须遵守相关法律、法规、标准和应急救援预案的规定，结合企业可能发生的危险源特点、潜在事故类型、可能发生事故的地点和气象条件及应急

准备工作的实际情况，突出重点，制订演练计划，确定演练目标、范围和频次、演练组织和演练类型，设计演练情景，开展演练准备，组织控制人员和评价人员培训，编写演练总结报告，针对演练中发现的不足及时展开措施并跟踪整改纠正情况，确保整改效果。

应急演练应重点检验应急过程中组织指挥和协同配合能力，发现应急准备工作的不足，应及时改正，以提高应急救援的实战水平。

（七）预案的修订与更新

企业应急管理部门应积极收集本企业、相关企业各类危险化学品事故应急的有关信息，积极开展事故回顾工作，评估应急过程中的不足和缺陷，适时修订和更新应急救援预案。

应急管理部令第 2 号《生产安全事故应急预案管理办法》规定，有下列情形之一的，应急预案应当及时修订且归档：

①依据的法律、法规、规章、标准及上位预案中的有关规定发生重大变化的；

②应急指挥机构及其职责发生调整的；

③安全生产面临的风险发生重大变化的；

④重要应急资源发生重大变化的；

⑤在应急演练和事故应急救援中发现需要修订预案的重大问题的；

⑥编制单位认为应当修订的其他情况。

第三节　应急预案管理

安全生产应急预案管理工作是安全生产应急管理工作的重要组成部分，是开展应急救援的一项基础性工作。做好应急预案管理工作是降低事故风险、及时有效地开展应急救援工作的重要保障，是促进安全生产形势稳定好转的重要措施。

近年来，各地区、各有关部门和各类生产经营单位按照党中央、国务院的统一部署和要求，在预案管理方面做了大量工作，安全生产事故应急预案编制工作取得了很大进展，管理水平不断提高。但从整体上看，安全生产事故应急预案管

理工作仍有很多不足，主要问题有：预案要素不全、可操作性不强；企业内部上下以及企业预案与政府及相关部门预案相互衔接不够；部分生产经营单位还没有编制安全生产事故应急预案；预案演练工作开展不够等。加强应急预案的管理工作是有效应对以上问题的重要措施。

应急预案管理工作主要包括应急预案的评审与发布、备案等内容。

一、应急预案评审与发布

（一）评审方法

应急预案评审方法划分为形式评审和要素评审两种。形式评审主要用于应急预案备案时的评审工作；要素评审主要用于生产经营单位组织的应急预案评审工作。应急预案评审采用符合、基本符合、不符合三种意见进行判定。

（1）形式评审。依据《生产经营单位安全生产事故应急预案编制导则》和有关行业规范，对应急预案的层次结构、内容格式、语言文字、附件项目以及编制程序等内容进行审查，重点审查应急预案的规范性和编制程序。

（2）要素评审。依据国家有关法律法规、《生产经营单位安全生产事故应急预案编制导则》和有关行业规范，从合法性、完整性、针对性、实用性、科学性、操作性和衔接性等方面对应急预案进行评审。为细化评审，采用列表方式分别对应急预案的要素进行评审。评审时，将应急预案的要素内容与评审表中所列要素的内容进行对照，判断其是否符合有关要求，指出存在的问题及不足。应急预案要素分为关键要素和一般要素。

关键要素是指应急预案构成要素中必须规范的内容。这些要素涉及生产经营单位日常应急管理及应急救援的关键环节，具体包括危险源辨识与风险评价、组织机构及职责、信息报告与处置、应急响应程序与处置技术等要素。关键要素必须符合生产经营单位实际和有关规定的要求。

一般要素是指应急预案构成要素中可简写或省略的内容。这些要素不涉及生产经营单位日常应急管理及应急救援的关键环节，具体包含应急预案的编制目的、编制依据、适用范围、工作原则、单位概况等要素。

（二）评审程序

应急预案编制完成后，生产经营单位应在广泛征求意见的基础上，对应急预案进行评审。

（1）评审准备。成立应急预案评审工作组，确定参加评审的单位或人员，将应急预案及有关资料在评审前送达参加评审的单位或人员。

（2）组织评审。评审工作应由生产经营单位主要负责人或主管安全生产工作的负责人主持，参加应急预案评审的人员应符合《生产安全事故应急预案管理办法》的要求。生产经营规模小、人员少的单位，可以采取演练的方式对应急预案进行论证，必要时应邀请相关主管部门或安全管理人员参加。应急预案评审工作组讨论并提出评审意见。

（3）修订完善。生产经营单位应认真分析研究评审意见，按照评审意见对应急预案进行修订和完善。评审意见要求重新组织评审的，生产经营单位应组织有关部门对应急预案重新进行评审。

（4）批准印发。生产经营单位的应急预案经评审或者论证，符合要求的，由生产经营单位主要负责人签发。

（三）评审要点

应急预案评审应坚持实事求是的工作原则，结合生产经营单位工作实际，依照《生产经营单位安全生产事故应急预案编制导则》(GB/T 29639—2020) 和有关行业规范，从以下七个方面进行评审：

（1）合法性。符合有关法律、法规、规章和标准，以及有关部门和上级单位规范性文件的要求。

（2）完整性。具备《生产经营单位安全生产事故应急预案编制导则》(GB/T 29639—2020) 所规定的各项要素。

（3）针对性。紧密结合本单位危险源辨识与风险分析。

（4）实用性。切合本单位工作实际，与安全生产事故应急处置能力相适应。

（5）科学性。组织体系、信息报送和处置方案等内容科学合理。

（6）操作性。应急响应程序和保障措施等内容切实可行。

（7）衔接性。综合、专项应急预案和现场处置方案形成体系，并与相关部门或单位应急预案相衔接。

二、生产安全事故应急预案备案制度

我国关于生产安全事故应急预案的备案管理已经取得了很大成绩，在制度建设方面成果丰硕，在备案管理机制方面经验成熟，但通过本文的分析，也能够看到存在的问题。一是制度设计层面的问题，即宏观层面的不足，当前是中央为主、地方为辅，中央立法占据主导地位，地方立法积极性严重不足，即便地方有立法，也多是照搬照抄、复制上级规定，基本不会有创造性规定和制度设计；二是制度规范层面的问题，即微观层面的不足，主要是《生产安全事故应急预案管理办法》对企业生产安全事故应急预案的备案规定存在不科学、不规范的问题，需要在逻辑严密性、周延性、衔接性方面予以改进；三是制度运行层面的问题，即中观层面的问题，主要是中央与地方、大城市与县乡之间的资源配比不均衡，在人力、物力、财力投入方面都存在着不匹配、不协调的问题，引起了盲目执法、冲动执法、违法执法等现象，需要在资源调配和投入上进行完善。

（一）制度设计层面的完善建议

1. 发挥中央立法的牵引作用

目前我国关于企业生产安全事故应急预案的备案管理立法情况是：中央立法为主，占据主导地位，地方虽然也进行了一定数量和规模的立法，但基本是照搬照抄中央立法。在国家基本法律方面，主要是《安全生产法》《突发事件应对法》两部法律作出规定，并以《安全生产法》为重点；在行政法规方面，主要是《生产安全事故应急条例》《生产安全事故罚款处罚规定》《安全生产许可证条例》等，并以《生产安全事故应急条例》为核心规定；在行政规章方面，国务院各组成部门制定出台了各类"办法""规定"。在地方立法方面，基本是对中央各类立法的细化、落实，规定的内容只是更换了地方省区、市区名称，其他规定都来自上级立法规定，因而地方立法积极性很弱。在这种格局下，中央立法可谓高歌猛进、主导全局，地方立法谨慎小心，短期内不会有大的突破和改变。

要对这种格局进行完善，首先要坚持发挥中央主导的优势。中央主导立法是我国政治体制优势、特点的体现，这种特点有助于实现全国"一盘棋"，做到上下协调一致、令行禁止，基本上能够通过中央立法和政策文件实现全局性的管窥测度。

在坚持中央主导立法的前提下，要对企业生产安全事故应急预案的备案制度立法的层级进行提升。按照我国法制体系的效力层级分布中，最高层级是宪法，除了民族自治地方的自治立法和港澳特区立法外，依次向下是：法律（包括基本法律）—— 行政法规和地方性法规 —— 部门规章和地方性规章 —— 其他规范性文件。在这个体系中，部门规章位于效力较低的层次，但也是国家治理过程中经常出现的规范性文件形态，这是因为我国行政治理力度较大，行政部门建章立制、发布命令较多，行政权力本身具有机动性、干预性，所以我国在规章方面的文件体量非常庞大。我国关于企业生产安全事故应急预案的备案管理比较系统的规定，比较完备的是规定在行政规章中，也就是 2019 年应急管理部令第 2 号修正的《生产安全事故应急预案管理办法》，这表明中央层级对预案管理的法律规定层级并不高。部门规章代表着中央立法层级，规章效力相对较低，不足以表明中央对企业生产安全事故应急预案备案的重视，当前要对相应的层级进行提升。

比较可行的方法是在法律层面，增加对企业生产安全事故应急预案的备案管理的规定。目前我国《安全生产法》只有第四十条第二款对备案管理作出规定，该条款也成为《生产安全事故应急预案管理办法》的立法依据，也就是说《生产安全事故应急预案管理办法》这一部门规章俨然已成为了第四十条第二款中的"国家有关规定"，但这种逻辑关系的演绎淡化和冲击了备案管理的准确性、权威性。试想，在国家宪法中规定某事项有助于提升该事项的权威地位和无可置疑性，如果宪法授权给行政法规进行规定，那么公众将把该事项理解为行政法规范畴的内容，而不是理解为宪法事项，其权威性、严肃性都大打折扣。所以，要发挥中央主导立法的优势，比较可取的做法是在法律层面对预案备案管理作出规定。当前我国进行专门的预案备案管理立法并不可取：一是此类事项虽然重要但并不紧急，二是此类事项属于程序性事项、较为琐碎，三是已经有安全生产方面的专门法律，另行立法、另起炉灶并不现实。因此，当在《安全生产法》第四十条中进行完善，将模糊词语具体化，特别是将企业生产安全事故应急预案备案管理中的重点事项作出明确规定，以发挥法律的强制约束作用。

2. 激发地方立法积极性

要激发地方立法积极性，特别是鼓励支持一些法治实施经验丰富的城市先行先试，对于企业生产安全事故应急预案的备案管理进行探索性尝试，一些有争议、但有创新性的做法可以通过地方立法进行尝试，在可行经验成熟后，将其归纳总结到部门规章中或径直上升为法律规范。

地方立法具有积极性，往往具有内在动因。一是该事项的立法高度契合当前政治发展趋势和需要，对地方治理和政绩产出具有积极意义，譬如进行民族团结立法、铸牢中华民族共同体意识方面的立法，符合当前民族法治领域的立法趋势和政治要求，又如积极进行环境保护方面的立法，符合新时代中国特色社会主义事业发展重视生态环境保护的要求；二是该事项的立法能够有效促进经济发展，对地方产业发展的结构调整、未来发展布局规划具有积极导引作用的，地方往往具有很强的立法冲动，比如一些地方的中药材产业发展势头强劲，往往希望在地方性法规中予以体现，表现为地方政府高度重视中医药产业发展、加大对本地中药材种植的扶持等；三是该事项对于凸显地方特色、文化特点等具有重要意义，比如一些地方的民俗文化具有全国知名度，进行相关的旅游产业立法有助于进一步提升文化美誉度；四是该事项在本地已经积累有丰富经验，在全国范围内都处于领先地位，可以先行立法进行尝试，如贵州省的大数据应用方面积累有丰富经验，可以进行大数据政务管理方面的立法，等等。上述各种动因，说到底，最根本的是立法有利于地方发展，包括推动地方政治、经济、文化、社会发展，也就是有利于增加地方治理的业绩、效益。如果某种事项的立法不能产生业绩、效益，地方立法的积极性就不会很高。当前而言，企业生产安全事故应急预案备案方面的事项即使如此，地方立法的积极性并不强烈，关键是这方面的立法并不能为地方带来直接的效益。

要激活地方立法积极性，可以发挥中央权威和政治引导作用。在我国，中央向地方下达指令，往往具有政治意味和导向作用。对地方而言，中央命令通常被理解为"政治任务"，地方必须尽全力而为，尽力做到最好。在立法领域，立法授权通常由全国人大或全国人大常委会授予，或者是国务院授权地方人民政府，这种授权或者要求会得到地方的高度重视。因此，全国人大及其常委会、国务院可以选择地方试点进行立法。从企业生产安全事故应急预案备案的实际运行来看，这方面业务主要是在国务院部门，所以由国务院授权地方政府进行立法更加妥当，一般是先尝试进行地方部门规章的制定。从我国地方立法实际来看，《广州市行政备案管理办法》已在 2010 年 12 月 14 日市政府第 13 届 128 次常务会议讨论通过，自 2011 年 3 月 1 日起施行，其中关于备案管理的规定条款非常具体详细，已经积累了行政备案相关的实践经验。同时，河北省在国务院办公厅组织的行政备案试点经验基础上，于 2022 年以河北省人民政府办公机构的名义印发了本省的行政备案管理办法，为规范行政备案运行方面颇有参考价值。行政备案管理对于企业的应急预案备案具有参考价值，并且广东和河北等地行政备案管理方面积累了一些实践经验，两地的企业数量多、市场经济发展水平高，鼓励支持相关地方探索生产安全事故应急预案备案方面的立法是可行的。

（二）制度规范层面的完善建议

1. 完善《生产安全事故应急预案管理办法》相关条款

第一，将该条款关于行业领域的列举表述进行重新概括提炼，确保列举内容确实是第二十六条第一款的下属概念，而不能成为第二十六条第一款的并列概念，甚至比第二十六条第一款列举内容还广泛。详言之，在第二十六条第一款中增加"使用危险化学品达到国家规定数量的化工企业"，从而与第三款保持衔接；第三款的"烟花爆竹生产、批发经营企业"修改为"烟花爆竹生产、经营企业"。

第二，要将省级有关主管部门确定备案企业的范围相关规定予以明确，保证地方监督管理职责落实到位。建议将"本款前述单位以外的其他生产经营单位应急预案的备案，由省、自治区、直辖市人民政府负有安全生产监督管理职责的部门确定"，修改为"本款前述单位以外的其他生产经营单位应急预案的备案，由省级有关备案管理单位确定，备案管理单位不明确或没有确定的，由县级以上的应急管理部门负责上述单位的备案管理"，这样修改就将备案无门、无处备案的责任压实到地方，尤其是县级以上的各级应急管理部门肩负重任，要推动省、自治区、直辖市人民政府将相关备案工作明确分配到具体职能机构。

2. 保持高危行业企业的监管力度

办法第二十八条突破了行政法规《安全生产许可证条例》第六条的规定，为了保持部门规章与行政法规的一致，建议删除第二十八条第二款内容。同时，办法第二十八条第一款一刀切地规定备案审查均为 5 个工作日，没有兼顾对高危重点行业的审查需要加强、延长时限，为此要对第二十八条第一款增加相关内容，强调高危行业的应急预案备案审查时间应予延长至 10 个工作日。结合以上分析，在将办法第二十八条第二款删除后，剩余内容修改为："接收办理备案申请材料的主管单位应当在收到备案申请相关材料的 10 个工作日之内对办法第二十六条所规定的高危行业领域企业应急预案相关材料进行必要的核对，其他非高危领域的企业需要在收到相关备案申请材料的 5 个工作日之内进行必要的核对。对于备案申请材料符合规定范围且完整的，应当给予备案并按规定的程序出具应急预案备案登记表；备案申请材料不完整的，一次性告知需要补齐的材料。超过法定期限没有进行备案同时也未说明理由的，视为已经备案"。

3. 提高制度规定可操作性

办法第二十九条可以充实政府对生产安全事故应急预案备案的指导形式，主要是线上服务和线下经验指导相结合，重点突出网络服务，适应社会发展趋势，可更好为企业提供帮助指导，充实后该条款调整为："各级人民政府承担应急监管相关职能的单位或者机构应当建立应急预案备案登记建档制度，加强网络平台信息服务，通过网络咨询、电话答疑、先进经验宣传、定期座谈等形式，指导、督促生产经营单位做好生产安全事故应急预案的备案登记工作"。

（三）制度实施层面的完善建议

1. 加强执法程序监管

坚持党的全面领导，坚持党政齐抓共管。要做好生产安全事故应急预案备案管理工作，不能仅依靠企业单方面，也不能单纯将工作责任压到应急管理部门、相关职能部门身上，要将生产安全事故应急预案备案管理放在地方经济社会发展全局进行研究部署，在党的全面领导下，充分调动应急管理、工商管理、市场监管、消防、公安、交通运输、住房建设等各部门的力量，系统推进生产安全事故应急预案备案管理，不断提高生产安全事故应急预案编制水平、备案工作规范性。要从总体国家安全观角度出发，提高政治站位，心怀"国之大者"，将生产安全事故应急预案备案管理放在维护经济社会稳定的重要位置，在各级党组织领导下扎实做好备案工作。

坚持依法治理，牢固树立法治理念、善于运用法治思维。从现实调查情况来看，除了央企、企业总部外，许多地方企业虽然注重安全生产工作，但主动开展生产安全事故应急预案备案的意识并不明显，这就需要地方相关部门加强监督执法。政府部门监督执法是为了督促企业及时规范做好备案，不是为了执法创收。一些地方没有明确需要开展生产安全事故应急预案备案的企业范围，却"依法"认定企业没有及时将应急预案备案，这就是典型的"钓鱼执法"，必须坚决禁止。各级政府及其部门都必须牢固树立法治思维，要以法治为企业发展保驾护航，也要以法治为社会稳定、人民安全保驾护航，二者都很重要，不能偏颇；地方政府、应急管理部门和相关职能部门要加强执法检查，按照正当法律程序实施工作，对企业备案的应急管理预案进行抽查和对照检查，重点检查预案中的关键要素是否配备齐全、落实到位；应急管理部要建立健全执法监督检查工作机制，在网上开设投诉平台，相关投诉信息可以转交给地方查办落实，为地方企业成长发展提供保障。

2. 建立点对点联动帮扶机制

加大对基层的人力、物力、财力资源投入。县级及其以下的区域范围内，企业生产效益平均水平远远低于地级市、省会城市、直辖市，企业编制生产安全事故应急预案、依据应急预案配备物资装备等，都需要不小的开支。由于经济效益不佳，加上近年来新冠疫情的持续影响，企业生产效益受到很大影响，这是地方企业不主动编制生产安全事故应急预案、不按规定开展备案的重要动因。在"合作论"视野下，行政法的根本目的在于构建、保障和修复良性的官民合作关系。根据这一理论，可以通过中央加大对县级以下地方企业的资源投入的方式，对县级以下区域管理的企业提供税收、财政、金融方面的支持政策，对于生产安全事故应急预案编制科学、备案及时的企业予以奖励，以正面激励为主，鼓励支持企业按照规定要求做好生产安全事故应急预案备案。

鼓励支持中心城市、发达地区结对帮扶经济落后地区。要加大国家统一组织，鼓励支持中心城市、发达地区经济效益好的企业结对帮扶落后地区的企业，既要在经济发展路径、发展策略等方面提供指导建议，帮助地方企业扩大销路、提升生产技术，也要在企业应急预案编制方面提供全面指导，对预案编制和要素配置等提出具体建议，帮助地方企业又好又快发展。从实际操作角度看，当前首先是组织中心城市、发达地区的高危行业结对帮扶经济落后地区的高危行业，由于高危行业企业的安全稳定是维护地方安全的关键，必须高度重视。同时，也要鼓励企业根据国家行业相关应急预案管理制度制定自身应急预案管理制度，并基于 P（plan）D（do）C（check）A（action）运行机制构建企业自身应急预案动态管理模式39，积极引导企业提高自身的积极性和自觉性，编制高质量的生产安全事故应急预案并按规定申请备案。

3. 鼓励地方工作创新和经验共享

开展先进经验学习交流活动，鼓励支持地方在工作中探索新方法新机制，将企业生产安全预案的典型样本进行共享学习交流等。我国对于行政备案已经实施多年，积累了丰富的经验，有的城市已经走在前列，对各地方都有借鉴意义。

在生产安全事故应急预案备案领域，也可以组织有关的经验交流，对于好经验、好做法进行共享，选树典型企业、典型地方，表彰先进，鼓励各地方结合实际做好企业应急预案备案管理；要对企业应急预案编制科学、要素齐全、落实到位的典型，进行全国范围内的表彰；关注高危行业领域，对高危行业进行专项管理、经验交流，突出行业特点；对生产安全事故应急预案备案管理不力、不到位，甚至钓鱼执法、盲目执法的，要编印典型案例进行内部通报，加大问责管理，对反面教训要时时敲响警钟，引起地方政府和相关部门的警惕注意。

4. 建立全国联网系统增强备案审查统一性

在地市级以上范围内，建立统一标准、互联互通、便捷实用的应急预案备案联网查询系统，对生产安全事故应急预案备案信息进行公开、公示；探索在县级以上范围内，普遍建立高危行业领域的全国联网查询系统，便于企业查询备案情况、备案进度、管理机关意见、整改方向等；建立企业生产安全隐患举报网站平台，便于人民群众广泛监督企业生产中存在的安全隐患，及时对企业相关问题进行整顿，并指导企业根据自身存在的安全风险动态调整状况，及时修订完善生产安全事故应急预案。

生产安全事故应急预案备案作为行政备案在安全生产领域的应用，是政府对企业安全生产工作进行行政规制的重要手段，涉及法学、经济学、管理学等多个学科领域，具有很强的综合性和实践性。我国生产安全事故应急预案备案制度自正式建立以来，经过多年实践发展，在推动不同领域的市场经营主体做好安全防范、加强应急准备，切实减轻生产安全事故给人民群众生命财产安全带来的危害等产生巨大的推动作用。

第九章 应急处置及事后恢复

第一节 应急响应

一、应急响应的基本任务

应急响应行动是应对突发事件的最关键、最重要的一个环节，及时、准确的应急响应，绝大程度上对救援工作的顺利开展起到至关重要的作用；如果响应行动缓慢、延误，就增加了突发事件应急救援工作的难度，同时也增加了事故控制的难度。因此，在发生突发紧急事件后，要想有效开展救援工作，就一定要把应急响应工作做好。

突发事件应急响应的基本任务主要有以下几个方面：

（1）尽快恢复到正常运行的状态。应急响应的首要任务就是要想办法赶快把这种突发紧急事件恢复到正常运作的状态，避免带来更多的损失。

（2）控制事态的发展。应急响应的第二个任务就是要控制突发事件危险源，同时要控制事态的进一步发展。及时有效地控制造成突发事件的危险源是应急响应的重要任务，只有控制危险源，防止危害的进一步扩大和发展，才能顺利启动应急响应行动，才能及时有效地实施救援行动。尤其是发生在人口密集地区的突发事件，更应及时控制危险源。

（3）及时抢救受害人员脱离危险。及时抢救受害人员是应急响应任务的重中之重。在应急响应行动中，及时、准确、有效、科学地实施现场抢救和安全地转送受害人员，对于稳定病情、减少伤亡、避免更大范围的人员受害等具有重要意义。

（4）组织现场受灾人员撤离和疏散。由于突发事件具有突发性、发展快、波及范围广、危害大等特点，应及时指导和组织现场人员采取各种措施进行自身防护，并迅速采取正确的撤离路线，使受灾人员尽快离开危险区域或者可能发生危险的区域。在撤离的过程中，要充分利用自救和互救，最大程度避免人员在撤离过程中的混乱和彼此伤害。

二、应急响应的实施步骤

突发事件发生后，应急响应通常要按照以下几个步骤进行：

（一）接报

接报通常是应急响应救援工作的首要步骤，它对救援工作是否顺利进行起到极其重要的作用。

接报人一般应由总值班人担任。接报人应做好以下几项工作：

（1）问清报告人姓名、单位部门和联系电话。

（2）问明事故发生的时间、地点、事故单位、事故原因、主要毒物、事故性质（毒物外溢、爆炸、燃烧）、危害波及范围和程度、对救援的要求，同时做好电话记录。

（3）按应急救援程序，启动应急预案，派出救援队伍。

（4）向上级有关部门报告。

（5）与应急救援队伍保持联系，并视事故发展状况，必要时派出后继梯队予以增援。

（6）若单位应急救援难以控制事态发展，要及时向上级汇报，请求支援。

（二）设立警戒线

应急救援队伍到达事故现场后首要的任务就是设定危险警戒线，防止非应急救援人员与其他无关人员随意进入事故现场，干扰应急救援工作。尤其是在发生重特大突发事故时，在有外部应急救援队伍支援的情况下，更应该尽早设立警戒线，以利于应急队伍顺利开展救援工作。如事故现场范围较大，应从核心现场开始，向外设置多层警戒线。

在事故现场设立警戒线，可起到相当重要的作用：

（1）可保证应急救援工作的顺利进行，同时使应急救援人员在心理上有一定的安全感。

（2）可避免外来的不可预测的危险危害因素对事故现场的安全构成威胁。

（3）可避免事故现场的危险危害因素危及周围无关人员的安全。

（三）设立临时办公场所

应急救援预案启动后，在应急救援队伍到达事故现场的同时，其他一些机构也应陆续进入事故现场，如现场救援指挥部、医疗急救点、环境监测站、消防指挥部等等。每个机构都应选择合适的位置，各个应急救援点的位置选择关系到救援工作能否有序地开展。因此在设立现场救援指挥部、医疗急救点的位置时，应考虑以下几个重要因素：

（1）地点：应选在上风向的非污染区域，或者选在灾害不容易扩张的方向，还要注意不能远离事故现场，以便于指挥和开展救援工作。

（2）位置：各救援队伍应尽可能在靠近现场救援指挥部的地方设点并随时与指挥部保持联系。

（3）路段：应选择交通路口，方便救援人员或转送伤员的车辆通行。

（4）条件：现场救援指挥部、医疗急救点可设在室内，也可设在室外。所设地点应便于人员行动或伤员的抢救，应尽可能利用原有通信、水和电等资源，应有利于救援工作的实施。

（5）标志：现场救援指挥部、医疗急救点均应设置醒目的标志，方便救援人员和伤员识别。悬挂的旗帜应用轻质面料制作，以便救援人员随时掌握现场风向。

（四）整合资源

应急响应救援工作展开以后，各救援队伍、医疗急救小组到达现场后，需要向现场救援指挥部报到，同时，现场救援指挥部按照其分工分配不同的任务，接受了任务的分队，要迅速到达各自的工作现场了解现场情况，等待命令。指挥部统一整合资源，统一分配任务，统一安排，这样有助于统一实施应急救援工作。

（五）救援工作的开展

进入现场的救援队伍要尽快按照各自的职责和任务开展工作。

（1）现场救援指挥部：应尽快地开通通信网络；迅速查明事故原因和危害程度；制定救援方案；组织指挥救援行动。

（2）侦检队：应快速鉴定危险源的性质及危害程度，测定出事故的危害区域，提供有关数据。

（3）工程救援队：应尽快控制危险；将伤员救离危险区域；协助组织群众撤离和疏散；做好毒物的清消工作。

（4）现场急救医疗队：应尽快将伤员就地简易分类，按类别进行急救和做好安全转送工作。同时应对救援人员进行医学监护，且为现场救援指挥部提供医学咨询。

（六）撤点

撤点是指因应急救援工作过程中发生意外而临时撤离工作现场或应急救援工作全部结束后离开现场。在救援行动中应随时注意气象和事故发展的变化，一旦发现所处的区域有危险，应立即向安全区转移。在转移过程中应注意安全，保持与现场救援指挥部和各救援队的联系。救援工作结束后，各救援队撤离现场以前应取得现场救援指挥部的同意。撤离前要做好现场的清理工作，并注意安全。

（七）总结

每一次执行救援任务后都必须做好救援总结，总结经验与教训，及时发现应急救援中的不足和存在的问题，积极研究改正措施，以备以后再战。

三、应急响应过程中应注意的问题

（一）应急救援人员的安全问题

以人为本，安全第一。在应急救援过程中，第一任务就是要保证应急救援人员的人身安全，只有保证救援人员的安全，才能使其更有效地投入到整个救援工作中。救援人员在救援行动中，应佩戴好防护用品，做好各项应急措施，并随时注意事故的发展变化，做好自身防护。进入污染区前，必须戴好防毒面罩，穿好防护服；执行救援任务时，应以 2 ~ 3 人为一组，集体行动，互相照应；带好通信工具，随时保持联系。

（二）工程救援中的注意事项

（1）工程救援队在抢险过程中，应尽可能地和单位的自救队或技术人员协同作战，以便熟悉现场情况和生产工艺，有利于救援工作的开展。

（2）在营救伤员、转移危险物品和清消处理化学泄漏物的过程中，应与公安、消防和医疗急救等专业队伍协调行动、互相配合，提高救援的效率。

（3）救援所用的工具应具备防爆功能。

（三）现场医疗急救中需注意的问题

（1）重大事故造成的人员伤害具有突发性、群体性、特殊性和紧迫性的特点，现场医务力量和急救的药品、器材相对不足，应合理使用有限的卫生资源，在保证重点伤员得到有效救治的基础上，兼顾一般伤员的处理。在急救方法上可对群体性伤员实行简易分类后的急救处理，即由经验丰富的医生负责对伤员的伤情进行综合评判，按轻、中、重简易分类，对分类后的伤员除了标上醒目的分类识别标志外，在急救措施上按照先重后轻的治疗原则，实行共性处理和个性处理相结合的救治方法，在急救顺序上应当优先处理能够获得最大医疗效果的伤病员。

（2）注意保护伤员的眼睛。

（3）对救治后的伤员实行一人一卡管理，将处理意见记录在卡上，并别在伤员胸前，以便做好交接工作，有利于伤员的进一步转诊救治。

（4）合理调用救护车辆。在现场医疗急救过程中，经常出现伤员多而车辆不够用的情况，因此，合理调用车辆迅速转送伤员也是一项重要的工作。在救护车辆不足的情况下，危重伤员可以在医务人员的监护下，由监护型救护车护送，而中度伤员可几人合用一辆车，轻伤员可商调公交车或卡车集体护送。

（5）合理选送医院。伤员转送实行就近转送医院的原则。但在医院的选配上，应根据伤员的人数和伤情，以及医院的医疗特点和救治能力，有针对性地合理调配，特别要注意避免危重伤员的多次转院。

（6）妥善处理好伤员的污染衣物。及时清除伤员身上的污染衣物，并对清除下来的污染衣物进行集中处理，严防发生继发性损害。

（7）统计工作。统计工作是现场医疗急救的一项重要内容，特别是在忙乱的急救现场，更应注意统计数据的准确性和可靠性，也为日后总结和分析积累可靠的数据。

（四）组织和指挥群众撤离现场时的注意事项

（1）组织和指导群众在做好个人防护后再撤离危险区域。发生事故后，应立即组织和指导污染区的群众就地取材，使用简易有效的防护措施保护自己。如用透明的塑料薄膜袋套在头部，用毛巾或布条扎住颈部，在口、鼻处挖出孔口，用湿毛巾或布料捂住口、鼻，同时用雨衣、塑料布、毯子或大衣等物，把暴露的皮肤保护起来免受伤害，并快速转移至安全区域。也可就近进入民防地下工事，关闭防护门，防止受到事故的伤害。

（2）防止继发伤害。组织群众撤离危险区域时，应当选择安全的撤离路线，避免横穿危险区域。进入安全区后，应尽快去除污染衣物，防止继发性伤害。

（3）发扬互助互救的精神。发扬群众性的互帮互助和自救互救精神，帮助同伴一起撤离，这对做好救援工作、减少人员伤亡起到重要的作用。

第二节　事故应急处置现场的控制与安排

安全生产突发事件的处置是整个应急管理的核心环节。虽然我们制定了完美的应急预案，也采取了严密的防范措施，但却并不能完全避免突发事件的发生。当安全生产突发事件发生后，我们所能做的工作就是要在事先尽心准备的基础上，根据突发事件的性质、特点以及危害程度，及时组织有关部门，调动各种应急资源，对突发事件进行有效的处置，以减少人员生命健康和财产损失的程度。

一、突发事件应急处置的基本原则

国务院发布的《国家突发事件总体应急预案》中提出了六个"工作原则"："以人为本，减少危害；居安思危，预防为主；统一领导，分级负责；依法规范，加强管理；快速反应，协同应对；依靠科技，提高素质。"这六项共48字的工作原则，是就我国突发事件的预防和处置而言的，同时也是适应我国突发事件的应急处置工作原则。在此基础上，我们就安全生产应急事故处置提出以下几个原则：

（一）以人为本、减轻危害

安全生产突发事件的发生会产生各种各样的威胁，造成各种各样的损失，包括人员的伤亡、财产的损失、设备的损害以及对周围环境造成严重的影响。在突发事件应急处置可能面临多种价值目标选择的时候，我们要始终坚持把人员的生命和健康放在第一位，始终坚持"先救人，后救物"的原则，把保证人员的生命健康、保障人员的基本生存条件放在第一位置。

突发事件具有不确定性和不稳定性的特点，在应急救援过程中，我们必须高度关注和重视应急救援人员的人身安全，有效地保护应急响应者，避免次生、衍生事故的发生。这也是突发事件应急处置"以人为本"的体现。

（二）统一领导、分级负责

突发事件应急处置工作需要跨部门甚至跨地域调动资源，特别是在突发事件现场处置的过程中，更体现了这种资源调动的重要意义。因而必须形成一种高度集中、统一领导和指挥的应急管理系统，实现可用资源的有效整合，避免单打独斗、各自为战的局面，确保政令的畅通。

突发事件的应急处置是一项技术含量很高的具体工作。有效的管理者应当具备三种基本技能：技术性技能（业务能力）、人际性技能（处理人际关系的能力）和概念性技能（判断、抽象、概括和决策能力）。三种技能在不同管理层次中的要求不同，概念性技能由高层向低层重要性逐步递减；技术性技能由高层向低层重要性逐渐增加；人际性技能对不同管理层的重要程度区别不十分明显，但比较而言对高层要比对低层相对重要一些。因此，在突发事件应急处置的过程中，为了有效地指挥和监督现场的具体工作，领导者的层次越低对技术性技能的要求就越高，领导者的层次越高对概念性技能的要求越高。对比，高层领导一般应做到"帅不离位"，对具体的突发事件处置给予方针、原则和决策方面的指示和指导，其他各层次领导应指挥和处置现场的具体工作。在突发事件处置中，各个相关部门之间的应急协调问题是很难解决的，这时，就要由高层领导统一指挥、统一管理，并对各个部门加以协调。

（三）快速反应、属地处置

突发事件的突发性以及不确定性决定了处置突发事件的过程中，任何时间上的延误都会加大事故后果的严重性和应急处置工作的难度，因此，在应急处置过程中必须坚持做到快速反应，力争在最短的时间内到达现场、控制事态、减少损失，以最高的效率和最快的速度救助受害人，并为尽快地恢复正常的工作秩序、社会秩序和生活秩序创造条件。

无论发生哪一级的突发事件，属地应急救援人员都要在第一时间赶到现场，及时展开先期的应急处置工作，以防止突发事件的进一步扩大、恶化、升级，尽可能地减少突发事件给人员生命、财产和健康安全所带来的损失。因为属地应急救援人员对当地情况熟悉，同时也能够在第一时间赶赴突发事件现场，有助于把突发事件消灭在萌芽状态。

（四）协调救助、人员疏散

事故发生后会产生数量和范围不确定的受害者。受害者的范围不仅包括事故中的直接受害人，甚至还包括直接受害人的亲属、朋友以及周围其他利益相关的人员。受害人所需要的救助往往是多方面的，这不仅体现在生理层面上，很多时候也体现在心理和精神层面上。例如，火灾、爆炸和恐怖袭击等灾难性事故的现场往往会有大量的伤亡人员（直接受害者），他们会在生理和心理上承受着双重打击；同时，事故的幸存者和亲历者虽然没有明显的心理创伤，但也会产生各种各样的负面心理反应。因此，事故应急处置的部门和人员在进行现场控制的同时应立即展开对受害者的救助，及时抢救护送危重伤员、救援受困群众、妥善安置死亡人员、安抚在精神与心理上受到严重冲击的受害人。

在大多数事故应急处置的现场控制与安排中，把处于危险境地的受害者尽快疏散到安全地带，避免出现更大伤亡的灾难性后果，是一项极其重要的工作。在很多伤亡惨重的事故中，没有及时进行人员安全疏散是造成群死群伤的主要原因。

无论是自然灾害还是人为事故，亦或者是其他类型的事故，在决定是否疏散人员的过程中，需要考虑的因素一般有：

①是否可能对群众的生命和健康造成危害，尤其是要考虑到是否存在潜在危险性。
②事故的危害范围是否会扩大或者蔓延。
③是否会对环境造成破坏性的影响。

（五）依靠科学、专业处置

在突发事件应急处置过程中，要充分利用和借鉴各种高科技成果，发挥专家的决策智力支撑作用，避免不顾科学地蛮干。在利用高科技成果的同时也要充分利用专业人员的专业装备工具、专业知识、专业能力，实现突发事件的专业处置。但突发事件后果的不确定性也导致在处置方法上的多样性，必须要在尊重科学的基础上，采用专业的处置方法，特殊情况下可采用特殊的处置方法，做到因地制宜、合理处置。

事故应急处置工作由许多环节构成，其中现场控制和安排既是一个重要的环节，也是应急管理工作中内容最复杂、任务最繁重的部分。现场控制和安排在一定程度上决定了应急处置的效率与质量。科学合理的现场控制不仅能大大降低事故造成的损失，也是一个国家和地区的政府部门应急处置能力的重要体现。

二、现场控制的基本方法

在事故现场处置过程中，对现场的控制是必不可少的，需要作出一系列的应急安排，其目的是防止事故的进一步蔓延扩大，使人员伤亡与财产损失降到最低限度。但由于事故发生的时间、环境和地点不同，因而其现场也有不同的环境与特点，所需要的控制手段及应急资源也不相同。这些差别决定了在不同的事故现场应该采取不同的控制方法。事故现场控制的基本方法可分为以下几种：

（一）警戒线控制法

警戒线控制法是指当发生事故时，为防止非应急处置人员与其他无关人员进入事故现场，干扰应急工作顺利进行而使用的一种特别的保护现场的方法。根据事故的等级、性质、规模、特点等不同情况，在设置警戒线时应该安排不同的警戒人员。一般来讲，应安排警察、保安人员或企业事业单位的保卫人员等应急参与人员实施警戒保护。对于范围较大的事故现场，应从其核心现场开始，向外设置多层警戒线。

在事故现场应急处置过程中设置警戒线具有以下作用：

（1）避免外来的未知因素对应急处置人员现场处置过程中的安全构成威胁，同时使应急处置人员在心理上有一种安全感，从而保证处置工作顺利进行。

（2）避免现场可能存在的各种危险源危及周围无关人员的安全。

警戒线的设置应考虑多方面的因素，在范围上应坚持宜大不宜小的原则，确保应急处置人员拥有足够的处置空间，同时阻止现场内外人、物、信息的大规模无序流动。在实际的处置过程中，各国普遍的做法是设置两层以上的警戒线。由内向外、由高密度向低密度布置警戒人员。这种警戒线表面上是虚设的，然而，这种虚设的警戒线至少在心理上可以让应急处置人员产生一种安全感，从而使其高效地投入救援工作。警戒线的设立也可以使大部分外部人员或围观群众自觉地远离事故现场，从而为应急处置创造一个较好的外部环境。

（二）区域控制法

在有些事故的应急处置过程中，可能由于点多面广，需要处置的问题比较多，处置工作必然存在优先安排的顺序问题；也可能由于环境等因素的影响，需要对某些局部区域采取不同的控制措施，以控制进入现场的人员数量。区域控制建立在现场概览的基础上，即在不破坏现场的前提下，在现场外围对整个事故发生环境进行总体观察，确定重点区域、重点地带、危险区域、危险地带。现场区域控制遵循的原则是：先重点区域，后一般区域；先危险区域，后安全区域；先外围区域，后中心区域。具体实施区域控制时，一般应当在现场专业处置人员的指导下进行，由事发单位或事发地的公安机关指派专门人员具体实施。

（三）遮盖控制法

遮盖控制法实际上是保护现场与现场证据的一种方法。在事故的处置现场，有些物证的时效性要求往往比较高，天气因素的变化可能会影响取证和检材的真实性；有时由于现场比较复杂，物证破坏比较严重，再加上应急处置人员不足，不能立即对现场进行勘查、处置，因此需要用其他物品对重要现场、重要物证和重要区域进行遮盖，以利于后续工作的开展。遮盖物一般多采用干净的塑料布、帆布和草席等物品，起到防风、防雨、防日晒以及防止无关人员随意触动的作用。应该注意的是，除非万不得已，一般尽量不要使用遮盖控制法，以防止遮盖物沾染某些微量物证或检材，影响取证以及后续的化学物理分析结果。

（四）以物围圈控制法

为了维持现场处置的正常秩序，防止现场重要物证被破坏以及危害扩大，可以用其他物体对现场中心地带周围进行围圈。通常来说，可以使用一些不污染环境、阻燃隔爆的物体。如果现场比较复杂，还可以采用分区域和分地段的方式进行围圈。

（五）定位控制法

有时候事故现场由于死伤人员较多，物体变动较大，物证分布范围较广，采取上述几种现场控制方法，可能会给事发地的正常生活和工作秩序带来一定的负面影响，这就需要对现场特定死伤人员、特定物体、特定物证、特定方位和特定建筑等采取定点标注的控制方法，使有关现场处置人员对整体事件现场能够一目了然，做到定量和定性相结合，有利于下一步工作的开展。

三、现场应急处置安排

事故的现场处置需要根据类型、特点和规模作出紧急安排。虽然不同的事故所需的安排不同，但大多数事故的现场处置都应包括设置警戒线、应急反应人力资源组织与协调、应急物资设备的调集、人员安全疏散、现场交通管制、现场以及相关场所的治安秩序维护、对信息和新闻媒介的现场管理等方面的内容。

（一）设置警戒线

为保证应急处置工作的顺利开展以及事后的原因调查，几乎所有的处置现场都要设立不同范围的警戒线。在事故的处置中，由于事故的规模比较大，影响范围广，人员伤亡严重，往往要根据实际情况设立多层警戒线，以满足不同层次处置工作的要求。一般而言，内围警戒线要圈定事故或事件的核心区域，依据现场的具体情况，划定事件发生和产生破坏影响的集中区域。在核心区域内一般只允许医疗救护人员、警察、消防人员、应急专家或专业的应急人员进入，并成立现场控制小组，组织开展各项控制和救助工作。内围警戒线的范围确定要考虑两个因素：现场危险源的威胁范围和与事故原因调查相关的证据散落的范围。现场可能会发生二次灾害，通过内围警戒线的设立，尽量减少处于危险范围中的人员，以降低二次伤害的发生几率。外围警戒线的划定以满足救援处置工作的需求为主要考虑因素，为保证安全，大量的应急救援工作是在内围警戒线之外开展的。在事故的现场，参与处置的人员可能成百上千，来自数十个不同的部门和组织，参与处置的各种车辆、设备也需要安排必要的停放位置和足够的活动空间，因此，外围警戒线是处置工作顺利开展的必要空间，无关人员，包括媒体工作人员一般不应进入此区域。在某些事故的处置中还要设立三层警戒线，即在核心区和处置区之间设置缓冲区，作为二线处置力量的集结区域和现场指挥部所在地。

（二）应急反应人力资源组织与协调

通过对现场情况的初步评估，应根据相关应急预案组织应急反应的人力资源。随着我国突发公共事件应急预案体系的建立，我国已逐渐摆脱了过去盲目反应的局面，大大避免了人力资源组织的混乱。根据应急预案，不同事故由不同的部门牵头负责，并由相关部门予以协调和支持。各个部门在处置中分工协作，具有较为明确的任务和职责。在事故发生后，由牵头部门组织各部分应急处置人员赶赴现场并开展工作，并在现场的出入通道设置引导和联络人员安排处置后续人员。各应急处置组织的带队领导应组成现场指挥部，统一协调指挥现场的应急人员与其他应急资源。

（三）应急物资设备的调集

应急处置需要大量的专用设备和工具。专用设备、工具与车辆一般由各专业救援队伍提供，对于一些特殊和所需数量较多而现场数量不足的设备、工具与车辆可以通过媒体向社会征募，同时也可以向有关方面请求支援。各专业部门应根据自身应急救援业务的需求，采用平战结合的原则，配备现场救援和工程抢险装备和器材，建立相应的维护、保养和调用等制度，以保障各种相关事故的抢险和救援。大型现场救援和工程抢险装备，应由政府应急办公室（或类似职能部门）与相关企业签订应急保障服务协议，采取政府资助、合同、委托等方式，每年由政府提供一定的设备维护、保养补助费用，紧急情况下政府应急办公室可代表当地政府直接调用。专用设备、工具与车辆到达现场后，应按照救援工作的优先次序安排停放位置，对于随时需要投入使用的设备、车辆应停放于中心现场，对于其他辅助支援车辆应停放于离现场稍远的指定位置，以免影响现场的设备、车辆调度。

（四）人员安全疏散

根据人员疏散原则，在处置现场组织及时有效的人员安全疏散，是避免大量人员伤亡的重要措施。根据疏散的时间要求和距离远近，可将人员安全疏散分为临时紧急疏散和远距离疏散。

1. 临时紧急疏散

临时紧急疏散常见于火灾和爆炸等突发性事件的应急处置过程中。临时紧急疏散的最大特点在于其紧急性，如果在短时间内人员无法及时疏散，就有可能造成严重的人员伤亡。但在紧急疏散过程中，绝不能一味强调疏散的速度，若疏散过程中秩序混乱，就可能造成人群的相互拥挤和踩踏以及车流的阻塞现象，甚至造成群死群伤。因此，临时紧急疏散必须兼顾疏散的速度和秩序。根据无数组织人员疏散事故的经验与教训，疏散过程的秩序应成为优先考虑的因素。因为人在紧急情况下会出现各种应急心理反应，进而采取不理智的行为，因此在进行临时紧急疏散时必须考虑处于危险之中的人的心理和行为特点。

2. 远距离疏散

远距离疏散涉及的人员多、疏散距离远、疏散时间长，因此，远距离疏散必须事先进行疏散规划，通过分析危险源的性质和所发生事件的严重程度与危害范围，确定危险区域的范围，并根据区域人口统计数据，确定处于危险状态和需疏散的人员数量。结合危险区域人员的结构与分布情况、可用的疏散时间、可能提供的疏散能力、交通工具和所处的环境条件等因素，制定科学的疏散规划。一般情况下需要考虑的问题有：①疏散人口的统计（包括危害范围扩大之后疏散人口的统计）。②疏散地点的选择。③疏散过程中运输方式的选择。④疏散的出入口与运输路线的确定。⑤被疏散人员和车辆的集结位置。⑥疏散过程中对人员的沿途护送问题。⑦被疏散人员的遗留财产处置问题。⑧疏散过程所需药物、食物、饮用水的准备。⑨庇护场所的准备。⑩宠物的管理。

3. 人员疏散与返回的优先顺序

无论发生何种事故，人员疏散和紧急救助均属于保护性的措施，只要有人员的疏散，特别是在需要全体撤离的情况下，就必须考虑人员疏散与返回的优先顺序。根据国外的经验与研究成果，在全体撤离疏散的情况下，其优先顺序是：

疏散顺序：禁止无关人员进入即将疏散撤离的地区与场所—居民与群众—工作人员中的非关键人员（包括媒体人员）—应急关键人员之外的所有人员—全部撤离。

返回顺序：当由事故造成的危险状态结束、对人员的安全威胁解除后，需要安排被疏散的居民或群众返回社区或单位。返回也应当和疏散一样，严格遵循先后顺序：应急处置的参与人员—现场评估人员与由应急人员陪伴的媒体人员—公共设施的维修人员—居民、财产的主人以及其他有关人员—无限制出入。

（五）现场交通管制

现场交通管制是保证处置工作顺利开展的重要前提。通过实行交通管制，封闭可能影响现场处置工作的道路，开辟救援专用路线和停车场，禁止无关车辆进入现场，疏导现场围观人群，保证现场的交通快速畅通；根据情况需要和可能开设应急救援"绿色通道"，在相关道路上实行应急救援车辆优先通行；组织专业队伍，尽快恢复被毁坏的公路、交通干线、地铁、铁路、空港及有关设施，保障交通路线的畅通。必要时，可向社会进行紧急动员，或者征用其他部门的交通设施装备。

（六）现场以及相关场所的治安秩序维护

事故发生后，应由当地公安机关负责现场与相关场所的治安秩序维护，为整个应急处置过程提供相关的秩序保障。在公安机关到达现场之前，负有第一反应职责的社区保安人员、企业事业单位的治安保卫人员，或在社区与单位服务的紧急救助员等应立即在现场周围设立警戒区和警戒哨，先期做好现场控制、交通管制、疏散救助群众和维护公共秩序等工作。事故发生地政府及其有关部门、社区组织也要积极发动和组织社会力量开展自救互救，主动维护秩序，以防止有人利用现场混乱之机，实施抢劫、盗窃的犯罪行为。负责组织维护现场治安秩序的公安机关，应当在现场设置的警戒线周围沿线布置警戒人员，严禁无关人员进入现场；同时应在现场周围加强巡逻，预防和制止对现场的各种破坏活动。对肇事者或其他有关的责任人员应采取必要的监控措施，防止其逃逸。

（七）对信息和新闻媒介的现场管理

事故发生后，各种新闻媒介成为现场处置与社会各方沟通的重要渠道。面对蜂拥而至的新闻采访人员，既不能听任其在处置现场进行无限制的采访，也不能简单地对其进行封堵。前者会导致其对正常处置工作的干扰，甚至破坏现场证据；后者易与媒体形成对立局面，甚至导致谣言的传播。因而，在现场处置中，一定要重视对信息和新闻媒介的管理，通过在警戒线外设立新闻联络点、安排专门的新闻发言人、适时召开新闻发布会等方式处理好与媒介的公共关系，利用和引导媒介实现与社会公众、政府有关部门以及不同领域专家之间的良好沟通，以降低事故造成的社会影响。

总而言之，事故应急处置过程中需要作出的安排是多方面的，参与应急处置的各个部门、组织与人员应在现场指挥协调人员的指挥下，发扬协作精神，本着"以人为本"的指导思想，通过共同努力，将人员的伤亡、财产的损失、环境的破坏和社会心理的冲击减少到最低程度，并积极地为事后的恢复创造条件。

四、现场事态评估

任何处置工作的开展都必须以对现场形势的准确评估为前提，快速反应的原则并不是单纯强调速度快，而是要保证处置工作的高效率。因此，事故的应急处置人员在到达现场后，如果不了解现场基本情况就盲目进行处置是不可取的，这不仅无法实现防止事态蔓延扩大的目的，而且还会造成应急救援人员的伤亡，造成更大的损失。为有效地进行现场控制，应急处置人员的首要职责是获取准确的现场信息，对所发生的事故进行及时准确的认识与把握。一旦这些信息反馈给指挥决策部门，就可以帮助它们作出正确的决策。

（一）评估事故的性质

重特大事故发生后，所提供的信息往往不充分（或信息随时发生变化），这决定了在进行应急处置工作时，首先要对面临的现场情况进行评估，其中对事故性质的判断又是最重要的，因为不同性质事故的应急处置要求有不同的侧重点。譬如，在对有爆炸发生的事件进行现场控制时，要对现场进行评估，判明这是意外事故，还是人为破坏。如果是人为破坏，就需要在处置时对现场进行仔细的勘察，注意发现和搜集证据。在评估中，要注意根据事故发生的原因、时间、地点、所针对的人群和所采取的手段等因素来判明事故性质，以便更有针对性地开展处置工作。

（二）现场潜在危害的监测

多数事故的处置现场可能会存在各种潜在危险，事故会随时二次爆发，造成事态的蔓延和扩大，导致危害加剧，并对应急处置人员的安全构成一定的威胁。因此，在进行应急处置时，必须对现场潜在的危害进行实时监测和评估，避免二次事故的发生。例如，在爆炸事故中，由于现场可能存在未爆炸的危险物质，对这些物质的处置决定了处置工作的最终效果。通常应通过搬运、冷却等方法防止其发生爆炸。对无法搬走的危险物品，除采取必要的措施进行保护外，还必须安排有经验的人员对其进行实时监控，一旦发现爆炸征兆，应及时通知所有人员撤离。2005年吉林石化公司发生爆炸事故，消防人员在控制现场时，一方面组织人员扑救火灾，另一方面随时监控未发生爆炸的油罐，在长达数十小时的救援中，消防人员四进三退，并通知外围警戒线不断外扩，最终在保证人员安全的基础上成功地控制了火势。应急处置人员的重要职责之一是救人，但处置者自身的安全也是必须考虑的。

（三）现场情景与所需的应急资源

事故应急处置工作头绪多、任务重，而且是在非常紧急的情况下开展的，因此稍有不慎就会造成更大的损失。其中现场情景与应急资源是否匹配，是决定应急处置工作能否取得成功的重要因素之一。应急资源不足，可能会造成对现场的控制不力，致使损失扩大；及时组织足够的应急资源参与现场处置，是保证处置工作顺利进行的基础；但动用过多的应急资源，也可能造成不必要的浪费。通过对现场情景以及处置难度的评估分析，及时合理地采取各种措施，调动相应的人力资源和物质资源参与现场处置，是保证应急处置快速、有效应对的重要保证。在实践中，无论最终需要组织多少应急资源，都应特别强调第一出动力量的重要性。有力的第一出动力量可以在处置之初有效控制事态。如果第一出动力量不足，再调集其他力量增援，则可能失去应急的最佳时机。值得注意的是，由于事件的性质和特点不同，其难度和处置所需的处置力量也不尽相同。因而，评估的意义就在于因时因地因事，通过评估调集适当的应急处置力量，达到快速妥善处置的效果。

（四）人员伤亡的情况评估

人员伤亡情况不仅决定着事故的规模与性质，而且是安排现场救护的主要考虑因素。在我国突发公共事件的报告制度中，人员伤亡情况是决定事故报告的时间期限和反应级别的重要指标。当人员伤亡的数量超出地方政府的反应能力时，必须及时请求上一级政府应急资源的支持。应急处置现场对人员伤亡情况的评估包括：确定伤亡人数及种类，伤员主要的伤情，需要采取的措施及需要投入的医疗资源。在事故刚刚发生时，估计人员伤亡的情况一般应以事发时可能在现场的人数作为评估的基准，根据事故的严重程度分析人员伤亡的大致情况。根据应急管理的适度反应原则，对人员伤亡的情况评估应尽量实事求是。若估计过重，不仅会造成反应资源的浪费，而且会加重事故对社会心理的冲击；反之，则可能由于报告不及时、反应不足而错失救援的良机。在现场医疗救护中，对于已经死亡的人员，要妥善保存和安置尸体，尽可能收集相关证物和遗物，为善后工作和调查工作提供有利条件。对于受伤人员，首先应将其运送出危险区域，随后立即进行院前急救。按照受害者的伤病情况，按轻伤、中度伤、重伤和死亡进行分类，分别以伤病卡作出标志，置于伤病员的左胸部或其他明显部位，这种分类将便于医疗救护人员辨认并采取相应的急救措施，在紧急情况下根据需要把有限的医疗资源运用到最需要的人群身上。

（五）经济损失的估计与可能造成的社会影响

在应急处置初期，对经济损失的估计更侧重于对事故造成的负面社会影响的估计。处置现场对经济损失的评估包括：直接和间接经济损失，各种财产的损失，以及事故可能带来的对经济的负面影响。

（六）周围环境与条件的评估

一些事故在应急处置过程中依然处于积极运动期，随时可能造成新的危害，而周围环境和条件就是其再次爆发的主要因素。因此，在应急处置时必须随时注意周围环境和条件对处置工作的影响。对事发现场周围环境与条件的评估包括对空间、气象、处置工作的可用资源及其特点的评估。不同类型事故现场对环境特点的把握应有不同的侧重点。例如，火灾的发展蔓延与火场的气象条件有密切的关系，但即便同是火灾，房屋建筑物火灾和森林火灾的气象特点的重要性也不相同。同样地，如果空难发生在不同的空间位置，其蔓延的可能性和处置工作中可利用的资源也不同。一般来说，设置在临海地区或海面上的机场，一旦发生事故，事故向其他区域蔓延的可能性较小，这就是由其特定的现场环境所决定的。周围环境评估的重要性体现在可以让事故应急处置部门比较清晰地了解处置的具体条件，根据不同的空间、气象等环境条件，合理地配置及使用不同的处置资源，提高处置的效率，达到预期的效果。

第三节　应急恢复与善后工作

突发事件的发生干扰了社会生产生活秩序，给社会公众的生命、健康和财产造成了巨大的损失。突发事件事态得到控制后，应急管理从以救援抢险救灾为主的阶段转为以恢复重建为主的阶段。

一、恢复重建的含义

应急恢复是指事故影响得到初步控制后，政府、社会组织和公民为使生产、工作、生活、社会秩序和生态环境尽快恢复到正常状态而采取的措施或行动。当应急阶段结束后，从紧急情况恢复到正常状态需要时间、人员、资金和正确的指挥，这时对恢复能力的预先估计将变得很重要。例如，已经预先评估的某一易发事故公路段，若预先制订了恢复计划，就能在短短的数小时之内恢复到原来的水平。

恢复重建是消除突发事件短期、中期和长期影响的过程。从字面上看，它主要包括两类活动：一是恢复，即使社会生产生活运行恢复常态；二是重建，即对受灾害或灾难影响而不能恢复的设施等进行重新建设。

一般而言，恢复重建主要包括以下四种活动：第一，最大限度地限制灾害结果的升级；第二，弥合或弥补社会、情感、经济和物理的创伤与损失；第三，抓住机遇，进行调整，满足人们对社会经济、自然和环境的需要；第四，减少未来社会所面临的风险。也就是说，恢复重建要尽量减轻灾害的影响，使社会生产生活复原，推动社会进一步发展，提高社会的公共安全度。

二、恢复期间的管理

恢复期间的管理具有独特性和挑战性。因为受到破坏，生产不可能立即恢复到正常状况。另外，某些重要工作人员的缺乏可能会造成恢复工作进展缓慢。

恢复工作的成功与否，往往取决于恢复阶段的管理水平，在恢复阶段，需要一位能力突出、具有大局观的人员（恢复主管）来负责管理工作。管理层还需要专门组建一个小组或行动队来执行恢复功能。

在恢复开始阶段，接受委派的恢复主管需要暂时放下其正常工作，集中精力进行恢复建设。恢复主管的主要职责包括协调恢复小组的工作，分配任务和确定责任，督察设备检修和测试，检查使用的清洁方法，与内部（企业、法律、保险）组织和外部机构（管理部门、媒体、公众）的代表进行交流、联络。恢复主管不可能完成一个重大事故恢复工作的全部内容，因而保证一个完全、成功的恢复工作过程必须组建恢复工作组。工作组的组成要根据事故的大小确定，一般应包括以下全部或部分人员：工程人员、维修人员、生产人员、采购人员、环境人员、健康和安全人员、人力资源人员、公共关系人员、法律人员。

恢复工作组也可包括来自工会、承包商和供货商的代表。在预先准备期间，企业应确定并培训有关恢复人员，使他们在事故应急救援结束后迅速发挥作用。如果事前没有确定恢复工作人员，恢复主管首先要给组员分派工作。在企业最高管理层支持下，恢复主管应该保证每个组员在恢复期间投入足够的时间，可让其暂时停止正常工作，直到恢复工作结束。

恢复主管在恢复工作进行期间应该定期召开工作会议，熟悉工作进展，解决新出现的问题。恢复主管的主要职责之一是确定需要恢复的功能的先后顺序并协调它们之间的相互关系。

三、恢复过程中的重要事项

（一）现场警戒和安全

应急救援结束后，因为以下原因可能需要继续隔离事故现场：

（1）事故区域还可能造成人员伤害。

（2）事故调查组需要查明事故原因，因此不能破坏和干扰现场证据。

（3）如果伤亡情况严重，需要政府部门进行调查。

（4）其他管理部门也可能要进行调查。

（5）保险公司要确定损坏程度。

（6）工程技术人员需要检查该区域以确定损坏程度和可抢救的设备。

恢复工作人员应该用鲜艳的彩带或其他设施装置将被隔离的事故现场区域围成警戒区。保安人员应防止无关人员入内。管理层要向保安人员提供授权进入此区域的名单，还要通知保安人员如何应对管理部门的检查。

安全和卫生人员应该确定受破坏区域的污染程度或危险性。如果此区域可能给相关人员带来危险，安全人员要采取一定的安全措施，包括发放个人防护设备、通知所有进入人员受破坏区的安全限制等。

（二）员工救助

员工是企业最宝贵的财富，在完成恢复过程中对员工进行救助是极其重要的。但是，在事故发生时，大部分人员都在一定程度上受到影响而无法全力投入工作，部分员工在重特大事故过后还可能需要救助。

员工救助主要包括以下几个方面：

（1）保证紧急情况发生后向员工提供充分的医疗救助。

（2）按企业有关规定，对伤亡人员的家属进行安抚。

（3）若事故影响到员工的住处，应协助员工对个人住处进行恢复。

除此之外，还应根据损坏情况考虑向员工提供现金预付、薪水照常发放、削减工作时间和咨询服务等方面的帮助。

（三）损失状况评估

损失状况评估是恢复工作的另一个功能，它的关注点主要集中在事故后如何修复的问题上，这一环节应尽快进行，但也不能干扰事故调查工作。恢复主管一般委派一个专门小组来执行评估任务，组员包括工程、财务、采购和维修人员。只有在完成损坏评估和确定恢复先后顺序后，才可以进行清洁和初步恢复生产等活动。损失评估和初步恢复生产密切相关，因而需要评估小组对评估后的恢复生产活动进行监督。而长期的房屋建设和复杂的重建工程则需转交给企业的正常管理部门进行管理。

损失评估小组可使用损失评估检查表来检查受影响区域。预先制定的检查表不一定适用于某一特别事故，表中所列各项可作为事故后需要考虑问题的参考。评估小组可参考选定哪些设备或区域需进行修理或更换及其先后顺序。

损失评估完成后，评估小组应召开会议进行核对。每个需要立即修理或恢复的项目都应该分派专人或专门部门负责，而采购部门则应该迅速办理所有重要的申请。

在确定恢复、重建的方式和规模时，通常需要做好以下几个方面的工作：确定日程表和造价；雇用承包人或分派人员实施恢复重建工作；确定计划、图纸和签约标准等。恢复工作前期，相关人员应确定有关档案资料的存放工作，包括档案的抢救和保存状况、设备的修理情况、动土工程的实施状况、废墟的清理工作等。在整个恢复阶段要经常进行录像，以便于将来存档。

（四）工艺数据收集

事故后，生产和技术人员的职责之一是收集所有致使事故以及事故期间的工艺数据，这些数据一般包括：

（1）有关物质的存量。

（2）事故前的工艺状况（温度、压力、流量）。

（3）操作人员（或其他人员）观察到的异常情况（噪声、泄漏、天气状况、地震等）。

另外，计算机内的记录也必须立刻恢复以免丢失。收集事故工艺数据对于调查事故的原因和预防类似事故发生都是非常重要的。

（五）事故调查

事故调查主要集中在事故如何发生以及为何发生等方面。事故调查的目的是找出操作程序、工作环境或安全管理中需要改进的地方，以避免事故再次发生。

一般情况下，需要成立事故调查组。事故调查组应按照《生产安全事故报告和调查处理条例》（国务院令第 493 号）等规定来调查和分析事故。调查小组要在其事故调查报告中详细记录调查结果和建议。

（六）公共关系和联络

在恢复工作过程中，恢复主管还需要与公众或其他风险承担者进行公开对话。这些风险承担者包括地方应急管理官员、邻近企业和公众、其他社区官员、企业员工、企业所有者、顾客以及供应商等。

公开对话的目的是通知他们恢复行动的进展状况。通常情况下，公开对话可采用新闻发布会、电视和电台广播等手段向公众、员工和其他相关组织介绍情况，也可采用对企业进行参观视察等手段。

另外，企业还应该定期向员工和所在社区通报恢复工作的最新进展，其主要目的是采取必要措施避免或减少此类事故再次发生的可能性，并保证公众所有受损财物都将会得到妥善赔偿。

如果事故造成附近居民财物或人身的损害，企业应考虑立即支付修理费用及个人赔偿。

（七）商业关系

事故发生后相关人员应将有关的事故情况及对他们的影响立即通知顾客和供货商，这样便可使事故对顾客和供货商的影响减小到最低限度。

处理商业关系的首要任务是确定目前本企业现有供货量或完成的产品量以及可供调剂的其他企业的供货量或完成的产品量、产品运输的资源、恢复生产的估算时间等。恢复主管在与企业管理层共同确定这些信息的同时还要制订出减少生产损失的计划。恢复主管或企业采购部门的代表应通知供应商把货物发送到其他厂家或及时停止供货。同时，管理人员应该根据现有协议，考虑停止接收供货的法律责任。

销售部门应该将事故对他们的影响通知所有顾客。如果企业不能满足顾客的需求，可能需要临时安排其他厂家向顾客提供产品。在恢复工作进行期间，应定期向顾客和供货商通报恢复进展状况以及预计企业重新投产的时间。

参考文献

[1] 刘谦.现代化工生产与安全技术研究 [M].北京：北京工业大学出版社，2024..

[2] 余江平，赵茹，唐江明.石油化工与安全生产 [M].哈尔滨：哈尔滨出版社，2023..

[3] 周崇波，瞿丽莉，谢智慧.与安全同行企业安全生产思考与探索 [M].北京：中国电
    力出版社，2023..

[4] 奚志林.安全生产事故应急基础 [M].天津：天津大学出版社，2023.

[5] 焦建荣.员工安全生产知识导读 [M].北京：化学工业出版社，2023.

[6] 朱智清.农民工安全生产知识手册 [M].南京：河海大学出版社，2023.

[7] 罗笃伯.安全生产责任保险与事故预防研究 [M].北京：应急管理出版社，2023.

[8] 郭中华.建筑施工安全生产的政府调控研究 [M].北京：中国建筑工业出版社，2023.

[9] 鲁海文.地方安全生产监管方法适用 [M].武汉：中国地质大学出版社，2023.

[10] 赵秋生，孟燕华.安全生产知识 50 问 [M].北京：中国工人出版社，2022.

[11] 张丽颖.安全生产与环境保护第 2 版 [M].北京：冶金工业出版社，2022.

[12] 傅志强.农产品质量安全生产新技术 [M].长沙：湖南科学技术出版社，2022.

[13] 崔永，于峰，张韶辉.水利水电工程建设施工安全生产管理研究 [M].长春：吉林科
    学技术出版社，2022.

[14] 魏世忠，张华，李洪刚.党建引领安全生产监管的新模式 [M].济南：山东大学出
    版社，2021.

[15] 谢辛，许曙青.安全生产与应急 [M].北京：科学出版社，2021.

[16] 康健，张继信.安全生产事故预防与控制 [M].北京：石油工业出版社，2021.

[17] 梅强，刘素霞.小微企业安全生产市场化服务研究 [M].北京：科学出版社，2021.

[18] 孙常强.交通运输行业安全生产监管实务 [M].杭州：浙江工商大学出版社，2021.

[19] 万玉辉，张清海.水利工程施工安全生产指导手册 [M].北京：中国水利水电出版社，2021.

[20] 谢雄辉.突破安全生产瓶颈 [M].北京：冶金工业出版社，2020.

[21] 朱鹏.电力安全生产及防护 [M].北京：北京理工大学出版社，2020.

[22] 赖芳华.食品安全生产规范检查案例分析 [M].昆明：云南科学技术出版社，2020.

[23] 黄剑波.应急管理与安全生产监管简明读本 [M].长春：吉林人民出版社，2020.

[24] 李兵，刘来锁，马峰.安全生产 [M].北京：中国农业科学技术出版社，2020.

[25] 李光跃.安全生产与环境保护 [M].哈尔滨：哈尔滨工程大学出版社，2020.

[26] 蒋永清，刘月婵.安全生产智能化保障技术 [M].北京：机械工业出版社，2020.

[27] 孙贵磊，李琴.安全生产专业实务 [M].北京：中国劳动社会保障出版社，2020.

[28] 黄应邦，吴冶儿.渔业安全生产管理 [M].北京：中国农业出版社，2020.

[29] 姜明虎.道路运输企业安全生产管理 [M].北京：人民交通出版社，2020.

[30] 江军.电石安全生产节能技术与工艺 [M].北京：化学工业出版社，2020.

[31] 李勇军，朱锴.矿山安全生产管理 [M].徐州：中国矿业大学出版社，2019.

[32] 王建华.农业安全生产转型的现代化路径 [M].南京：江苏人民出版社，2019.

[33] 曹坤.现代安全生产事故隐患排查实用手册 [M].成都：四川科学技术出版社，2019.

[34] 倪晓阳.安全工程生产实习指导书 [M].武汉：中国地质大学出版社，2019.